高等数学

（中册）

主　编　张海峰

副主编　任永华　张建文

上海交通大学出版社

SHANGHAI JIAO TONG UNIVERSITY PRESS

内容提要

本书是适用于全日制普通高等学校的基础教材,全书共三册。本册内容主要包括空间解析几何,向量代数,多元函数微分,二重积分以及微分方程。

本书可作为高等工科学校的高等数学教材,也可供经管类各专业使用,还可作为成人高等教育工科专业的教学用书和工程技术人员的参考书。

图书在版编目(CIP)数据

高等数学. 中册/ 张海峰主编. —上海: 上海交通大学出版社,2020
ISBN 978 - 7 - 313 - 23662 - 3

Ⅰ. ①高… Ⅱ. ①张… Ⅲ. ①高等数学—高等学校—教材 Ⅳ. ①O13

中国版本图书馆 CIP 数据核字(2020)第 149228 号

高等数学(中册)
GAODENG SHUXUE (ZHONGCE)

主　　编: 张海峰
出版发行: 上海交通大学出版社
地　　址: 上海市番禺路 951 号
邮政编码: 200030
电　　话: 021 - 64071208
印　　制: 常熟市大宏印刷有限公司
经　　销: 全国新华书店
开　　本: 710 mm×1000 mm　1/16
印　　张: 17
字　　数: 340 千字
版　　次: 2020 年 8 月第 1 版
印　　次: 2020 年10月第 2 次印刷
书　　号: ISBN 978 - 7 - 313 - 23662 - 3
定　　价: 41.00 元

前　言

为满足工科数学教学要求，体现“以应用为目标，以够用为度量”的教育理念，我们总结现行使用教材所存在的问题，多方听取数学骨干教师的意见，撰写了这套针对工科学生的专用教材。

本书根据国家教委批准的高等工科学校《高等数学课程教学基本要求》编写而成，全书分为上、中、下三册。各册书末均有本册习题答案与提示。本册主要内容包括空间解析几何，向量代数，多元函数微分，二重积分以及微分方程。

本书与现行使用教材相比，降低了理解难度，弱化了理论证明，增强了实际应用，更加符合学生的实际水平，但也不乏体现数学美和实际应用的双重功能。

太原理工大学现代科技学院教务部和太原理工大学教材管理中心对本书的出版发行给予了极大的支持。编者特向他们表示由衷的感谢。

本书可作为高等工科学校的高等数学教材，也可供经管类各专业使用，还可作为成人高等教育工科专业的教学用书和工程技术人员的参考书。

由于编者水平有限，加之任务本身的难度较大，时间紧迫，书中不乏考虑不周之处。我们衷心地希望各方专家、同行以及读者斧正。我们将竭尽全力在教学实践中不断完善本书。

目　录

第七章　空间解析几何与向量代数

在平面解析几何中，通过坐标法，将平面上的点与有序数组对应起来，把平面上的图形与方程对应起来，从而可以用代数的方法来研究几何问题. 本章将按照类似的方法，讨论空间图形与方程的对应关系.

讨论一元函数微积分，要以平面解析几何为基础. 同样，讨论多元函数的微积分，空间解析几何是必备的基础知识.

本章首先建立空间直角坐标系，介绍向量及其运算，然后用坐标表示向量，着重讨论空间的平面和直线，最后介绍具有标准方程的二次曲面.

第一节　空间直角坐标系

一、空间点的直角坐标

在平面解析几何里，为了确定直线上点的位置，建立了数轴；为了确定平面上点的位置，建立了平面直角坐标系. 于是，直线上的点与一个实数建立了一一对应的关系；平面上的点与一对有序实数建立了一一对应的关系. 现在，用类似的方法来建立空间的点与三个实数所组成的有序数组之间的联系.

过空间一个定点 O 作三条两两垂直的数轴，它们都以 O 为原点，且具有相同的长度单位. 这三条数轴分别叫作 x 轴（横轴）、y 轴（纵轴）、z 轴（竖轴），统称为坐标轴. 通常把 x 轴和 y 轴配置在水平面上，z 轴垂直于 x 轴和 y 轴所确定的平面；它们的正方向要符合右手规则，即以右手握住 z 轴，当右手的四个手指（除拇指外）从正向 x 轴以 $\frac{\pi}{2}$ 角度转向正向 y 轴时，大拇指指的方向就是 z 轴的正向（见图 7-1）. 图 7-1 中箭头的指向表示 x 轴、y 轴、z 轴的正向. 这样的三条坐标轴就组成了一个空间直角坐标系. 点 O 叫作坐标原点. 这一坐标系称为右手系统. 以后在应用直角坐标系时，如无特别说明，均指右手系统.

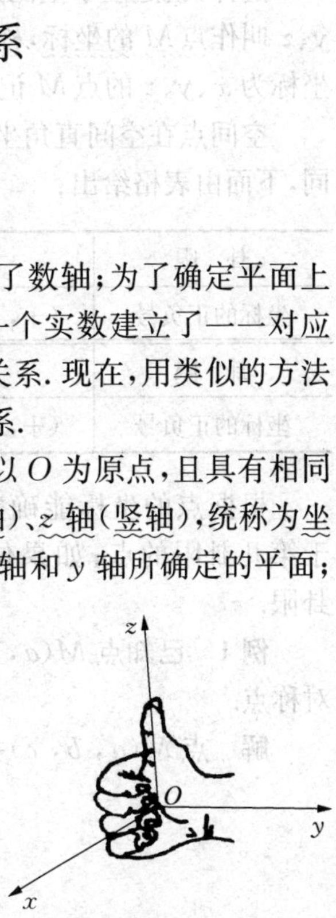

图 7-1

三条坐标轴中的任意两条数轴可以确定一个平面,这样确定出的三个平面称为坐标面.由 x 轴和 y 轴确定的平面称为 xOy 平面,由 y 轴和 z 轴确定的平面称为 yOz 平面,由 z 轴和 x 轴确定的平面称为 zOx 平面.三个坐标平面把空间分为八个部分,每一部分叫作卦限.含有 x 轴、y 轴、z 轴的正半轴的那个卦限叫作第一卦限;在 xOy 面上方按逆时针方向旋转,依次为第二、三、四卦限.它们的下方依次为第五、六、七、八卦限.这八个卦限分别用字母Ⅰ、Ⅱ、Ⅲ、Ⅳ、Ⅴ、Ⅵ、Ⅶ、Ⅷ表示.

设 M 为空间一个点.过点 M 分别作三个平面垂直于 x 轴、y 轴、z 轴,它们与 x 轴、y 轴、z 轴的交点依次为 P、Q、R(见图 7-2),这三点在 x 轴、y 轴、z 轴上的坐标依次为 x、y、z.于是,空间一点 M 就唯一地确定了一个有序数组 x、y、z.反过来,已知一有序数组 x、y、z,在 x 轴、y 轴、z 轴上分别取坐标等于 x、y、z 的点 P、Q、R,通过点 P、Q、R 分别作 x 轴、y 轴、z 轴的垂直平面,这三个平面的交点 M 便是由有序数组 x、y、z 所确定的唯一的点.

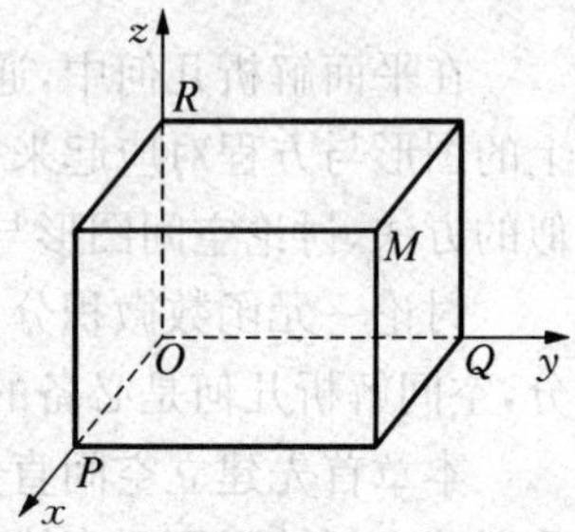

图 7-2

这样,就建立了空间点 M 与有序数组 x、y、z 间的一一对应关系.这组数 x、y、z 叫作点 M 的坐标,称 x 为 M 的横坐标,y 为 M 的纵坐标,z 为 M 的竖坐标.坐标为 x、y、z 的点 M 记为 $M(x, y, z)$.

空间点在空间直角坐标系的八个卦限内随卦限的不同,其坐标的正负号亦不同,下面由表格给出:

卦　限	Ⅰ	Ⅱ	Ⅲ	Ⅳ
坐标的正负号	(+, +, +)	(−, +, +)	(−, −, +)	(+, −, +)
卦　限	Ⅴ	Ⅵ	Ⅶ	Ⅷ
坐标的正负号	(+, +, −)	(−, +, −)	(−, −, −)	(+, −, −)

根据点的坐标能确定点的位置,如果一个点它位于第几卦限就说它是属于第几卦限的点;如果位于坐标平面或坐标轴上的点,我们说它不属于任何卦限.

例 1　已知点 $M(a, b, c)$,求点 M 关于① 各坐标面;② 各坐标轴;③ 原点的对称点.

解　点 $M(a, b, c)$关于 xOy 面的对称点为$(a, b, -c)$;

关于 yOz 面的对称点为$(-a, b, c)$;

关于 zOx 面的对称点为$(a, -b, c)$;

关于 x 轴的对称点为$(a, -b, -c)$;

关于 y 轴的对称点为$(-a, b, -c)$;

关于 z 轴的对称点为$(-a, -b, c)$；

关于原点的对称点为$(-a, -b, -c)$.

二、空间两点间的距离

设点 $M_1(x_1, y_1, z_1)$、$M(x_2, y_2, z_2)$为空间任意两点. 过点 M_1、M_2 各作三个平面与 x 轴、y 轴、z 轴垂直，这六个平面围成一个以 M_1M_2 为对角线的长方体(见图 7-3).

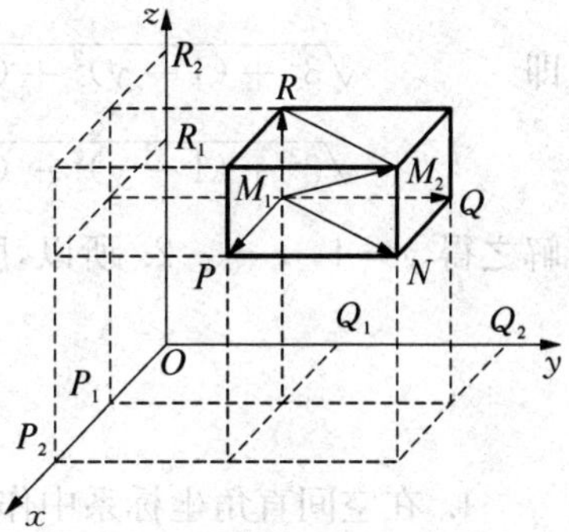

图 7-3

由于$\triangle M_1NM_2$ 是直角三角形，$\angle M_1NM_2$ 是直角，所以

$$|M_1M_2|^2=|M_1N|^2+|NM_2|^2.$$

又，$\triangle M_1PN$ 也是直角三角形，$\angle M_1PN$ 是直角，所以

$$|M_1N|^2=|M_1P|^2+|PN|^2,$$

$$d^2=|M_1M_2|^2=|M_1P|^2+|PN|^2+|NM_2|^2.$$

由于
$$|M_1P|^2=|P_1P_2|^2=(x_2-x_1)^2,$$

$$|PN|^2=|Q_1Q_2|^2=(y_2-y_1)^2,$$

$$|NM_2|^2=|R_1R_2|^2=(z_2-z_1)^2,$$

所以

$$d=|M_1M_2|=\sqrt{(x_2-x_1)^2+(y_2-y_1)^2+(z_2-z_1)^2}.$$

这就是空间两点的距离公式.

特殊地，点 $M(x, y, z)$到原点 $O(0, 0, 0)$的距离为

$$d=|OM|=\sqrt{x^2+y^2+z^2}.$$

例 2　验证以点 $O(0, 0, 0)$、$A(1, -2, 2)$、$B(3, -1, 0)$三点为顶点的三角形为等腰三角形.

解　$|OA|=\sqrt{1^2+(-2)^2+2^2}=3,$

$$|OB|=\sqrt{3^2+(-1)^2+0}=\sqrt{10},$$

$$|AB|=\sqrt{(3-1)^2+(-1+2)^2+(0-2)^2}=3.$$

因为 $|OA|=|AB|$，所以$\triangle OAB$为等腰三角形.

例 3 在 yOz 平面上求与点 $A(3, 1, 2)$、$B(4, -2, -2)$、$C(0, 5, 1)$等距离的点.

解 因为所求点在 yOz 平面上，所以设该点为 $M(0, y, z)$，依题意有

$$|MA|=|MB|=|MC|,$$

即
$$\sqrt{3^2+(1-y)^2+(2-z)^2}=\sqrt{4^2+(y+2)^2+(z+2)^2},$$

$$\sqrt{3^2+(1-y)^2+(2-z)^2}=\sqrt{0^2+(y-5)^2+(z-1)^2}.$$

解之得 $y=1$，$z=-2$. 所以，所求点为 $M(0, 1, -2)$.

习题 7－1

1. 在空间直角坐标系中作出具有下列坐标的点：
$A(1, 2, 3)$；$B(-4, 4, 4)$；$C(0, 0, 2)$；$D(0, 4, 1)$.

2. 指出下列各点的位置：
$A(3, 0, 0)$；$B(0, -7, 0)$；$C(0, 4, 3)$；$D(5, 0, 3)$.

3. 一立方体放置在 xOy 平面上，其底面的中心与原点重合，底面的顶点在 x 轴和 y 轴上. 已知立方体的边长为 a，求它各顶点的坐标.

4. 自点 $P_0(x_0, y_0, z_0)$分别作各坐标面和各坐标轴的垂线，写出各垂足的坐标.

5. 过点 $P_0(x_0, y_0, z_0)$分别作平行于 x 轴的直线和平行于 yOz 面的平面，在它们上面的点的坐标各有什么特点?

6. 求点 $M(-3, 4, 5)$到各坐标轴的距离及到各坐标平面的距离.

7. 根据下列条件求点 B 的未知坐标：
(1) $A(4, -7, 1)$、$B(6, 2, z)$，$|AB|=11$；
(2) $A(2, 3, 4)$、$B(x, -2, 4)$，$|AB|=5$.

8. 在 yOz 面上求与三点 $A(3, 1, 2)$、$B(4, 2, -2)$和 $C(0, 5, 1)$等距离的点.

9. 证明以三点 $A(4, 1, 9)$、$B(10, -1, 6)$、$C(2, 4, 3)$为顶点的三角形是等腰直角三角形.

第二节　向量及其线性运算

一、向量概念

自然科学中我们遇到的量可以分为两类：一类量用一个数便可以完全表示出

来，如面积、体积、温度、时间、质量等，这类量称为数量(或标量)；另一类量除了要用一个数以外，还要用空间的一个方向才能够完全表示出来，如速度、加速度、力、力矩、位移等，这类量称为向量(或矢量).

在数学上，往往用一条有方向的线段即有向线段来表示向量. 有向线段的方向表示向量的方向，有向线段的长度表示向量的大小. 以点 M_1 为起点，点 M_2 为终点的有向线段所表示的向量记为 $\overrightarrow{M_1M_2}$(见图 7-4). 印刷用黑斜体字母表示向量，如 $\boldsymbol{i}$, $\boldsymbol{j}$, $\boldsymbol{v}$, $\boldsymbol{a}$；书写用上方加箭头的斜体字母表示向量，如 $\vec{i}$, $\vec{j}$, $\vec{v}$, $\vec{a}$.

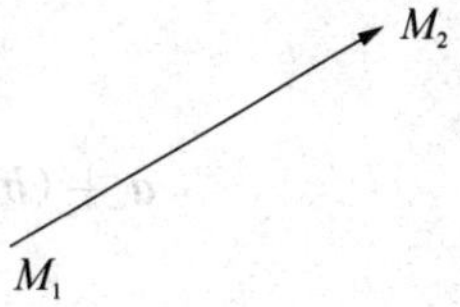

图 7-4

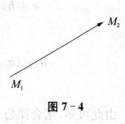

向量的大小叫作向量的模，向量 $\overrightarrow{AB}$、$\vec{a}$、$\boldsymbol{a}$ 的模分别记作 $|\overrightarrow{AB}|$、$|\vec{a}|$、$|\boldsymbol{a}|$. 模等于 1 的向量称为单位向量. 模等于 0 的向量称为零向量，记作 $\boldsymbol{0}$ 或 $\vec{0}$. 零向量的方向可以看作是任意的. 在直角坐标系中，起点为原点 O 终点为 M 的向量 $\overrightarrow{OM}$ 叫作点 M 对于点 O 的向径，记作 $\boldsymbol{r}=\overrightarrow{OM}$.

在实际问题中，有些向量与其起点有关，有些向量与其起点无关. 在数学上一般着重研究与起点无关的向量，并称这种向量为自由向量.

如果向量 $\boldsymbol{a}$ 和 $\boldsymbol{b}$ 的模相等，互相平行且指向相同，就称 $\boldsymbol{a}$ 和 $\boldsymbol{b}$ 相等，记作 $\boldsymbol{a}=\boldsymbol{b}$. 这就是说，经过平行移动后能完全重合的向量是相等的.

二、向量的加减法

假定两个向量的起点是同一点 O(否则，将一个向量平移，把它的起点移到另一个向量的起点上). 设 $\boldsymbol{a}=\overrightarrow{OA}$, $\boldsymbol{b}=\overrightarrow{OB}$，以 $\overrightarrow{OA}$、$\overrightarrow{OB}$ 为边作平行四边形 $OACB$，向量 $\boldsymbol{c}=\overrightarrow{OC}$ 称作 $\boldsymbol{a}$ 与 $\boldsymbol{b}$ 的和，记为 $\boldsymbol{c}=\boldsymbol{a}+\boldsymbol{b}$ (见图 7-5).

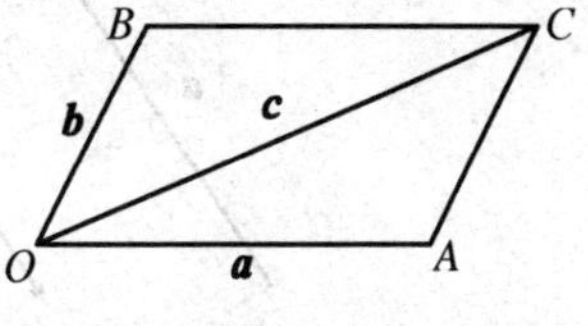

图 7-5

如果两向量 $\boldsymbol{a}=\overrightarrow{OA}$, $\boldsymbol{b}=\overrightarrow{OB}$ 在同一直线上，那么规定它们的和是这样一个向量：当 $\overrightarrow{OA}$ 与 $\overrightarrow{OB}$ 的指向相同时，和向量的方向与它们的方向相同，其模等于两向量的模之和. 当 $\overrightarrow{OA}$ 与 $\overrightarrow{OB}$ 的指向相反时，和向量的方向与较长向量的方向相同，其模等于两向量模的差.

上述规定两个向量的和的方法叫作向量加法的平行四边形法则. 我们知道，两个力的合成就是这样规定的.

从上述定义又可以得到求两向量和的另一种几何方法：平移向量 $\boldsymbol{b}$，将 $\boldsymbol{b}$ 的起点移到 $\boldsymbol{a}$ 的终点上，从 $\boldsymbol{a}$ 的起点到 $\boldsymbol{b}$ 的终点所作成的向量便是 $\boldsymbol{a}+\boldsymbol{b}$. 这一方法叫作向量加法的三角形法则.

向量的加法符合以下运算法则.

(1) 交换律　$\boldsymbol{a}+\boldsymbol{b}=\boldsymbol{b}+\boldsymbol{a}$.

(2) 结合律 $(\boldsymbol{a}+\boldsymbol{b})+\boldsymbol{c}=\boldsymbol{a}+(\boldsymbol{b}+\boldsymbol{c})$.

由图 7-6 可知

$$(\boldsymbol{a}+\boldsymbol{b})+\boldsymbol{c}=(\overrightarrow{OA}+\overrightarrow{AB})+\overrightarrow{BC}=\overrightarrow{OB}+\overrightarrow{BC}=\overrightarrow{OC},$$

$$\boldsymbol{a}+(\boldsymbol{b}+\boldsymbol{c})=\overrightarrow{OA}+(\overrightarrow{AB}+\overrightarrow{BC})=\overrightarrow{OA}+\overrightarrow{AC}=\overrightarrow{OC}.$$

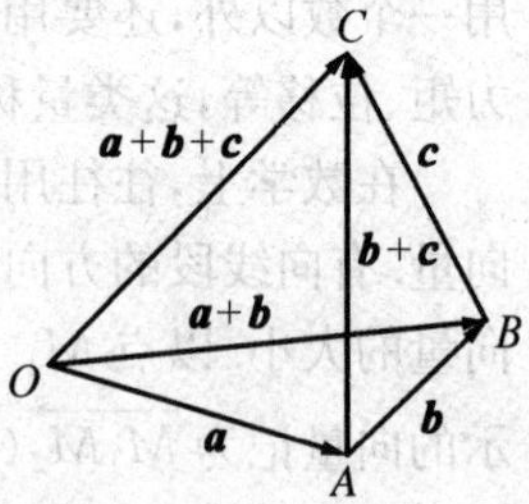

图 7-6

由此可知,结合律公式是正确的.

从(1)、(2)可知,在求任意有限个向量的和 $\boldsymbol{a}_1+\boldsymbol{a}_2+\cdots+\boldsymbol{a}_n$ 时,可以任意交换向量的次序及任意添加括号.

由向量加法的交换律与结合律得任意多个向量相加的法则:使前一向量的终点作为后一向量的起点,相继作向量 $\boldsymbol{a}_1, \boldsymbol{a}_2, \cdots, \boldsymbol{a}_n$,再以第一向量的起点为起点,最后一向量的终点为终点作一向量,这向量即为所求的和向量.

设 $\boldsymbol{a}$ 是一向量,与 $\boldsymbol{a}$ 的模相同而方向相反的向量叫作 $\boldsymbol{a}$ 的负向量,记作 $-\boldsymbol{a}$(见图 7-7). 我们规定两个向量 $\boldsymbol{a}$ 与 $\boldsymbol{b}$ 的差如下:

$$\boldsymbol{a}-\boldsymbol{b}=\boldsymbol{a}+(-\boldsymbol{b}).$$

特殊地,
$$\boldsymbol{a}-\boldsymbol{a}=\boldsymbol{a}+(-\boldsymbol{a})=\boldsymbol{0}.$$

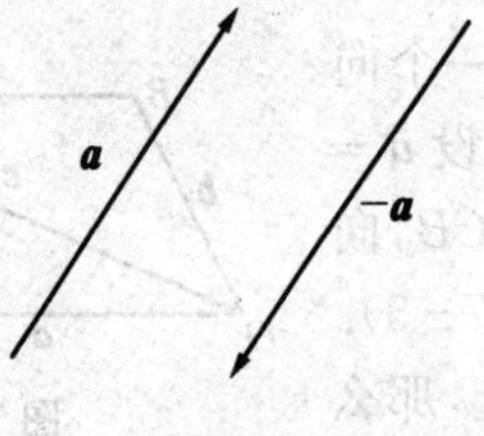

图 7-7

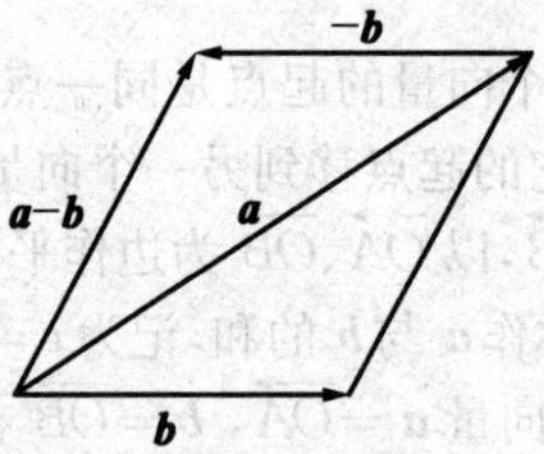

图 7-8

由向量加法的三角形法则可得:要从 $\boldsymbol{a}$ 减去 $\boldsymbol{b}$,只要把与 $\boldsymbol{b}$ 长度相同而方向相反的向量 $-\boldsymbol{b}$ 加到 $\boldsymbol{a}$ 上去(见图 7-8).

我们也可用如下的方法作出两向量的差:将 $\boldsymbol{a}$ 与 $\boldsymbol{b}$ 移到共同起点,再从 $\boldsymbol{b}$ 的终点向 $\boldsymbol{a}$ 的终点引一向量,此向量即 $\boldsymbol{a}-\boldsymbol{b}$.

三、向量与数的乘法

设 λ 是一实数,$\boldsymbol{a}$ 与 λ 的乘法规定如下:$\boldsymbol{a}$ 与 λ 的乘积 $\lambda\boldsymbol{a}$ 是一向量,其模等于 $|\lambda||\boldsymbol{a}|$. 当 $\lambda>0$ 时,$\lambda\boldsymbol{a}$ 与 $\boldsymbol{a}$ 同向;当 $\lambda<0$ 时,$\lambda\boldsymbol{a}$ 与 $\boldsymbol{a}$ 反向;当 $\lambda=0$ 时,$\lambda\boldsymbol{a}=\boldsymbol{0}$(零

向量)(见图 7-9).

特殊地,当 $\lambda=-1$ 时, $(-1)\boldsymbol{a}=-\boldsymbol{a}$, 恰好是 $\boldsymbol{a}$ 的负向量.

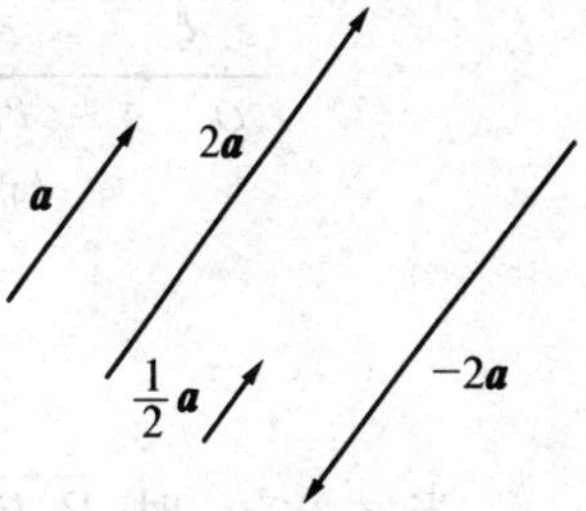

图 7-9

向量与数的乘法符合下面的运算规律.

(1) 结合律　$\lambda(\mu\boldsymbol{a})=\mu(\lambda\boldsymbol{a})=(\lambda\mu)\boldsymbol{a}$.

(2) 分配律　$(\lambda+\mu)\boldsymbol{a}=\lambda\boldsymbol{a}+\mu\boldsymbol{a}$;

$\lambda(\boldsymbol{a}+\boldsymbol{b})=\lambda\boldsymbol{a}+\lambda\boldsymbol{b}$.

根据向量与数相乘的规定,可以推出以下结论.

(1) 若非零向量 $\boldsymbol{a}$ 与 $\boldsymbol{b}$ 满足 $\boldsymbol{b}=\lambda\boldsymbol{a}$, 则 $\boldsymbol{a}$ 与 $\boldsymbol{b}$ 平行(记作 $\boldsymbol{a}\parallel\boldsymbol{b}$); 反之,若 $\boldsymbol{a}\parallel\boldsymbol{b}$,则 $\boldsymbol{b}=\lambda\boldsymbol{a}$(其中 λ 是数).

(2) 设 $\boldsymbol{a}\neq\boldsymbol{0}$, 则 $\dfrac{\boldsymbol{a}}{|\boldsymbol{a}|}=\dfrac{1}{|\boldsymbol{a}|}\boldsymbol{a}$ 是与 $\boldsymbol{a}$ 同向的单位向量,记作 a°,

即　$a^{\circ}=\dfrac{\boldsymbol{a}}{|\boldsymbol{a}|}$.

例 1　在平行四边形 $ABCD$ 内,设 $\overrightarrow{AB}=\boldsymbol{a}$, $\overrightarrow{AD}=\boldsymbol{b}$, M 是对角线交点. 试用 $\boldsymbol{a}$、$\boldsymbol{b}$ 表示 $\overrightarrow{MA}$、$\overrightarrow{MB}$、$\overrightarrow{MC}$、$\overrightarrow{MD}$(见图 7-10).

解　平行四边形的对角线相互平分,所以

$$\boldsymbol{a}+\boldsymbol{b}=2\overrightarrow{AM},$$

即　$-(\boldsymbol{a}+\boldsymbol{b})=2\overrightarrow{MA}$.

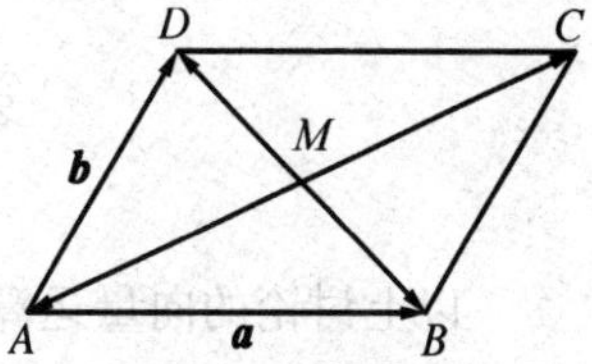

图 7-10

于是　$\overrightarrow{MA}=-\dfrac{1}{2}(\boldsymbol{a}+\boldsymbol{b})$,

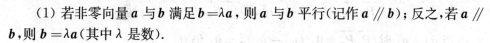

$$\overrightarrow{MC}=-\overrightarrow{MA}=\frac{1}{2}(\boldsymbol{a}+\boldsymbol{b}),$$

$$\overrightarrow{MB}=\frac{1}{2}\overrightarrow{DB}=\frac{1}{2}(\boldsymbol{a}-\boldsymbol{b}),$$

$$\overrightarrow{MD}=-\overrightarrow{MB}=-\frac{1}{2}(\boldsymbol{a}-\boldsymbol{b})=\frac{1}{2}(\boldsymbol{b}-\boldsymbol{a}).$$

例 2　设 u 轴上有二点 P_1、P_2,其坐标分别为 u_1、u_2,$\boldsymbol{\xi}$ 是与 u 轴正向一致的单位向量,验证

$$\overrightarrow{P_1P_2}=(u_2-\mu_1)\boldsymbol{\xi}.$$

证　当 $u_2>u_1$ 时,$\overrightarrow{P_1P_2}$ 的方向与 $\boldsymbol{\xi}$ 的方向相同(见图 7-11(a)). 由于 $|\overrightarrow{P_1P_2}|=u_2-u_1$, 所以

图 7－11

$$\overrightarrow{P_1P_2}=(u_2-u_1)\boldsymbol{\xi}.$$

当 $u_2<u_1$ 时，$\overrightarrow{P_2P_1}$ 的方向与 $\boldsymbol{\xi}$ 的方向相同(见图 7－11(b)). 由前面所述可得

$$\overrightarrow{P_2P_1}=(u_1-u_2)\boldsymbol{\xi}, 即 \overrightarrow{P_1P_2}=(u_2-u_1)\boldsymbol{\xi}.$$

当 $u_2=u_1$ 时，$\overrightarrow{P_1P_2}=\mathbf{0}$，$(u_2-u_1)\boldsymbol{\xi}=\mathbf{0}$，仍有

$$\overrightarrow{P_1P_2}=(u_2-u_1)\boldsymbol{\xi}.$$

习题 7－2

1. 如果平面上一个四边形的对角线互相平分，应用向量证明它是平行四边形.

2. 把△ABC 的 BC 边五等分，设分点依次为 D_1、D_2、D_3、D_4，再把各分点与点 A 连接. 以 $\overrightarrow{AB}=\boldsymbol{c}$、$\overrightarrow{BC}=\boldsymbol{a}$ 表示向量 $\overrightarrow{D_1A}$、$\overrightarrow{D_2A}$、$\overrightarrow{D_3A}$、$\overrightarrow{D_4A}$.

3. 设 $\boldsymbol{u}=\boldsymbol{a}+\boldsymbol{b}-2\boldsymbol{c}$，$\boldsymbol{v}=-2\boldsymbol{a}-3\boldsymbol{b}+4\boldsymbol{c}$，用 $\boldsymbol{a}$、$\boldsymbol{b}$、$\boldsymbol{c}$ 表示 $4\boldsymbol{u}+3\boldsymbol{v}$.

第三节　向 量 的 坐 标

以上讨论的向量运算只能用图形来描绘. 为了便于计算，常把向量沿直角坐标系的坐标轴方向进行分解，这样就可以使向量的几何运算转化为代数运算.

一、向量在轴上的投影

首先引进空间两向量的夹角的概念. 设有两个非零向量 $\boldsymbol{a}$ 与 $\boldsymbol{b}$，任取空间一点 O，作 $\overrightarrow{OA}=\boldsymbol{a}$，$\overrightarrow{OB}=\boldsymbol{b}$. 规定不超过 π 的 $\angle AOB$ 称为向量 $\boldsymbol{a}$ 与 $\boldsymbol{b}$ 的夹角(见图 7－12)，记作 $(\widehat{\boldsymbol{a},\boldsymbol{b}})$ 或 $(\widehat{\boldsymbol{b},\boldsymbol{a}})$，即

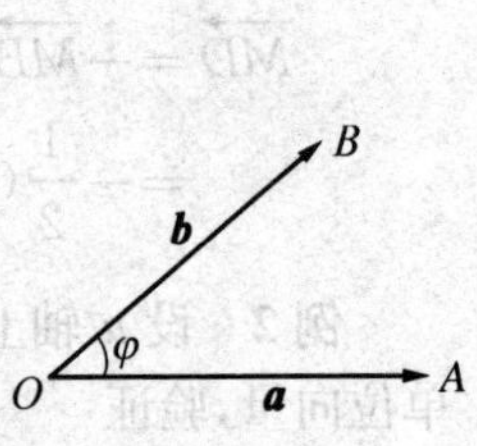

图 7－12

$$(\widehat{\boldsymbol{a},\boldsymbol{b}})=\varphi,\quad 0\leqslant\varphi\leqslant\pi.$$

如果 $\boldsymbol{a}$ 与 $\boldsymbol{b}$ 中有一个零向量，规定它们的夹角可在 0 与 π 之间任意取值. 若 $\boldsymbol{a}\parallel\boldsymbol{b}$，当 $\boldsymbol{a}$ 与 $\boldsymbol{b}$ 指向相同时，$\varphi=0$；当 $\boldsymbol{a}$ 与 $\boldsymbol{b}$ 指向相反时，$\varphi=\pi$.

类似地,可以规定向量与一轴的夹角,空间两轴的夹角.

设已知空间一点 A 及一轴 u,过点 A 作 u 轴的垂直平面 α,设 α 和 u 轴的交点为 A',则称 A'为点 A 在 u 轴上的投影(见图 7-13).

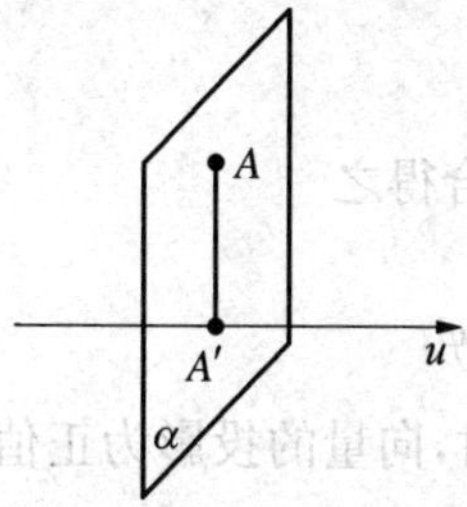

图 7-13

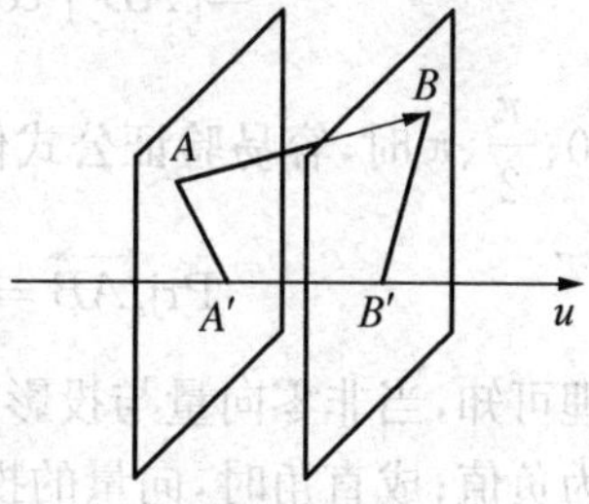

图 7-14

设已知向量 $\overrightarrow{AB}$ 的起点 A 在 u 轴上的投影为 A',终点 B 在 u 轴上的投影为 B',则称有向线段 $\overrightarrow{A'B'}$ 的值 $A'B'$ 为 $\overrightarrow{AB}$ 在 u 轴上的投影(见图 7-14),记为 $\mathrm{Prj}_u\overrightarrow{AB}=A'B'$, u 轴称为投影轴.

轴上有向线段 $\overrightarrow{AB}$ 的值 $A'B'$是指一个数量,这个数 $A'B'$的绝对值等于有向线段 $\overrightarrow{A'B'}$的长度,其符号由 $\overrightarrow{A'B'}$ 的方向决定:如果 $\overrightarrow{A'B'}$ 的方向和 u 轴的正向相同,就取正号;如果 $\overrightarrow{A'B'}$的方向和 u 轴的正向相反,就取负号.

关于向量的投影的计算有下面两个定理.

定理 1　向量 $\overrightarrow{AB}$ 在 u 轴上的投影等于 $\overrightarrow{AB}$ 的模乘以轴与向量夹角的余弦,即

$$\mathrm{Prj}_u\overrightarrow{AB}=|\overrightarrow{AB}|\cos\varphi.$$

证　如图 7-15 所示, $0<\varphi<\dfrac{\pi}{2}$. 过点 A 引轴 u',使 u'轴与 u 轴平行且具有相同的正方向,那么 $\overrightarrow{AB}$ 与轴 u'的夹角为 φ. 易知

$$\mathrm{Prj}_u\overrightarrow{AB}=A'B'=AB''=|\overrightarrow{AB}|\cos\varphi.$$

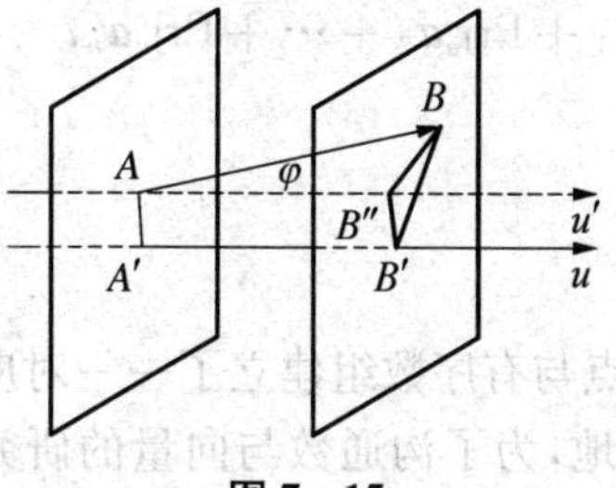

图 7-15

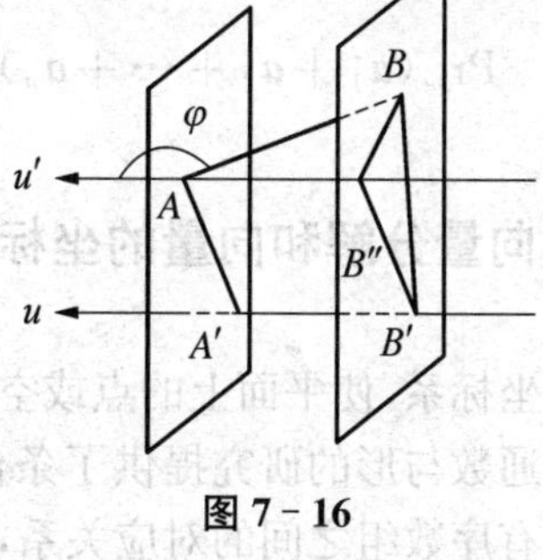

图 7-16

如图 7-16 所示, $\dfrac{\pi}{2}<\varphi<\pi$. 则有

$$\begin{aligned}\mathrm{Prj}_u\overrightarrow{AB}&=A'B'=AB''\\&=-|\overrightarrow{AB}''|=-|\overrightarrow{AB}|\cos(\pi-\varphi)\\&=|\overrightarrow{AB}|\cos\varphi.\end{aligned}$$

当 φ 为 0、$\dfrac{\pi}{2}$、π 时，容易验证公式仍成立. 综合得之

$$\mathrm{Prj}_u\overrightarrow{AB}=|\overrightarrow{AB}|\cos\varphi.$$

由此定理可知，当非零向量与投影轴成锐角时，向量的投影为正值；成钝角时，向量的投影为负值；成直角时，向量的投影为 0.

定理 2　两向量之和的投影等于各向量的投影之和，即

$$\mathrm{Prj}_u(\boldsymbol{a}_1+\boldsymbol{a}_2)=\mathrm{Prj}_u\boldsymbol{a}_1+\mathrm{Prj}_u\boldsymbol{a}_2.$$

证　如图 7-17 所示，u 轴为投影轴，$\overrightarrow{AB}=\boldsymbol{a}_1$，$\overrightarrow{BC}=\boldsymbol{a}_2$，$\overrightarrow{AC}=\overrightarrow{AB}+\overrightarrow{BC}=\boldsymbol{a}_1+\boldsymbol{a}_2$.

设点 A、B、C 在 u 轴上的投影分别为 A'、B'、C'. 则

$$\mathrm{Prj}_u\overrightarrow{AB}=A'B',\ \mathrm{Prj}_u\overrightarrow{BC}=B'C',$$
$$\mathrm{Prj}_u\overrightarrow{AC}=A'C'.$$

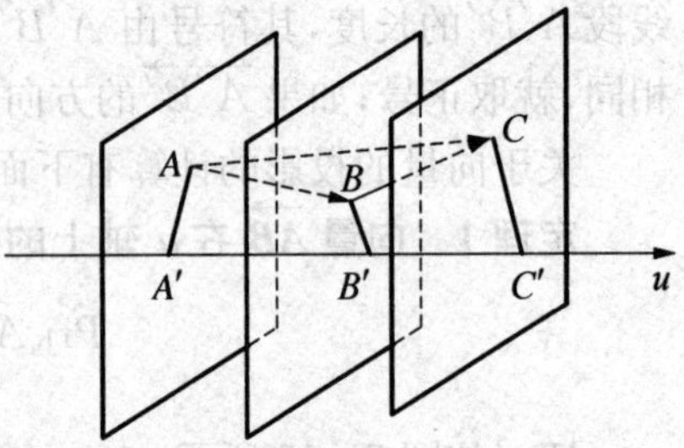

图 7-17

不论 A'、B'、C' 的位置如何，总有

$$A'C'=A'B'+B'C',$$

所以　$\mathrm{Prj}_u\overrightarrow{AC}=\mathrm{Prj}_u\overrightarrow{AB}+\mathrm{Prj}_u\overrightarrow{BC}$,

即
$$\mathrm{Prj}_u(\boldsymbol{a}_1+\boldsymbol{a}_2)=\mathrm{Prj}_u\boldsymbol{a}_1+\mathrm{Prj}_u\boldsymbol{a}_2.$$

定理 2 可推广到有限个向量的情况，即

$$\mathrm{Prj}_u(\boldsymbol{a}_1+\boldsymbol{a}_2+\cdots+\boldsymbol{a}_n)=\mathrm{Prj}_u\boldsymbol{a}_1+\mathrm{Prj}_u\boldsymbol{a}_2+\cdots+\mathrm{Prj}_u\boldsymbol{a}_n.$$

二、向量分解和向量的坐标

通过坐标系，使平面上的点或空间中的点与有序数组建立了一一对应的关系，从而为沟通数与形的研究提供了条件. 类似地，为了沟通数与向量的研究，需要建立向量与有序数组之间的对应关系，这一点可借助向量在坐标轴上的投影来实现.

设 $\boldsymbol{a}=\overrightarrow{M_1M_2}$ 为空间一向量，u 为一条数轴，点 M_1、M_2 在 u 轴上的投影分别为 P_1、P_2(见图 7-18). 设点 P_1、P_2 在 u 轴上的坐标分别为 u_1、u_2. 由有向线段的

值的性质可知

$$\mathrm{Prj}_u\overrightarrow{M_1M_2}=P_1P_2=OP_2-OP_1=u_2-u_1.$$

把 $\overrightarrow{M_1M_2}$ 在 u 轴上的投影记为 a_u 的话，有

$$a_u=u_2-u_1.$$

如果 $\boldsymbol{\xi}$ 是与 u 轴正向一致的单位向量，则

$$\overrightarrow{P_1P_2}=(u_2-u_1)\boldsymbol{\xi}=a_u\boldsymbol{\xi}.$$

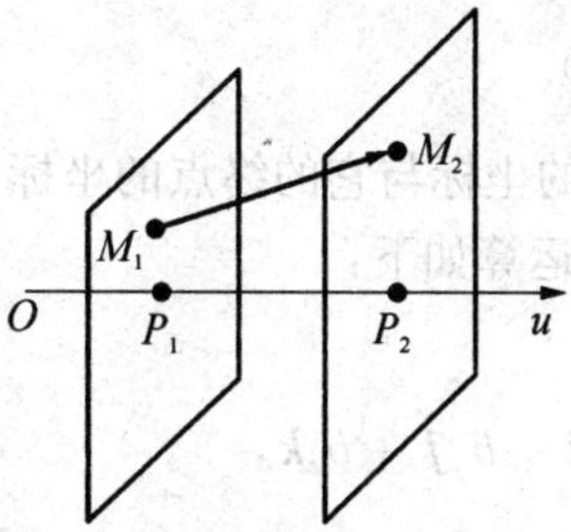

图 7－18

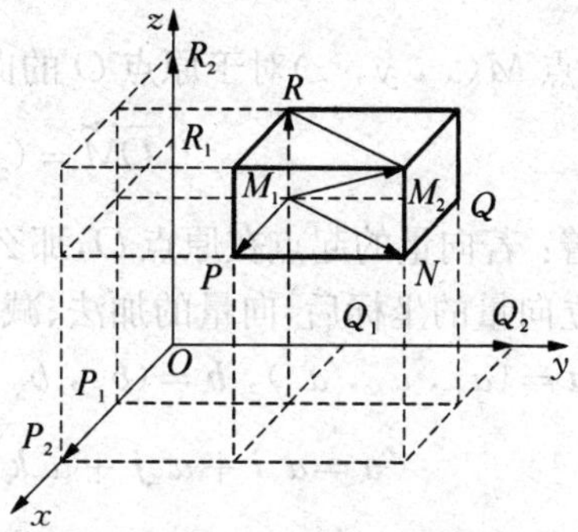

图 7－19

设 $\boldsymbol{a}=\overrightarrow{M_1M_2}$ 是以点 $M_1(x_1,\ y_1,\ z_1)$ 为起点、$M_2(x_2,\ y_2,\ z_2)$ 为终点的向量. 过点 M_1、M_2 各作三个与坐标轴垂直的平面. 这六个平面围成一个以 $\overrightarrow{M_1M_2}$ 为对角线的长方体（见图 7－19）. 易知

$$\overrightarrow{M_1M_2}=\overrightarrow{M_1P}+\overrightarrow{PN}+\overrightarrow{NM_2}$$

$$=\overrightarrow{P_1P_2}+\overrightarrow{Q_1Q_2}+\overrightarrow{R_1R_2}.$$

其中 $\overrightarrow{P_1P_2}$、$\overrightarrow{Q_1Q_2}$、$\overrightarrow{R_1R_2}$ 分别称为向量 $\overrightarrow{M_1M_2}$ 在 x、y、z 轴上的分向量.

以 $\boldsymbol{i}$、$\boldsymbol{j}$、$\boldsymbol{k}$ 分别表示沿 x、y、z 轴正向的单位向量，称它们为坐标系的基本单位向量，那么

$$\overrightarrow{P_1P_2}=(x_2-x_1)\boldsymbol{i}=a_x\boldsymbol{i},$$

$$\overrightarrow{Q_1Q_2}=(y_2-y_1)\boldsymbol{j}=a_y\boldsymbol{j},$$

$$\overrightarrow{R_1R_2}=(z_2-z_1)\boldsymbol{k}=a_z\boldsymbol{k}.$$

因此

$$\boldsymbol{a}=a_x\boldsymbol{i}+a_y\boldsymbol{j}+a_z\boldsymbol{k},$$

或

$$\overrightarrow{M_1M_2}=(x_2-x_1)\boldsymbol{i}+(y_2-y_1)\boldsymbol{j}+(z_2-z_1)\boldsymbol{k}.$$

上式称为向量 $\boldsymbol{a}$ 按基本单位向量的分解式.

一方面,从向量 $\boldsymbol{a}$ 可以唯一地定出它在三条坐标轴上的投影 a_x、a_y、a_z;另一方面,从 a_x、a_y、a_z 可以唯一地定出向量 $\boldsymbol{a}$. 这样,有序数组 a_x、a_y、a_z 就与向量 $\boldsymbol{a}$ 一一对应.

向量 $\boldsymbol{a}$ 在三条坐标轴上的投影 a_x、a_y、a_z 叫作向量 $\boldsymbol{a}$ 的坐标,表达式 $\boldsymbol{a}=\{a_x, a_y, a_z\}$ 叫作向量 $\boldsymbol{a}$ 的坐标表示式.

据此,起点为 $M_1(x_1, y_1, z_1)$、终点为 $M_2(x_2, y_2, z_2)$ 的向量 $\overrightarrow{M_1M_2}$ 的坐标表示式为

$$\overrightarrow{M_1M_2}=(x_2-x_1, y_2-y_1, z_2-z_1).$$

特别地,点 $M(x, y, z)$ 对于原点 O 的向径为

$$\overrightarrow{OM}=(x, y, z).$$

这意味着:若向量的起点在原点 O,那么这向量的坐标与它的终点的坐标一致.

建立向量的坐标后,向量的加法、减法、数乘运算如下:

设 $\boldsymbol{a}=(a_x, a_y, a_z)$, $\boldsymbol{b}=(b_x, b_y, b_z)$,

即
$$\boldsymbol{a}=a_x\boldsymbol{i}+a_y\boldsymbol{j}+a_z\boldsymbol{k},\ \boldsymbol{b}=b_x\boldsymbol{i}+b_y\boldsymbol{j}+b_z\boldsymbol{k},$$

则
$$\boldsymbol{a}+\boldsymbol{b}=(a_x+b_x)\boldsymbol{i}+(a_y+b_y)\boldsymbol{j}+(a_z+b_z)\boldsymbol{k};$$
$$\boldsymbol{a}-\boldsymbol{b}=(a_x-b_x)\boldsymbol{i}+(a_y-b_y)\boldsymbol{j}+(a_z-b_z)\boldsymbol{k};$$
$$\lambda\boldsymbol{a}=(\lambda a_x)\boldsymbol{i}+(\lambda a_y)\boldsymbol{j}+(\lambda a_z)\boldsymbol{k}\quad(\lambda\in\mathbf{R}).$$

即
$$\boldsymbol{a}+\boldsymbol{b}=(a_x+b_x, a_y+b_y, a_z+b_z);$$
$$\boldsymbol{a}-\boldsymbol{b}=(a_x-b_x, a_y-b_y, a_z-b_z);$$
$$\lambda\boldsymbol{a}=(\lambda a_x, \lambda a_y, \lambda a_z)\quad(\lambda\in\mathbf{R}).$$

例 1(定比分点公式) 设点 $A(x_1, y_1, z_1)$ 和 $B(x_2, y_2, z_2)$ 为两个已知点,直线 AB 上的点 M 分割 $\overrightarrow{AB}$ 使得

$$\frac{AM}{MB}=\lambda\quad(\lambda\neq-1),$$

求点 M 的坐标 x、y、z(假定有一条轴通过直线 AB).

解 设 $\lambda>0$,则 M 为内分点(见图 7-20(a)).

由 $\dfrac{AM}{MB}=\lambda$,得 $\overrightarrow{AM}=\lambda\overrightarrow{MB}$.

而 $\overrightarrow{AM}=(x-x_1, y-y_1, z-z_1)$,

$\overrightarrow{MB}=(x_2-x, y_2-y, z_2-z)$,

因此有　$x-x_1=\lambda(x_2-x)$，$y-y_1=\lambda(y_2-y)$，$z-z_1=\lambda(z_2-z)$，

所以
$$x=\frac{x_1+\lambda x_2}{1+\lambda},\quad y=\frac{y_1+\lambda y_2}{1+\lambda},\quad z=\frac{z_1+\lambda z_2}{1+\lambda}.$$

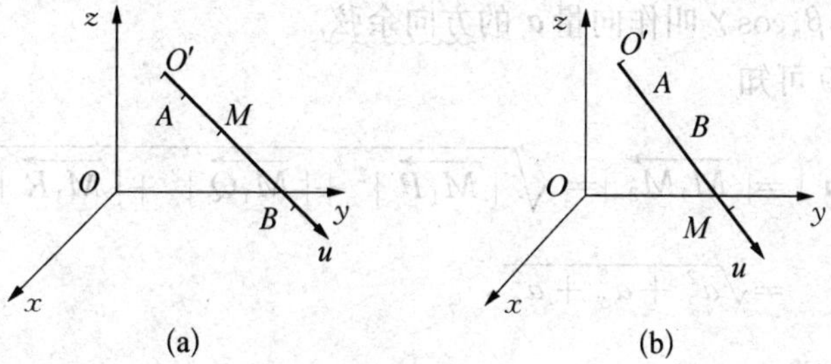

图 7-20

设 $\lambda<0\ (\lambda\neq-1)$，则 M 为外分点(见图 7-20(b))．

由 $\dfrac{AM}{MB}=\lambda$，得

$$\frac{AM}{BM}=-\lambda,\ \overrightarrow{AM}=(-\lambda)\overrightarrow{BM},\ \overrightarrow{AM}=\lambda\overrightarrow{MB}.$$

类似于前面的推导可得同样的结论．

点 M 叫作有向线段 $\overrightarrow{AB}$ 的定比分点．

当 $\lambda=1$ 时，点 M 是 $\overrightarrow{AB}$ 的中点，其坐标为

$$x=\frac{x_1+x_2}{2},\quad y=\frac{y_1+y_2}{2},\quad z=\frac{z_1+z_2}{2}.$$

三、向量的模与方向余弦的坐标表达式

向量可以用它的模和方向来表示，也可以用它的坐标来表示．这两种表示法之间一定存在着某种联系．

我们先介绍表达向量方向的方法．设非零向量 $\boldsymbol{a}=\overrightarrow{M_1M_2}$ 与 x 轴、y 轴、z 轴的夹角分别为 α、β、γ $(0\leqslant\alpha\leqslant\pi,\ 0\leqslant\beta\leqslant\pi,\ 0\leqslant\gamma\leqslant\pi)$，称 α、β、γ 为非零向量 $\boldsymbol{a}$ 的方向角(见图 7-21)．

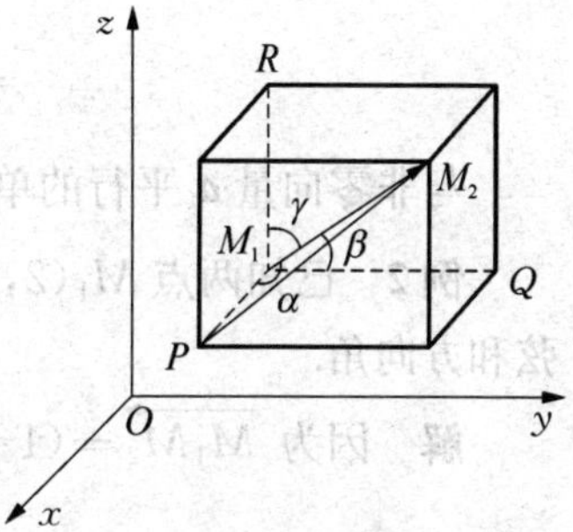

图 7-21

向量的坐标就是向量在坐标轴上的投影，所以由定理 1 得

$$
\left.\begin{aligned}
a_x &= |\boldsymbol{a}|\cos\alpha,\\
a_y &= |\boldsymbol{a}|\cos\beta,\\
a_z &= |\boldsymbol{a}|\cos\gamma.
\end{aligned}\right\} \tag{7-1}
$$

其中,$\cos\alpha$、$\cos\beta$、$\cos\gamma$ 叫作向量 $\boldsymbol{a}$ 的方向余弦.

由图 7-19 可知

$$
\begin{aligned}
|\boldsymbol{a}| = |\overrightarrow{M_1M_2}| &= \sqrt{|\overrightarrow{M_1P}|^2 + |\overrightarrow{M_1Q}|^2 + |\overrightarrow{M_1R}|^2} \\
&= \sqrt{a_x^2 + a_y^2 + a_z^2},
\end{aligned} \tag{7-2}
$$

所以

$$
\left.\begin{aligned}
\cos\alpha &= \frac{a_x}{\sqrt{a_x^2+a_y^2+a_z^2}},\\
\cos\beta &= \frac{a_y}{\sqrt{a_x^2+a_y^2+a_z^2}},\\
\cos\gamma &= \frac{a_z}{\sqrt{a_x^2+a_y^2+a_z^2}}.
\end{aligned}\right\} \tag{7-3}
$$

公式(7-2)与公式(7-3)就是用坐标表示向量的模和方向余弦的公式.

由公式(7-3)可得

$$\cos^2\alpha + \cos^2\beta + \cos^2\gamma = 1.$$

据公式(7-1)可得,

与非零向量 $\boldsymbol{a}$ 同方向的单位向量为

$$
\begin{aligned}
\boldsymbol{a}^\circ = \frac{\boldsymbol{a}}{|\boldsymbol{a}|} &= \frac{1}{|\boldsymbol{a}|}(a_x, a_y, a_z) \\
&= (\cos\alpha, \cos\beta, \cos\gamma).
\end{aligned}
$$

与非零向量 $\boldsymbol{a}$ 平行的单位向量为 $\boldsymbol{a}^0$ 与 $-\boldsymbol{a}^0$.

例 2 已知两点 $M_1(2, 2, \sqrt{2})$ 和 $M_2(1, 3, 0)$,计算向量 $\overrightarrow{M_1M_2}$ 的模、方向余弦和方向角.

解 因为 $\overrightarrow{M_1M_2} = (1-2, 3-2, 0-\sqrt{2}) = (-1, 1, -\sqrt{2})$,

所以 $|\overrightarrow{M_1M_2}| = \sqrt{(-1)^2 + 1^2 + (-\sqrt{2})^2} = \sqrt{4} = 2$,

$$\cos\alpha = -\frac{1}{2},\quad \cos\beta = \frac{1}{2},\quad \cos\gamma = -\frac{\sqrt{2}}{2},$$

$$\alpha = \frac{2\pi}{3},\ \beta = \frac{\pi}{3},\ \gamma = \frac{3\pi}{4}.$$

例 3　设向量 $\boldsymbol{a}$ 的方向角 $\beta = \frac{\pi}{3}$，$\gamma = \frac{3}{4}\pi$. 求 α.

解　由 $\cos^2\alpha + \cos^2\beta + \cos^2\gamma = 1$ 得

$$\cos^2\alpha = 1 - \frac{1}{4} - \frac{1}{2} = \frac{1}{4},$$

所以
$$\cos\alpha = \frac{1}{2} \quad 或 \quad \cos\alpha = -\frac{1}{2},$$

$$\alpha = \frac{\pi}{3} \quad 或 \quad \alpha = \frac{2}{3}\pi.$$

习题 7 - 3

1. 设向量 $\boldsymbol{r}$ 的模为 4，它与 u 轴的夹角是 $\frac{\pi}{3}$，求 $\boldsymbol{r}$ 在 u 轴上的投影.

2. 已知两点 $M_1(3, 2, 1)$、$M_2(1, 2, 0)$，用坐标表示式表示向量 $\overrightarrow{M_1M_2}$ 及 $-3\overrightarrow{M_1M_2}$.

3. 向量 $\overrightarrow{AB}$ 的终点为 $B(3, -2, 1)$，它在 x 轴、y 轴和 z 轴上的投影分别为 4、1 和 -1，求起点 A 的坐标.

4. 求下列向量的模、方向余弦：

(1) $\boldsymbol{a} = \frac{1}{3}(2\boldsymbol{i} + 2\boldsymbol{j} - \boldsymbol{k})$；　(2) $\boldsymbol{b} = \frac{1}{3}(-\boldsymbol{i} + 2\boldsymbol{j} + 2\boldsymbol{k})$；

(3) 起点为 $M_1(4, \sqrt{2}, 1)$、终点为 $M_2(3, 0, 2)$ 的向量 $\overrightarrow{M_1M_2}$.

5. 设向量与各坐标轴间的角为 α、β、γ.

(1) $\alpha = 60°$，$\beta = 120°$，求 γ；　(2) $\alpha = 135°$，$\gamma = 60°$，求 β.

6. 已知两点 $A(4, 0, 5)$ 和 $B(7, 1, 3)$. 求和 $\overrightarrow{AB}$ 平行的单位向量.

7. 设 $\boldsymbol{a} = (5, 7, 8)$，$\boldsymbol{b} = (3, -4, 6)$，$\boldsymbol{c} = (-6, -9, -5)$. 求向量 $\boldsymbol{m} = 3\boldsymbol{a} + 2\boldsymbol{b} - 2\boldsymbol{c}$ 在 x 轴上的投影和在 y 轴上的分向量.

8. 设 $|\boldsymbol{a}| = 3$，其方向余弦 $\cos\alpha = \frac{1}{3}$，$\cos\beta = \frac{2}{3}$，求向量 $\boldsymbol{a}$ 的坐标，及与 $\boldsymbol{a}$ 同

方向的单位向量.

第四节　数量积,向量积,* 混合积

一、两向量的数量积

设有一个质点在常力 $\boldsymbol{F}$ 的作用下,从点 A 移动到点 B,力 $\boldsymbol{F}$ 作的功是

$$W = |\boldsymbol{F}|\,|\overrightarrow{AB}|\cos\theta,$$

其中 θ 是 $\boldsymbol{F}$ 与 $\overrightarrow{AB}$ 的夹角(见图 7-22).

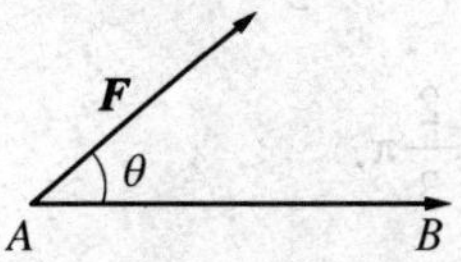

图 7-22

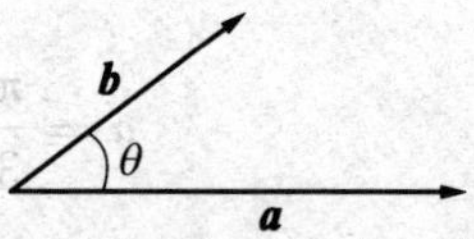

图 7-23

仿照这种运算,我们规定两个向量 $\boldsymbol{a}$、$\boldsymbol{b}$ 的数量积是它们的模与夹角余弦的乘积,用记号 $\boldsymbol{a}\cdot\boldsymbol{b}$ 表示(见图 7-23),即

$$\boldsymbol{a}\cdot\boldsymbol{b} = |\boldsymbol{a}|\,|\boldsymbol{b}|\cos\theta,\quad \theta = (\widehat{\boldsymbol{a},\boldsymbol{b}}).$$

由于 $|\boldsymbol{b}|\cos\theta = |\boldsymbol{b}|\cos(\widehat{\boldsymbol{a},\boldsymbol{b}})$ 是向量 $\boldsymbol{b}$ 在 $\boldsymbol{a}$ 方向上的投影,所以

$$\boldsymbol{a}\cdot\boldsymbol{b} = |\boldsymbol{a}|\,\mathrm{Prj}_{\boldsymbol{a}}\boldsymbol{b}.$$

同理,
$$\boldsymbol{a}\cdot\boldsymbol{b} = |\boldsymbol{b}|\,\mathrm{Prj}_{\boldsymbol{b}}\boldsymbol{a}.$$

由数量积的定义可推得:

(1) $\boldsymbol{a}\cdot\boldsymbol{a} = |\boldsymbol{a}|^2$.

(2) 设 $\boldsymbol{a}$、$\boldsymbol{b}$ 都是非零向量,则

$\boldsymbol{a}$ 与 $\boldsymbol{b}$ 相互垂直的充分必要条件为

$$\boldsymbol{a}\cdot\boldsymbol{b} = 0.$$

数量积符合以下运算规律.

(1) 交换律　$\boldsymbol{a}\cdot\boldsymbol{b} = \boldsymbol{b}\cdot\boldsymbol{a}$.

(2) 分配律　$(\boldsymbol{a}+\boldsymbol{b})\cdot\boldsymbol{c} = \boldsymbol{a}\cdot\boldsymbol{c} + \boldsymbol{b}\cdot\boldsymbol{c}$.

(3) 结合律　$(\lambda\boldsymbol{a})\cdot\boldsymbol{b} = \boldsymbol{a}\cdot(\lambda\boldsymbol{b}) = \lambda(\boldsymbol{a}\cdot\boldsymbol{b}),\quad \lambda\in\mathbf{R}$.

以下用向量的坐标表示两向量的数量积.

设 $\boldsymbol{a} = a_x\boldsymbol{i} + a_y\boldsymbol{j} + a_z\boldsymbol{k}$, $\boldsymbol{b} = b_x\boldsymbol{i} + b_y\boldsymbol{j} + b_z\boldsymbol{k}$, 按以上运算规律有

$$\begin{aligned}\boldsymbol{a}\cdot\boldsymbol{b}&=a_x\boldsymbol{i}\cdot(b_x\boldsymbol{i}+b_y\boldsymbol{j}+b_z\boldsymbol{k})\\&\quad+a_y\boldsymbol{j}\cdot(b_x\boldsymbol{i}+b_y\boldsymbol{j}+b_z\boldsymbol{k})\\&\quad+a_z\boldsymbol{k}\cdot(b_x\boldsymbol{i}+b_y\boldsymbol{j}+b_z\boldsymbol{k})\\&=a_xb_x\boldsymbol{i}\cdot\boldsymbol{i}+a_xb_y\boldsymbol{i}\cdot\boldsymbol{j}+a_xb_z\boldsymbol{i}\cdot\boldsymbol{k}\\&\quad+a_yb_x\boldsymbol{j}\cdot\boldsymbol{i}+a_yb_y\boldsymbol{j}\cdot\boldsymbol{j}+a_yb_z\boldsymbol{j}\cdot\boldsymbol{k}\\&\quad+a_zb_x\boldsymbol{k}\cdot\boldsymbol{i}+a_zb_y\boldsymbol{k}\cdot\boldsymbol{j}+a_zb_z\boldsymbol{k}\cdot\boldsymbol{k},\end{aligned}$$

由于 $\boldsymbol{i}$、$\boldsymbol{j}$、$\boldsymbol{k}$ 的模均为 1，且互相垂直，因而得

$$\boldsymbol{a}\cdot\boldsymbol{b}=a_xb_x+a_yb_y+a_zb_z.$$

这就是两个向量的数量积的坐标表示式.

由于 $\boldsymbol{a}\cdot\boldsymbol{b}=|\boldsymbol{a}||\boldsymbol{b}|\cos\theta$，所以当 $\boldsymbol{a}$、$\boldsymbol{b}$ 都不是零向量时有

$$\cos\theta=\frac{\boldsymbol{a}\cdot\boldsymbol{b}}{|\boldsymbol{a}||\boldsymbol{b}|}=\frac{a_xb_x+a_yb_y+a_zb_z}{\sqrt{a_x^2+a_y^2+a_z^2}\cdot\sqrt{b_x^2+b_y^2+b_z^2}},$$

这就是两向量夹角余弦的坐标表达式.

因此，两个非零向量互相垂直的充分必要条件为

$$a_xb_x+a_yb_y+a_zb_z=0.$$

例 1　设已知三点 $A(1,\ 1,\ 0)$、$B(2,\ 2,\ -4)$、$C(1,\ 4,\ -6)$，求 $\angle ABC$.

解　因为　$\overrightarrow{BA}=(-1,\ -1,\ 4)$，$\overrightarrow{BC}=(-1,\ 2,\ -2)$，

所以　
$$\begin{aligned}\cos\angle ABC&=\frac{\overrightarrow{BA}\cdot\overrightarrow{BC}}{|\overrightarrow{BA}||\overrightarrow{BC}|}\\&=\frac{(-1)\times(-1)+(-1)\times 2+4\times(-2)}{\sqrt{(-1)^2+(-1)^2+4^2}\cdot\sqrt{(-1)^2+2^2+(-2)^2}}\\&=-\frac{1}{\sqrt{2}},\end{aligned}$$

所以　$$\angle ABC=\frac{3\pi}{4}.$$

例 2　应用向量证明直径所对的圆周角是直角.

证　如图 7－24 所示，点 O 是圆的中心，线段 AC 为直径. 设圆的半径为 r.

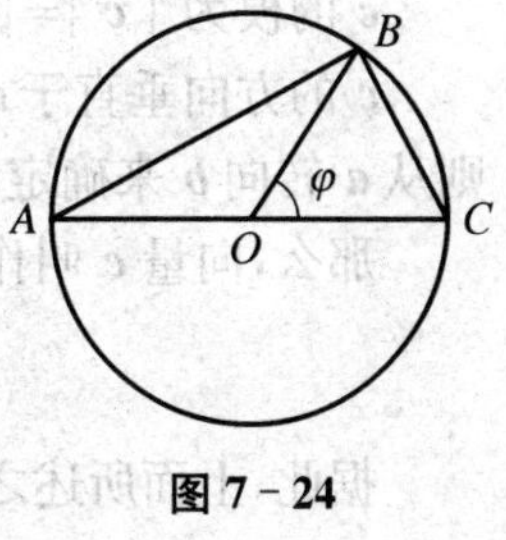

图 7－24

$$\overrightarrow{AB}=\overrightarrow{AO}+\overrightarrow{OB},\quad \overrightarrow{CB}=\overrightarrow{CO}+\overrightarrow{OB},$$

$$\overrightarrow{AB}\cdot\overrightarrow{CB}=(\overrightarrow{AO}+\overrightarrow{OB})\cdot(\overrightarrow{CO}+\overrightarrow{OB})$$

$$
\begin{aligned}
&=\overrightarrow{AO}\cdot\overrightarrow{CO}+\overrightarrow{AO}\cdot\overrightarrow{OB}\\
&\quad+\overrightarrow{OB}\cdot\overrightarrow{CO}+\overrightarrow{OB}\cdot\overrightarrow{OB}\\
&=r^2\cos\pi+r^2\cos\varphi+r^2\cos(\pi-\varphi)+r^2\\
&=r^2\cos\varphi-r^2\cos\varphi=0.
\end{aligned}
$$

可知 $\overrightarrow{AB}\perp\overrightarrow{CB}$，且$\angle ABC$ 为直角.

二、两向量的向量积

在研究物体的转动问题时，除了要考虑物体所受的力，还要分析力产生的力矩.

设点 O 为一杠杆 L 的支点，有一力 $\boldsymbol{F}$ 作用于这杠杆上 P 点处，$\boldsymbol{F}$ 与 $\overrightarrow{OP}$ 的夹角为 θ(见图 7 - 25). 由力学知，力 $\boldsymbol{F}$ 对支点 O 的力矩是一向量 $\boldsymbol{M}$，它的模为

$$|\boldsymbol{M}|=|\overrightarrow{OQ}||\boldsymbol{F}|=|\overrightarrow{OP}||\boldsymbol{F}|\sin\theta.$$

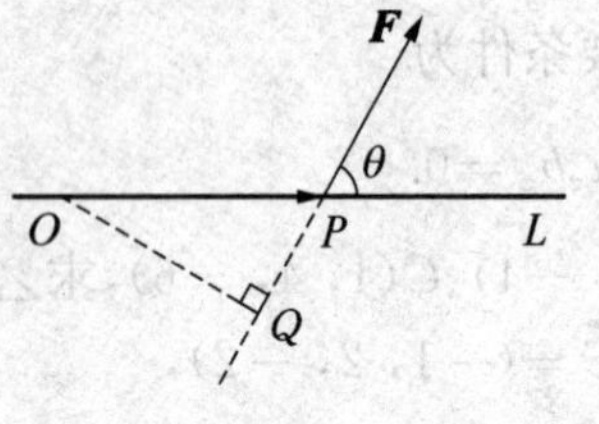

图 7 - 25

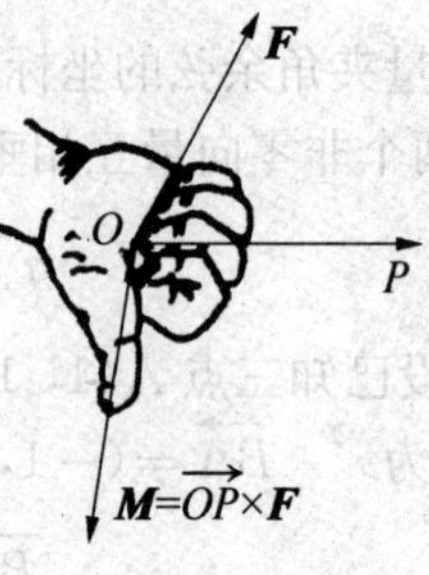

图 7 - 26

而 $\boldsymbol{M}$ 的方向垂直于 $\overrightarrow{OP}$ 与 $\boldsymbol{F}$ 所决定的平面，$\boldsymbol{M}$ 的指向按右手法则确定，即当右手的四个手指从 $\overrightarrow{OP}$ 以不超过 π 的角转向 $\boldsymbol{F}$ 握拳时，大拇指的指向就是 $\boldsymbol{M}$ 的指向(见图 7 - 26).

这种由两个已知向量按上面的规则来确定另一个向量的情况，在其他物理问题中也会遇到. 我们由此抽象出两个向量的向量积概念.

设向量 $\boldsymbol{c}$ 是由两个向量 $\boldsymbol{a}$ 与 $\boldsymbol{b}$ 按下列方式给出的：

$\boldsymbol{c}$ 的模为 $|\boldsymbol{c}|=|\boldsymbol{a}||\boldsymbol{b}|\sin\theta$，$\theta$ 是 $\boldsymbol{a}$ 与 $\boldsymbol{b}$ 的夹角；

$\boldsymbol{c}$ 的方向垂直于 $\boldsymbol{a}$ 和 $\boldsymbol{b}$ 所确定的平面，$\boldsymbol{c}$ 的指向按右手规则从 $\boldsymbol{a}$ 转向 $\boldsymbol{b}$ 来确定(见图 7 - 27).

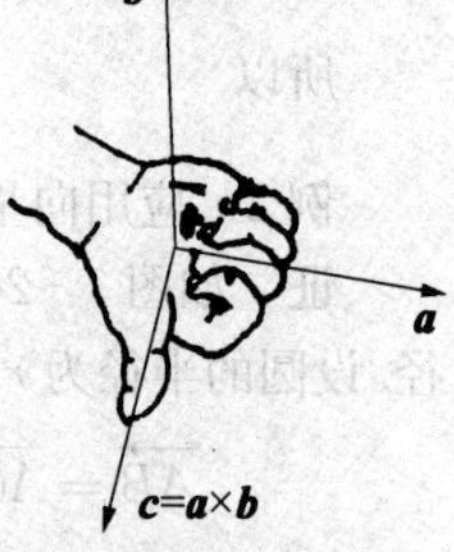

图 7 - 27

那么，向量 $\boldsymbol{c}$ 叫作向量 $\boldsymbol{a}$ 与 $\boldsymbol{b}$ 的向量积，记作 $\boldsymbol{a}\times\boldsymbol{b}$，即

$$\boldsymbol{c}=\boldsymbol{a}\times\boldsymbol{b}.$$

据此，上面所述之力矩 $\boldsymbol{M}$ 等于 $\overrightarrow{OP}$ 与 $\boldsymbol{F}$ 的向量积，即

$$\boldsymbol{M}=\overrightarrow{OP}\times\boldsymbol{F}.$$

由向量积的定义可以推得：

(1) $\boldsymbol{a}\times\boldsymbol{a}=\boldsymbol{0}$.

(2) 对于两个非零向量 $\boldsymbol{a}$、$\boldsymbol{b}$，如果 $\boldsymbol{a}\times\boldsymbol{b}=\boldsymbol{0}$，那么 $\boldsymbol{a}\parallel\boldsymbol{b}$；反之，如果 $\boldsymbol{a}\parallel\boldsymbol{b}$，那么 $\boldsymbol{a}\times\boldsymbol{b}=\boldsymbol{0}$.

由于零向量与任何向量都平行，因此，上述结论可叙述为：向量 $\boldsymbol{a}$ 平行于 $\boldsymbol{b}$ 的充分必要条件是

$$\boldsymbol{a}\times\boldsymbol{b}=\boldsymbol{0}.$$

向量积符合以下运算规律.

(1) $\boldsymbol{b}\times\boldsymbol{a}=-\boldsymbol{a}\times\boldsymbol{b}$.

(2) 分配律　$(\boldsymbol{a}+\boldsymbol{b})\times\boldsymbol{c}=\boldsymbol{a}\times\boldsymbol{c}+\boldsymbol{b}\times\boldsymbol{c}$.

(3) 结合律　$(\lambda\boldsymbol{a})\times\boldsymbol{b}=a\times(\lambda\boldsymbol{b})=\lambda(\boldsymbol{a}\times\boldsymbol{b})(\lambda\in\mathbf{R})$.

证明从略.

下面推导向量积的坐标表示式.

设 $\boldsymbol{a}=a_x\boldsymbol{i}+a_y\boldsymbol{j}+a_z\boldsymbol{k}$，　$\boldsymbol{b}=b_x\boldsymbol{i}+b_y\boldsymbol{j}+b_z\boldsymbol{k}$，

则

$$\begin{aligned}\boldsymbol{a}\times\boldsymbol{b}&=(a_x\boldsymbol{i}+a_y\boldsymbol{j}+a_z\boldsymbol{k})\times(b_x\boldsymbol{i}+b_y\boldsymbol{j}+b_z\boldsymbol{k})\\&=a_x\boldsymbol{i}\times(b_x\boldsymbol{i}+b_y\boldsymbol{j}+b_z\boldsymbol{k})\\&\quad+a_y\boldsymbol{j}\times(b_x\boldsymbol{i}+b_y\boldsymbol{j}+b_z\boldsymbol{k})\\&\quad+a_z\boldsymbol{k}\times(b_x\boldsymbol{i}+b_y\boldsymbol{j}+b_z\boldsymbol{k})\\&=a_xb_x(\boldsymbol{i}\times\boldsymbol{i})+a_xb_y(\boldsymbol{i}\times\boldsymbol{j})+a_xb_z(\boldsymbol{i}\times\boldsymbol{k})\\&\quad+a_yb_x(\boldsymbol{j}\times\boldsymbol{i})+a_yb_y(\boldsymbol{j}\times\boldsymbol{j})+a_yb_z(\boldsymbol{j}\times\boldsymbol{k})\\&\quad+a_zb_x(\boldsymbol{k}\times\boldsymbol{i})+a_zb_y(\boldsymbol{k}\times\boldsymbol{j})+a_zb_z(\boldsymbol{k}\times\boldsymbol{k}).\end{aligned}$$

由于 $\boldsymbol{i}\times\boldsymbol{i}=\boldsymbol{0}$，$\boldsymbol{j}\times\boldsymbol{j}=\boldsymbol{0}$，$\boldsymbol{k}\times\boldsymbol{k}=\boldsymbol{0}$，$\boldsymbol{i}\times\boldsymbol{j}=\boldsymbol{k}$，$\boldsymbol{i}\times\boldsymbol{k}=-\boldsymbol{j}$，$\boldsymbol{j}\times\boldsymbol{i}=-\boldsymbol{k}$，$\boldsymbol{j}\times\boldsymbol{k}=\boldsymbol{i}$，$\boldsymbol{k}\times\boldsymbol{i}=\boldsymbol{j}$，$\boldsymbol{k}\times\boldsymbol{j}=-\boldsymbol{i}$，所以

$$\begin{aligned}\boldsymbol{a}\times\boldsymbol{b}=&(a_yb_z-a_zb_y)\boldsymbol{i}+(a_zb_x-a_xb_z)\boldsymbol{j}\\&+(a_xb_y-a_yb_x)\boldsymbol{k}.\end{aligned}$$

为了便于记忆，利用三阶行列式，可写为

$$\boldsymbol{a}\times\boldsymbol{b}=\begin{vmatrix}\boldsymbol{i}&\boldsymbol{j}&\boldsymbol{k}\\a_x&a_y&a_z\\b_x&b_y&b_z\end{vmatrix}$$

$$= \begin{vmatrix} a_y & a_z \\ b_y & b_z \end{vmatrix} \boldsymbol{i} - \begin{vmatrix} a_x & a_z \\ b_x & b_z \end{vmatrix} \boldsymbol{j} + \begin{vmatrix} a_x & a_y \\ b_x & b_y \end{vmatrix} \boldsymbol{k}.$$

从上面的公式可以看出,两向量 $\boldsymbol{a}$ 与 $\boldsymbol{b}$ 互相平行,等价于

$$a_y b_z - a_z b_y = 0,\ a_z b_x - a_x b_z = 0,\ a_x b_y - a_y b_x = 0 \qquad (7-4)$$

或

$$\frac{a_x}{b_x} = \frac{a_y}{b_y} = \frac{a_z}{b_z}. \qquad (7-5)$$

在 b_x、b_y、b_z 都不为零时,等式(7-5)和等式(7-4)具有相同的意义,但是在形式上,式(7-5)要比式(7-4)简单得多. 在 b_x、b_y、b_z 中有一个或两个为零时,应把等式(7-5)看作是等式(7-4)的简便写法. 例如,应把等式 $\frac{a_x}{0} = \frac{a_y}{0} = \frac{a_z}{b_z}$ $(b_z \neq 0)$ 理解为 $a_x = 0$, $a_y = 0$.

例 3 设 $\boldsymbol{a} = (2, 1, -1)$, $\boldsymbol{b} = (1, -1, 2)$, 求 $\boldsymbol{a} \times \boldsymbol{b}$.

解 $$\boldsymbol{a} \times \boldsymbol{b} = \begin{vmatrix} \boldsymbol{i} & \boldsymbol{j} & \boldsymbol{k} \\ 2 & 1 & -1 \\ 1 & -1 & 2 \end{vmatrix} = \begin{vmatrix} 1 & -1 \\ -1 & 2 \end{vmatrix} \boldsymbol{i} - \begin{vmatrix} 2 & -1 \\ 1 & 2 \end{vmatrix} \boldsymbol{j} + \begin{vmatrix} 2 & 1 \\ 1 & -1 \end{vmatrix} \boldsymbol{k}$$

$$= \boldsymbol{i} - 5\boldsymbol{j} - 3\boldsymbol{k}.$$

例 4 已知$\triangle ABC$ 的顶点为 $A(1, 2, 3)$、$B(3, 4, 5)$ 和 $C(2, 4, 7)$,求$\triangle ABC$ 的面积以及 AB 与 AC 夹角 α 的正弦.

解 设$\triangle ABC$ 的面积为 S,则

$$S = \frac{1}{2} |\overrightarrow{AB}| |\overrightarrow{AC}| \sin\alpha = \frac{1}{2} |\overrightarrow{AB} \times \overrightarrow{AC}|.$$

而
$$\overrightarrow{AB} = (2, 2, 2), \quad \overrightarrow{AC} = (1, 2, 4),$$

$$\overrightarrow{AB} \times \overrightarrow{AC} = \begin{vmatrix} \boldsymbol{i} & \boldsymbol{j} & \boldsymbol{k} \\ 2 & 2 & 2 \\ 1 & 2 & 4 \end{vmatrix} = 4\boldsymbol{i} - 6\boldsymbol{j} + 2\boldsymbol{k},$$

所以
$$S = \frac{1}{2} \sqrt{4^2 + 6^2 + 2^2} = \sqrt{14}.$$

$$\sin\alpha = \frac{|\overrightarrow{AB} \times \overrightarrow{AC}|}{|\overrightarrow{AB}| \cdot |\overrightarrow{AC}|} = \frac{\sqrt{56}}{\sqrt{12} \times \sqrt{21}} = \frac{\sqrt{2}}{3}.$$

三、向量的混合积

两向量 $\boldsymbol{a}$ 与 $\boldsymbol{b}$ 的向量积 $\boldsymbol{a}\times\boldsymbol{b}$ 仍为向量,此向量与 $\boldsymbol{c}$ 的数量积 $(\boldsymbol{a}\times\boldsymbol{b})\cdot\boldsymbol{c}$ 叫作向量 $\boldsymbol{a}$、$\boldsymbol{b}$、$\boldsymbol{c}$ 的混合积,记为 $[\boldsymbol{abc}]$.

下面推导混合积的坐标表示式.

设 $\boldsymbol{a}=(a_x, a_y, a_z)$, $\boldsymbol{b}=(b_x, b_y, b_z)$, $\boldsymbol{c}=(c_x, c_y, c_z)$. 因为

$$\boldsymbol{a}\times\boldsymbol{b}=\begin{vmatrix}\boldsymbol{i} & \boldsymbol{j} & \boldsymbol{k}\\ a_x & a_y & a_z\\ b_x & b_y & b_z\end{vmatrix}$$

$$=\begin{vmatrix}a_y & a_z\\ b_y & b_z\end{vmatrix}\boldsymbol{i}-\begin{vmatrix}a_x & a_z\\ b_x & b_z\end{vmatrix}\boldsymbol{j}+\begin{vmatrix}a_x & a_y\\ b_x & b_y\end{vmatrix}\boldsymbol{k},$$

所以

$$(\boldsymbol{a}\times\boldsymbol{b})\cdot\boldsymbol{c}=c_x\begin{vmatrix}a_y & a_z\\ b_y & b_z\end{vmatrix}-c_y\begin{vmatrix}a_x & a_z\\ b_x & b_z\end{vmatrix}+c_z\begin{vmatrix}a_x & a_y\\ b_x & b_y\end{vmatrix}$$

$$=\begin{vmatrix}a_x & a_y & a_z\\ b_x & b_y & b_z\\ c_x & c_y & c_z\end{vmatrix}.$$

当向量 $\boldsymbol{a}$、$\boldsymbol{b}$、$\boldsymbol{c}$ 组成右手系(即 $\boldsymbol{c}$ 的指向按右手规则从 $\boldsymbol{a}$ 转向 $\boldsymbol{b}$ 来确定)时,$[\boldsymbol{abc}]$ 为正,其数值等于以 $\boldsymbol{a}$、$\boldsymbol{b}$、$\boldsymbol{c}$ 为棱的平行六面体的体积.

当 $\boldsymbol{a}$、$\boldsymbol{b}$、$\boldsymbol{c}$ 构成左手系时,$\boldsymbol{c}$ 与 $\boldsymbol{f}$ 分别指向平面 $OADB$ 的不同侧,$(\widehat{\boldsymbol{c},\boldsymbol{f}})=\alpha$ 是钝角,所以 $[\boldsymbol{abc}]$ 为负,其绝对值等于 $\boldsymbol{a}$、$\boldsymbol{b}$、$\boldsymbol{c}$ 为棱的平行六面体的体积.

例 5　四面体的顶点分别为 $A(x_1, y_1, z_1)$、$B(x_2, y_2, z_2)$、$C(x_3, y_3, z_3)$、$D(x_4, y_4, z_4)$,求其体积.

解　由于四面体的体积 V_{T} 等于以 $\overrightarrow{AB}$、$\overrightarrow{AC}$、$\overrightarrow{AD}$ 为棱的平行六面体体积的六分之一,所以

$$V_{\mathrm{T}}=\frac{1}{6}\,|\,[\overrightarrow{AB}\ \overrightarrow{AC}\ \overrightarrow{AD}]\,|.$$

而

$$\overrightarrow{AB}=(x_2-x_1, y_2-y_1, z_2-z_1),$$
$$\overrightarrow{AC}=(x_3-x_1, y_3-y_1, z_3-z_1),$$
$$\overrightarrow{AD}=(x_4-x_1, y_4-y_1, z_4-z_1),$$

所以

$$V_T=\frac{1}{6}\left|\begin{vmatrix} x_2-x_1 & y_2-y_1 & z_2-z_1 \\ x_3-x_1 & y_3-y_1 & z_3-z_1 \\ x_4-x_1 & y_4-y_1 & z_4-z_1 \end{vmatrix}\right|.$$

习题 7-4

1. 已知 $\boldsymbol{a}=3\boldsymbol{i}-\boldsymbol{j}-2\boldsymbol{k}$，$\boldsymbol{b}=\boldsymbol{i}+2\boldsymbol{j}-\boldsymbol{k}$，求：

(1) $\boldsymbol{a}\cdot\boldsymbol{b}$ 及 $\boldsymbol{a}\times\boldsymbol{b}$； (2) $(-2\boldsymbol{a})\cdot 3\boldsymbol{b}$ 及 $\boldsymbol{a}\times 2\boldsymbol{b}$；

(3) $\boldsymbol{a}$ 和 $\boldsymbol{b}$ 的夹角的余弦.

2. 已知点 $M_1(0,1,0)$、$M_2(3,2,-1)$ 和 $M_3(-4,1,-2)$，求与 $\overrightarrow{M_1M_2}$、$\overrightarrow{M_1M_3}$ 同时垂直的单位向量.

3. 已知 $\boldsymbol{a}$、$\boldsymbol{b}$、$\boldsymbol{c}$ 为单位向量，且 $\boldsymbol{a}+\boldsymbol{b}+\boldsymbol{c}=\boldsymbol{0}$，计算 $\boldsymbol{a}\cdot\boldsymbol{b}+\boldsymbol{b}\cdot\boldsymbol{c}+\boldsymbol{c}\cdot\boldsymbol{a}$.

4. 试用向量证明直径所对的圆周角是直角.

5. 求向量 $\boldsymbol{a}=(4,-3,4)$ 在向量 $\boldsymbol{b}=(2,2,1)$ 上的投影.

6. 已知△ABC 的两边是向量 $\overrightarrow{AB}=(2,1,-2)$、$\overrightarrow{BC}=(3,2,6)$，求△$ABC$ 的三内角.

7. 应用向量证明三角形的余弦定理.

8. 已知 $\boldsymbol{a}=(1,0,1)$，$\boldsymbol{b}=(1,-2,0)$，$\boldsymbol{c}=(-1,2,1)$，求 $(\boldsymbol{a}\times\boldsymbol{b})\times\boldsymbol{c}$ 和 $\boldsymbol{a}\times(\boldsymbol{b}\times\boldsymbol{c})$.

9. 已知 $\overrightarrow{OA}=\boldsymbol{i}+3\boldsymbol{k}$，$\overrightarrow{OB}=\boldsymbol{j}+3\boldsymbol{k}$. 求△$OBA$ 的面积.

10. 应用向量证明不等式：

$$\sqrt{a_1^2+a_2^2+a_3^2}\sqrt{b_1^2+b_2^2+b_3^2}\geqslant|a_1b_1+a_2b_2+a_3b_3|,$$

其中 a_1、a_2、a_3，b_1、b_2、b_3 为任意实数. 并指出等号成立的条件.

*11. 在平面 xOy 上已知三点 $A(x_1,y_1)$、$B(x_2,y_2)$、$C(x_3,y_3)$，则△ABC 的面积为

$$S=\frac{1}{2}\left|\begin{vmatrix} x_1 & y_1 & 1 \\ x_2 & y_2 & 1 \\ x_3 & y_3 & 1 \end{vmatrix}\right|.$$

试应用向量方法证明之.

*12. 求由向量 $\overrightarrow{OA}=(1,1,1)$、$\overrightarrow{OB}=(0,1,1)$ 和 $\overrightarrow{OC}=(-1,0,1)$ 所决定的平行六面体的体积.

*13. 证明三向量 $\boldsymbol{a}$、$\boldsymbol{b}$、$\boldsymbol{c}$ 共面的充分必要条件是：

$$\begin{vmatrix} a_x & a_y & a_z \\ b_x & b_y & b_z \\ c_x & c_y & c_z \end{vmatrix} = 0.$$

第五节　曲面及其方程

一、曲面方程的概念

在日常生活中,我们会经常遇到各种曲面,例如球面、锥面、反光镜的镜面等.

如同平面解析几何中把平面曲线当作动点的轨迹一样,在空间解析几何中,任何曲面都可看作点的几何轨迹.

如果曲面 S 与三元方程

$$F(x, y, z) = 0 \tag{7-6}$$

有下述关系.

(1) 曲面 S 上任一点的坐标都满足方程(7-6),

(2) 不在曲面 S 上的点的坐标都不满足方程(7-6),

那么,方程(7-6)就称为曲面 S 的方程,而曲面 S 就称为方程(7-6)的图形.

在空间解析几何中,关于曲面的研究,有下述两个基本问题.

① 已知曲面作为点的几何轨迹时建立这曲面的方程.

② 已知坐标 x、y 和 z 间的方程,研究该方程所表示的曲面形状.

看下面几个例子.

例 1　建立球心在点 $M_0(x_0, y_0, z_0)$、半径为 R 的球面方程.

解　设点 $M(x, y, z)$ 是球面上的任一点(见图 7-28),那么

$$|\overrightarrow{M_0M}| = R,$$

即　$\sqrt{(x-x_0)^2+(y-y_0)^2+(z-z_0)^2} = R$,

或　$$(x-x_0)^2+(y-y_0)^2+(z-z_0)^2 = R^2. \tag{7-7}$$

球面上的点的坐标都满足方程(7-7),不在球面上的点的坐标都不满足方程(7-7). 所以,方程(7-7)就是以点 $M_0(x_0, y_0, z_0)$为球心、以 R 为半径的球面方程.

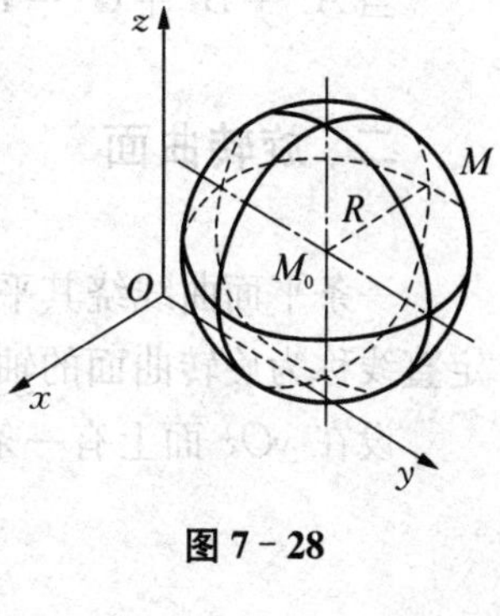

图 7-28

如果球心在原点，则球面的方程为

$$x^2+y^2+z^2=R^2.$$

例 2 一平面平分两点 $A(1, 2, 3)$ 和 $B(2, -1, 4)$ 间的线段且和它垂直，求这平面的方程.

解 设点 $M(x, y, z)$ 是所求平面上的任一点，由于

$$|AM|=|BM|,$$

所以

$$\sqrt{(x-1)^2+(y-2)^2+(z-3)^2}=\sqrt{(x-2)^2+(y+1)^2+(z-4)^2}.$$

化简可得

$$2x-6y+2z-7=0,$$

这就是所求平面的方程.

例 3 方程 $x^2+y^2+z^2-2x+6y=0$ 表示怎样的曲面？

解 通过配方，原方程可化为

$$(x-1)^2+(y+3)^2+z^2=10.$$

与式(7-7)比较，知原方程表示球心为$(1, -3, 0)$、半径为$\sqrt{10}$的球面.

一般地，设有三元二次方程

$$x^2+y^2+z^2+2Ax+2By+2Cz+D=0, \tag{7-8}$$

经过配方后，方程化为

$$(x+A)^2+(y+B)^2+(z+C)^2=A^2+B^2+C^2-D.$$

当 $A^2+B^2+C^2-D>0$ 时，方程(7-8)表示球心为$(-A, -B, -C)$、半径为$\sqrt{A^2+B^2+C^2-D}$的球面；

当 $A^2+B^2+C^2-D=0$ 时，式(7-8)表示一点，有时也称为“点球面”；

当 $A^2+B^2+C^2-D<0$ 时，式(7-8)不表示轨迹，有时也称为“虚球面”.

二、旋转曲面

一条平面曲线绕其平面上的一条直线旋转一周所成的曲面称为旋转曲面，该定直线称为旋转曲面的轴.

设在 yOz 面上有一条曲线 C，它的方程是

$$f(y, z)=0,$$

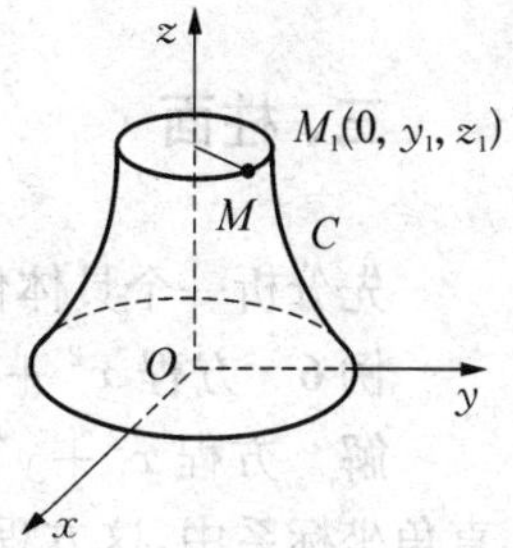

图 7－29

把这曲线绕 z 轴旋转一周得一旋转曲面(见图 7－29),下面建立这个曲面的方程.

设点 $M_1(0, y_1, z_1)$是曲线 C 上的任意一点,那么

$$f(y_1, z_1)=0. \tag{7-9}$$

当曲线 C 绕 z 轴旋转时,点 M_1 也绕 z 轴旋转到另一点 $M(x, y, z)$. 显然 $z=z_1$, M 点到 z 轴的距离

$$d=\sqrt{x^2+y^2}=|y_1|,$$

将 $z_1=z$, $y_1=\pm\sqrt{x^2+y^2}$ 代入式(7－9),得

$$f(\pm\sqrt{x^2+y^2}, z)=0. \tag{7-10}$$

这就是说,旋转曲面上任一点 M 的坐标(x, y, z)必满足方程(7－10),故式(7－10)是旋转曲面的方程.

由此可知,在曲线 C 的方程 $f(y, z)=0$ 中,只要把 y 改写成$\pm\sqrt{x^2+y^2}$,即得曲线 C 绕 z 轴旋转所成的旋转面的方程.

同理,曲线 C 绕 y 轴旋转所成旋转曲面的方程是

$$f(y, \pm\sqrt{x^2+z^2})=0.$$

例 4　求 yOz 平面上的抛物线 $y^2=2pz$ 绕 z 轴旋转一周所形成的旋转曲面方程.

解　将方程 $y^2=2pz$ 中的 y 改成$\pm\sqrt{x^2+y^2}$即得

$$x^2+y^2=2pz.$$

这个曲面叫作旋转抛物面.

例 5　zOx 平面上的双曲线 $\frac{x^2}{a^2}-\frac{z^2}{c^2}=1$ 绕 x 轴和 z 轴旋转一周,求所得旋转曲面的方程.

解　绕 x 轴旋转所得旋转面其方程为

$$\frac{x^2}{a^2}-\frac{y^2+z^2}{c^2}=1;$$

绕 z 轴旋转所得旋转面其方程为

$$\frac{x^2+y^2}{a^2}-\frac{z^2}{c^2}=1.$$

这两种曲面都称为旋转双曲面.

三、柱面

先分析一个具体例子.

例 6 方程 $x^2+y^2=R^2$ 表示怎样的曲面?

解 方程 $x^2+y^2=R^2$ 在 xOy 面上表示圆心在原点 O、半径为 R 的圆. 在空间直角坐标系中,这方程不含竖坐标 z,即不论空间点的竖坐标 z 怎样,只要它的横坐标 x 和纵坐标 y 能满足这方程,那么这些点就在这曲面上. 这就是说,凡是通过 xOy 面内圆 $x^2+y^2=R^2$ 上一点 $M(x, y, 0)$,且平行于 z 轴的直线 l 都在这曲面上,因此,这曲面可以看作是由平行于 z 轴的直线 l 沿 xOy 面上的圆 $x^2+y^2=R^2$ 移动而形成的. 这曲面叫作圆柱面(见图 7-30),xOy 面上的圆 $x^2+y^2=R^2$ 叫作它的准线,这平行于 z 轴的直线 l 叫作它的母线.

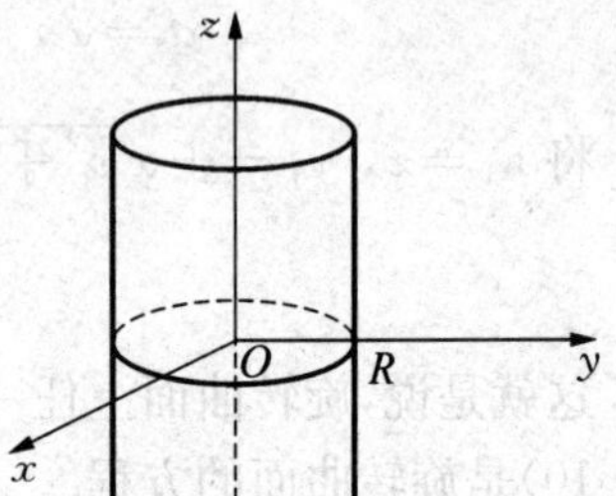

图 7-30

一般地,直线 L 沿定曲线 C 平行移动形成的轨迹叫作柱面,定曲线 C 叫作柱面的准线,动直线 L 叫作柱面的母线.

上面我们看到,不含 z 的方程 $x^2+y^2=R^2$ 在空间直角坐标系中表示圆柱面,它的母线平行于 z 轴,它的准线是 xOy 面上的圆 $x^2+y^2=R^2$.

类似地,方程 $y^2=2x$ 表示母线平行于 z 轴的柱面,它的准线是 xOy 面上的抛物线 $y^2=2x$,该柱面叫作抛物柱面(见图 7-31).

只含 x、y 而缺 z 的方程 $F(x, y)=0$,在空间直角坐标系中表示母线平行于 z 轴的柱面,其准线是 xOy 面上的曲线 C: $F(x, y)=0$(见图 7-32).

类似地,只含 x、z 而不含 y 的方程 $G(x, z)=0$ 表示母线平行于 y 轴的柱面;只含 y、z 而不含 x 的方程 $H(y, z)=0$ 表示母线平行于 x 轴的柱面.

平面可看作是特殊的柱面,例如,平面 $x-y=0$ 可以看成是母线平行于 z 轴的柱面,其准线是 xOy 面上的直线 $x-y=0$,所以它是过 z 轴的平面(见图 7-33).

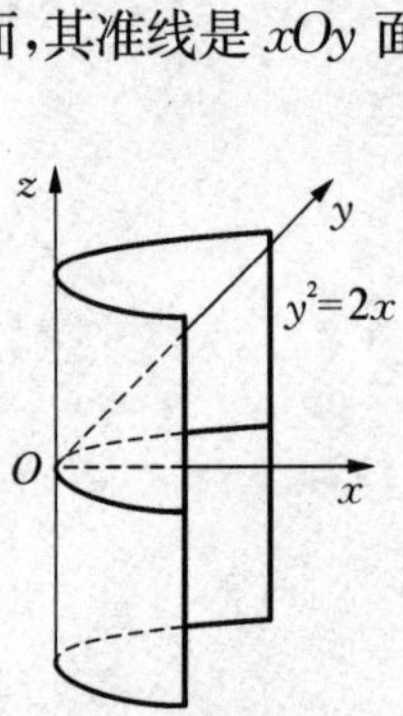

图 7-31

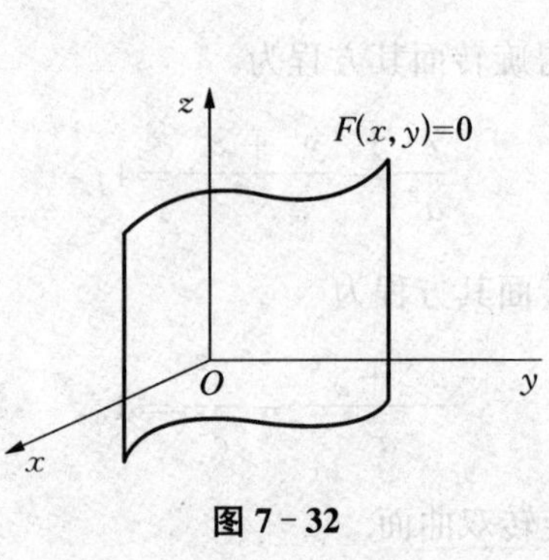

图 7-32

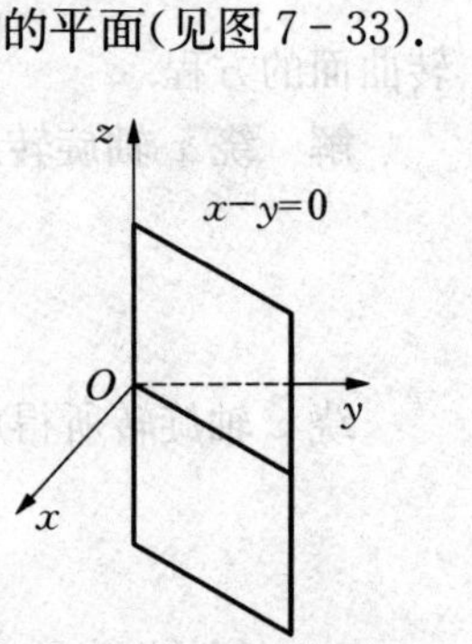

图 7-33

习题 7－5

1. 一动点与两定点 $A(2,3,1)$ 和 $B(4,5,6)$ 等距离，求动点的轨迹方程.

2. 建立以点 $(-1,-3,2)$ 为球心且通过点 $(1,1,1)$ 的球面方程.

3. 方程 $x^2+y^2+z^2-2x-2y+4z=0$ 表示什么曲面?

4. 将 xOy 面上的抛物线 $y^2=5x$ 绕 x 轴旋转一周，求所生成的旋转曲面的方程.

5. 将 xOy 面上的圆 $x^2+y^2=R^2$ 绕 y 轴旋转一周，求所生成的旋转面的方程.

6. 将 yOz 面上的椭圆 $\frac{y^2}{a^2}+\frac{z^2}{b^2}=1\ (a>b>0)$ 分别绕 y 轴、z 轴旋转一周，求所生成的旋转曲面的方程.

7. 画出下列各方程所表示的曲面：

(1) $x^2+y^2+z^2=1$；　　(2) $(x-3)^2+(y-1)^2=4$；

(3) $-\frac{x^2}{16}+\frac{y^2}{9}=1$；　　(4) $\frac{x^2}{16}+\frac{z^2}{4}=1$；

(5) $y^2=z$；　　(6) $z=4-x^2$.

8. 下列方程在平面解析几何中和空间解析几何中分别表示什么图形：

(1) $x^2+y^2=4$；　　(2) $y^2-x^2=4$；

(3) $x=2$；　　(4) $3x+2y=6$.

9. 下列旋转曲面是如何形成的?

(1) $\frac{x^2}{9}+\frac{y^2}{4}+\frac{z^2}{4}=1$；　　(2) $x^2+y^2-\frac{z^2}{9}=1$；

(3) $-x^2+y^2+z^2=1$；　　(4) $(z-a)^2=x^2+y^2$.

第六节　空间曲线及其方程

一、空间曲线的一般方程

空间曲线可看作两个曲面的交线.

设 $$F(x,y,z)=0 \quad 与 \quad G(x,y,z)=0$$

是两个曲面的方程,这两个曲面 S_1、S_2 的交线为 C(见图 7-34). 任取 C 上一点 $M(x, y, z)$,它既在 S_1 又在 S_2 上,所以点 M 的坐标同时满足两个曲面的方程,即满足方程组

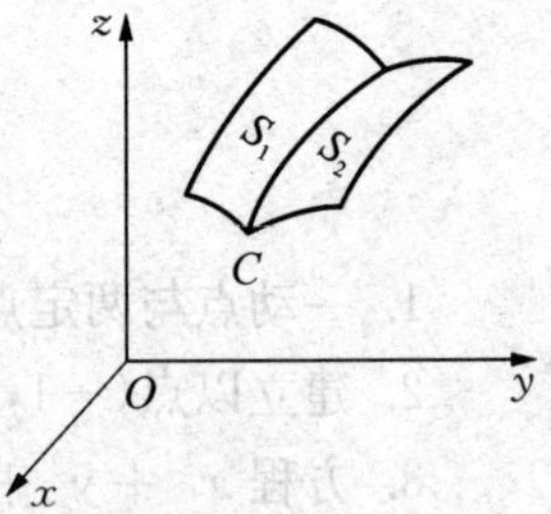

图 7-34

$$\begin{cases} F(x, y, z)=0, \\ G(x, y, z)=0. \end{cases} \qquad (7-11)$$

反之,若点 M 不在曲线 C 上,那么它不可能同时在两个曲面上,所以它的坐标不满足方程组(7-11). 因此,曲线 C 可用方程组(7-11)来表示. 式(7-11)称为空间曲线的一般方程.

例 1 方程组

$$\begin{cases} x^2+y^2+z^2=9, \\ z=2 \end{cases}$$

表示怎样的曲线?

解 方程组中第一个方程表示球心为原点、半径为 3 的球面,第二个方程表示平行于 xOy 面且在 z 轴上的截距为 2 的平面. 方程组表示上述平面与球面的交线,这是在平面 $z=2$ 上以点(0, 0, 2)为中心、半径等于$\sqrt{5}$的一个圆(见图 7-35).

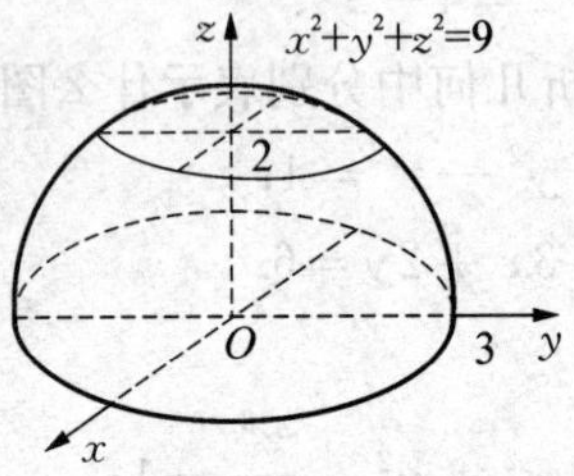

图 7-35

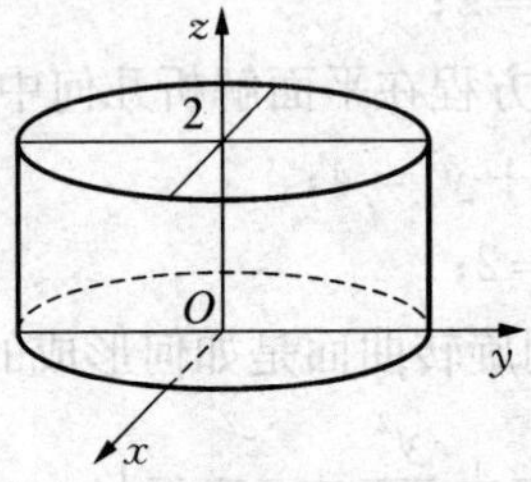

图 7-36

应当指出,曲线看作两个曲面的交线时,用以表示交线的曲面不是唯一的. 例如,以上曲线还可表示为

$$\begin{cases} x^2+y^2=5, \\ z=2, \end{cases}$$

即平面 $z=2$ 与圆柱面 $x^2+y^2=5$ 的交线(见图 7-36).

例 2 方程组

$$\begin{cases} z=\sqrt{a^2-x^2-y^2}, \\ \left(x-\dfrac{a}{2}\right)^2+y^2=\left(\dfrac{a}{2}\right)^2 \end{cases}$$

表示什么样的曲线?

解　方程组中第一个方程表示球心在原点、半径为 a 的上半球面. 第二个方程表示以 xOy 面上的圆 $\left(x-\frac{a}{2}\right)^2+y^2=\left(\frac{a}{2}\right)^2$ 为准线而母线平行于 z 轴的圆柱面. 方程组表示上半球面与圆柱面的交线(见图 7-37).

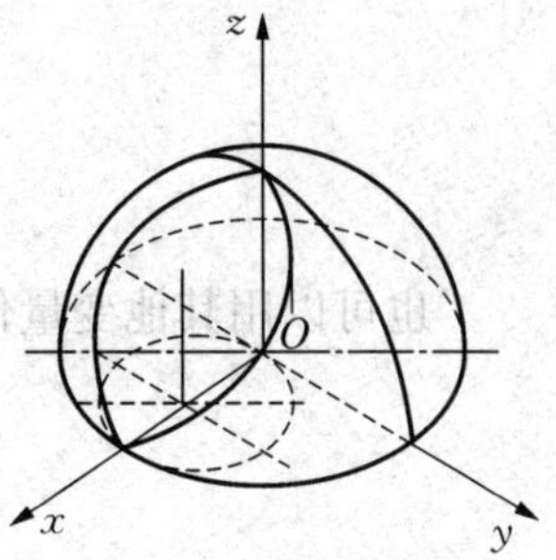

图 7-37

二、空间曲线的参数方程

与平面曲线 L 的参数方程 $\begin{cases} x=\varphi(t) \\ y=\psi(t) \end{cases}$ 类似,空间曲线 C 的方程也可用参数形式表达,只需将 C 上动点的坐标 x、y 和 z 表示为 t 的函数:

$$\begin{cases} x=x(t), \\ y=y(t), \\ z=z(t). \end{cases} \tag{7-12}$$

当给定 $t=t_1$ 时,就得到 C 上一点 (x_1, y_1, z_1);随着 t 的变动就可得曲线 C 上的全部点. 方程组(7-12)称为空间曲线的参数方程,t 称为参数. 由于参数可能有不同的选择,所以空间曲线 C 的参数方程不是唯一的.

从参数方程中消去参数 t,可得到含 x、y、z 的两个方程,即得曲线的一般方程.

例 3　设空间一点 M 在圆柱面 $x^2+y^2=a^2$ 上以角速度 ω 绕 z 轴旋转,同时又以线速度 v 沿平行于 z 轴的正方向上升(其中 ω、v 均为常数),则点 M 运动的轨迹称为螺旋线. 试建立其参数方程.

解　取时间 t 为参数. 设 $t=0$ 时,动点与 x 轴上一点 $A(a, 0, 0)$ 重合. 经过时间 t,动点由 A 运动到 $M(x, y, z)$(见图 7-38). 记 M 在 xOy 面上的投影为 $M'(x, y, 0)$. 由于 $\angle AOM'=\omega t$,所以

$$x=|OM'|\cos\angle AOM'=a\cos\omega t,$$

$$y=|OM'|\sin\angle AOM'=a\sin\omega t.$$

由于动点同时以线速度 v 沿平行于 z 轴的正方向上升,所以

$$z=M'M=vt.$$

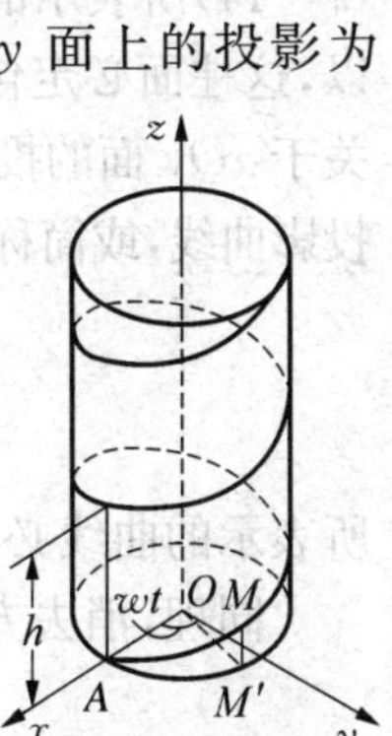

图 7-38

螺旋线的参数方程为

$$\begin{cases} x = a\cos\omega t, \\ y = a\sin\omega t, \\ z = vt. \end{cases}$$

也可以用其他变量作参数，例如令 $\theta = \omega t$，则螺旋线的参数方程可写为

$$\begin{cases} x = a\cos\theta, \\ y = a\sin\theta, \\ z = b\theta, \end{cases}$$

其中 $b = \dfrac{v}{\omega}$，而参数是 θ.

螺旋线有一个重要性质，当 θ 从 θ_0 变到 $\theta_0 + \alpha$ 时，z 由 $b\theta_0$ 变到 $b\theta_0 + b\alpha$. 这说明当 OM' 转过角 α 时，M 点沿螺旋线上升了高度 $h = b\alpha$，即上升的高度与 OM' 转过的角度成正比. 特别是当 OM' 转过一周，即 $\alpha = 2\pi$ 时，M 点上升固定的高度 $h = 2b\pi$. 这个高度 $h = 2b\pi$ 称为螺距.

三、空间曲线在坐标面上的投影

设空间曲线 C 的一般方程为

$$\begin{cases} F(x, y, z) = 0, \\ G(x, y, z) = 0. \end{cases} \tag{7-13}$$

由方程组(7－13)消去变量 z 后可得方程

$$H(x, y) = 0. \tag{7-14}$$

由于式(7－14)是由方程组(7－13)消去 z 后得出的，因此当 x、y 和 z 满足方程组(7－13)时，前两个数 x、y 必定满足方程(7－14)，这说明曲线 C 上的所有点都在(7－14)所表示的曲面上，而式(7－14)所表示的曲面是母线平行于 z 轴的柱面. 所以，这柱面必定包含曲线 C. 以曲线 C 为准线、母线平行于 z 轴的柱面称为曲线 C 关于 xOy 面的投影柱面，投影柱面和 xOy 面的交线称为空间曲线 C 在 xOy 面上的投影曲线，或简称投影. 因此，方程(7－14)所表示的柱面必定包含投影柱面，而方程

$$\begin{cases} H(x, y) = 0, \\ z = 0 \end{cases}$$

所表示的曲线必定包含空间曲线 C 在 xOy 面上的投影.

同理，消去方程组(7－13)中的变量 x，得方程 $R(y, z) = 0$，和 $x = 0$ 联立得

$$\begin{cases} R(y, z) = 0, \\ x = 0. \end{cases}$$

这是包含曲线 C 在 yOz 面上的投影的曲线方程.

消去式(7-13)中的 y,写出

$$\begin{cases} T(x, z)=0, \\ y=0. \end{cases}$$

这是包含曲线 C 在 zOx 面上的投影的曲线方程.

例 4　求曲线 C: $\begin{cases} x^2+y^2+z^2=1, \\ z=\dfrac{1}{2} \end{cases}$ 在三个坐标面上的投影方程.

解　由方程组

$$\begin{cases} x^2+y^2+z^2=1, \\ z=\dfrac{1}{2} \end{cases}$$

消去 z 后,得

$$x^2+y^2=\frac{3}{4},$$

于是,曲线 C 在 xOy 面上的投影曲线的方程为

$$\begin{cases} x^2+y^2=\dfrac{3}{4}, \\ z=0. \end{cases}$$

因为曲线 C 在平面 $z=\dfrac{1}{2}$ 上,故在 zOx 面上的投影为线段

$$\begin{cases} z=\dfrac{1}{2}, \\ y=0, \end{cases} \quad |x| \leqslant \frac{\sqrt{3}}{2}.$$

同理,在 yOz 面上的投影也是线段

$$\begin{cases} z=\dfrac{1}{2}, \\ x=0, \end{cases} \quad |y| \leqslant \frac{\sqrt{3}}{2}.$$

投影的概念可以推广为空间曲面与立体在坐标面上的投影,它们的投影一般为一个平面区域. 请看下例.

例 5　设一个立体由上半球面 $z=\sqrt{4-x^2-y^2}$ 和锥面 $z=\sqrt{3(x^2+y^2)}$ 所围成(见图 7-39),求它在 xOy 面上的投影.

解　半球面和锥面的交线 C 的方程为

$$C:\begin{cases}z=\sqrt{4-x^2-y^2},\\z=\sqrt{3(x^2+y^2)}.\end{cases}$$

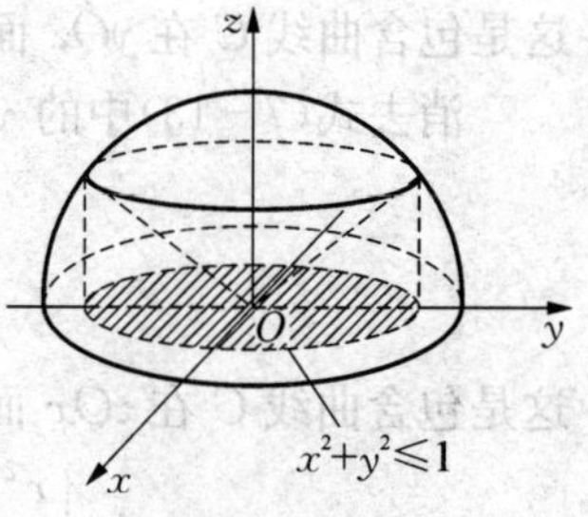

图 7-39

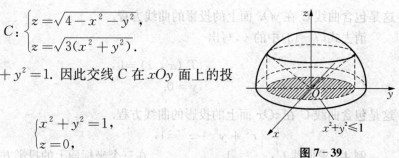

消去 z,得 $x^2+y^2=1$. 因此交线 C 在 xOy 面上的投影曲线为

$$\begin{cases}x^2+y^2=1,\\z=0,\end{cases}$$

这是 xOy 面上的单位圆. 于是,所求立体的投影就是单位圆的边界及其内部 $\begin{cases}x^2+y^2\leqslant 1,\\z=0.\end{cases}$

习题 7-6

1. 指出下列方程所表示的曲线:

(1) $\begin{cases}x^2-4y^2=z,\\z=8;\end{cases}$　　(2) $\begin{cases}x^2+y^2=z,\\z=2;\end{cases}$

(3) $\begin{cases}x^2-4y^2=4z,\\y=2;\end{cases}$　　(4) $\begin{cases}x^2+y^2+z^2=25,\\z=3.\end{cases}$

2. 画出下列曲线在第一卦限内的图形:

(1) $\begin{cases}x=2,\\y=1;\end{cases}$　　(2) $\begin{cases}z=\sqrt{9-x^2-y^2},\\x+y=0.\end{cases}$

3. 指出下列方程在平面解析几何中与空间解析几何中各表示什么图形:

(1) $x=1$;　　(2) $y=x+2$;

(3) $x^2+y^2=4$;　　(4) $x^2-y^2=4$.

4. 分别求母线平行于 x 轴及 y 轴而且通过曲线

$$\begin{cases}2x^2+y^2+z^2=16,\\x^2-y^2+z^2=0\end{cases}$$

的柱面方程.

5. 求曲线

$$\begin{cases}x^2+y^2+z^2=1,\\x^2+(y-1)^2+(z-1)^2=1\end{cases}$$

在 xOy 面上的投影方程.

6. 将下列曲线的一般方程化为参数方程:

(1) $\begin{cases} x^2+y^2+z^2=9, \\ y=x; \end{cases}$

(2) $\begin{cases} (x-1)^2+y^2+(z+1)^2=4, \\ z=0. \end{cases}$

7. 求旋转抛物面 $z=x^2+y^2(0\leqslant z\leqslant 4)$ 在三坐标面上的投影.

第七节　平面及其方程

我们以向量为工具,讨论最简单的空间曲面——平面.

一、平面的点法式方程

如果一非零向量垂直于一平面,那么称此向量是该平面的法向量. 显然,平面上的任何向量都与该平面的法向量垂直.

由立体几何可知,过空间一点可以作而且只能作一个平面垂直于一已知直线,所以当平面 Π 上的一点 $M_0(x_0, y_0, z_0)$ 和它的一个法向量 $\boldsymbol{n}=(A, B, C)$ 为已知时,平面 Π 的位置就完全确定了. 下面我们来建立平面 Π 的方程.

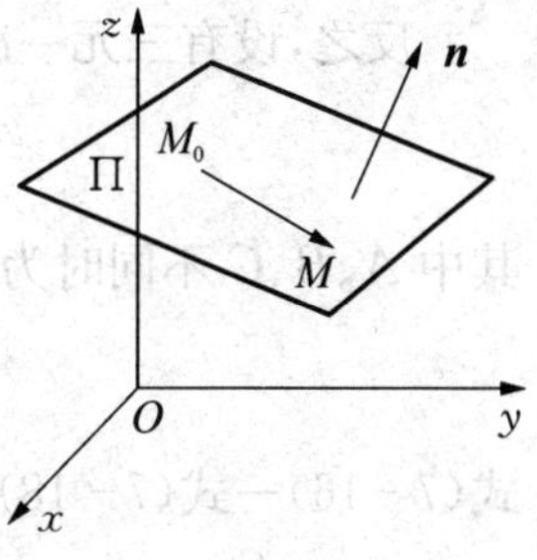

图 7 - 40

设点 $M(x, y, z)$ 是平面 Π 上任一点(见图 7 - 40),则 $\overrightarrow{M_0M}\perp\boldsymbol{n}$,亦即

$$\overrightarrow{M_0M}\cdot\boldsymbol{n}=0.$$

由于 $\boldsymbol{n}=(A, B, C)$, $\overrightarrow{M_0M}=(x-x_0, y-y_0, z-z_0)$,所以

$$A(x-x_0)+B(y-y_0)+C(z-z_0)=0, \tag{7-15}$$

这就是平面 Π 上任一点 M 的坐标 x、y、z 所满足的方程. 反之,不在平面 Π 上的点其坐标不满足方程(7 - 15). 所以方程(7 - 15)就是平面 Π 的方程. 方程(7 - 15)称为平面的点法式方程.

例 1　已知平面的一个法向量为(1, −3, 4),且平面过点(2, −3, 0). 求平面的方程.

解　由平面的点法式方程(7 - 15)可知,所求平面的方程为

$$1\cdot(x-2)+(-3)(y+3)+4(z-0)=0,$$

即
$$x-3y+4z-11=0.$$

例 2 求过三点 $M_1(1,2,1)$、$M_2(-1,-2,1)$、$M_3(4,0,3)$的平面的方程.

解 先求出该平面的法向量 $\boldsymbol{n}$,由于 $\boldsymbol{n}$ 与向量 $\overrightarrow{M_1M_2}$、$\overrightarrow{M_1M_3}$ 都垂直,所以可取它们的向量积为 $\boldsymbol{n}$,即

$$\boldsymbol{n}=\overrightarrow{M_1M_2}\times\overrightarrow{M_1M_3}=\begin{vmatrix}\boldsymbol{i} & \boldsymbol{j} & \boldsymbol{k}\\ -2 & -4 & 0\\ 3 & -2 & 2\end{vmatrix}=-8\boldsymbol{i}+4\boldsymbol{j}+16\boldsymbol{k}.$$

由平面的点法式方程,得所求平面的方程为

$$-8(x-1)+4(y-2)+16(z-1)=0,$$

即
$$2x-y-4z+4=0.$$

二、平面的一般方程

前面得出的方程(7-15)是三元一次方程.因为任一平面都可用点法式方程表示,所以任何一个平面都可用三元一次方程来表示.

反之,设有三元一次方程

$$Ax+By+Cz+D=0, \tag{7-16}$$

其中 A、B、C 不同时为 0.任取满足方程(7-16)的一组数 x_0、y_0、z_0,即

$$Ax_0+By_0+Cz_0+D=0. \tag{7-17}$$

式(7-16)—式(7-18)得

$$A(x-x_0)+B(y-y_0)+C(z-z_0)=0. \tag{7-18}$$

与方程(7-15)做比较,已知(7-18)是通过点(x_0,y_0,z_0)且以(A,B,C)为法向量的平面方程.但方程(7-16)与方程(7-18)同解,所以方程(7-16)的图形是一平面.方程(7-16)称为平面的一般方程,其中(A,B,C)就是平面的一个法向量.

当 $D=0$ 时,方程(7-16)成为 $Ax+By+Cz=0$,该平面通过原点$(0,0,0)$.

当 $A=0$ 时,方程(7-16)成为 $By+Cz+D=0$,法线向量 $\boldsymbol{n}=(0,B,C)$ 垂直于 x 轴,方程表示一个平行于 x 轴的平面.

同样,方程 $Ax+Cz+D=0$ 表示一个平行于 y 轴的平面;方程 $Ax+By+D=0$ 表示一个平行于 z 轴的平面.

当 $A=B=0$ 时,方程 $Cz+D=0$ 或 $z=-\dfrac{D}{C}$,方程表示一个平行于 xOy 面的平面.

同样,方程 $Ax+D=0$ 表示一个平行于 yOz 面的平面;方程 $By+D=0$ 表示

一个平行于 zOx 面的平面.

例 3　求通过 x 轴和点(4, 3, −1)的平面的方程.

解　因为平面通过 x 轴,所以 $A=0$;又因原点在所求平面上,所以 $D=0$,可设方程为

$$By+Cz=0.$$

而(4, 3, −1)在平面上,因此有

$$3B-C=0,$$

$$C=3B.$$

代入所设方程并除以 $B(B\neq 0)$,得所求平面的方程为

$$y+3z=0.$$

例 4　设平面与 x、y、z 轴分别交于点 $P(a, 0, 0)$、$Q(0, b, 0)$、$R(0, 0, c)$三点(见图 7-41),求这平面的方程(其中 $a\neq 0$, $b\neq 0$, $c\neq 0$).

解　设所求平面方程为

$$Ax+By+Cz+D=0.$$

因 $P(a, 0, 0)$、$Q(0, b, 0)$、$R(0, 0, c)$在平面上,所以

$$\begin{cases}aA+D=0,\\bB+D=0,\\cC+D=0.\end{cases}$$

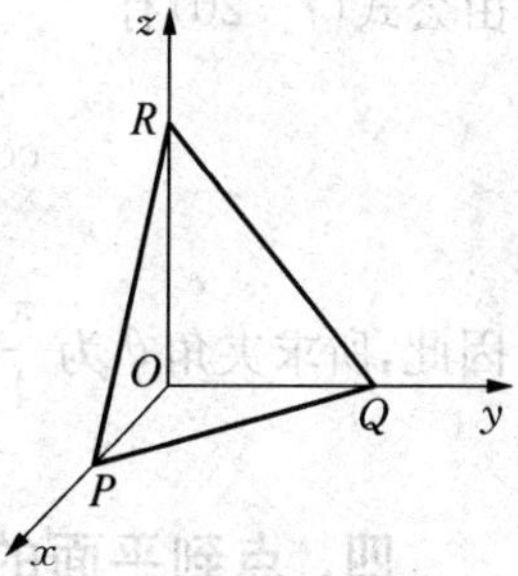

图 7-41

由此得 $A=-\dfrac{D}{a}$, $B=-\dfrac{D}{b}$, $C=-\dfrac{D}{c}$. 代入所设方程并除以 $D\ (D\neq 0)$,可得

$$\frac{x}{a}+\frac{y}{b}+\frac{z}{c}=1. \tag{7-19}$$

此方程称为平面的截距式方程,而 a、b、c 依次称为平面在 x 轴、y 轴、z 轴上的截距.

三、两平面的夹角

两平面的法线向量的夹角称为两平面的夹角(通常指锐角)(见图 7-42).

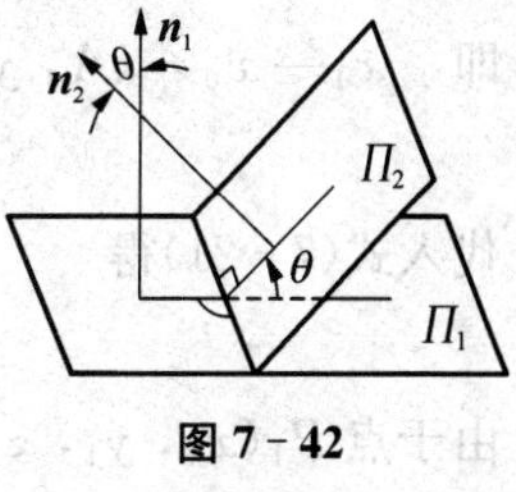

图 7-42

设平面 Π_1 和 Π_2 的方程分别为

$$\Pi_1: A_1x+B_1y+C_1z+D_1=0,$$

$$\Pi_2: A_2x + B_2y + C_2z + D_2 = 0.$$

则法向量分别为 $\boldsymbol{n}_1=(A_1, B_1, C_1)$, $\boldsymbol{n}_2=(A_2, B_2, C_2)$. 设两平面的夹角为 θ,则

$$\cos\theta = \frac{|A_1A_2 + B_1B_2 + C_1C_2|}{\sqrt{A_1^2+B_1^2+C_1^2}\sqrt{A_2^2+B_2^2+C_2^2}}. \tag{7-20}$$

由 $\boldsymbol{n}_2$、$\boldsymbol{n}_2$ 垂直或平行的条件可推得:

$$\Pi_1 \perp \Pi_2 \quad \Leftrightarrow \quad A_1A_2 + B_1B_2 + C_1C_2 = 0;$$

$$\Pi_1 \parallel \Pi_2 \quad \Leftrightarrow \quad \frac{A_1}{A_2} = \frac{B_1}{B_2} = \frac{C_1}{C_2}.$$

例 5 求两平面 $x+y-4z+2=0$ 与 $x-2y+2z=0$ 的夹角.

解 两个平面的法向量分别为

$$\boldsymbol{n}_1=(1, 1, -4), \ \boldsymbol{n}_2=(1, -2, 2).$$

由公式(7-20)有

$$\cos\theta = \frac{|1+(-2)+(-8)|}{\sqrt{1+1+16}\sqrt{1+4+4}} = \frac{1}{\sqrt{2}}.$$

因此,所求夹角 θ 为 $\frac{\pi}{4}$.

四、点到平面的距离

设点 $P_0(x_0, y_0, z_0)$ 是平面 $Ax+By+Cz+D=0$ 外的一点,过 P_0 点作平面 Π 的垂线,设垂足为点 $P_1(x_1, y_1, z_1)$(见图 7-43),则

$$d^2=(x_1-x_0)^2+(y_1-y_0)^2+(z_1-z_0)^2. \tag{7-21}$$

显然,向量 $\overrightarrow{P_0P_1}=(x_1-x_0, y_1-y_0, z_1-z_0)$ 与 $\boldsymbol{n}=(A, B, C)$ 平行,所以

$$\frac{x_1-x_0}{A} = \frac{y_1-y_0}{B} = \frac{z_1-z_0}{C} = k,$$

即 $$x_1-x_0=kA, \ y_1-y_0=kB, \ z_1-z_0=kC. \tag{7-22}$$

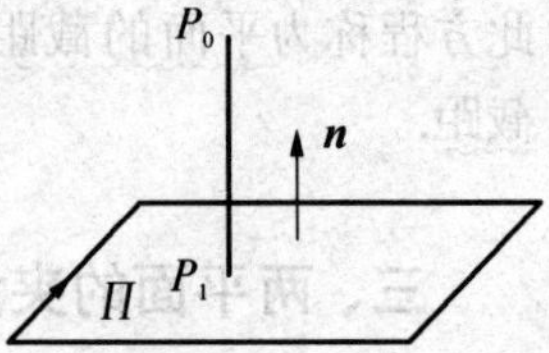

图 7-43

代入式(7-21)得

$$d^2=k^2(A^2+B^2+C^2). \tag{7-23}$$

由于点 $P_1(x_1, y_1, z_1)$ 在平面 Π 上,所以

$$Ax_1+By_1+Cz_1+D=0.$$

将式(7-22)代入上式，得

$$A(x_0+kA)+B(y_0+kB)+C(z_0+kC)+D=0,$$

即

$$Ax_0+By_0+Cz_0+D+k(A^2+B^2+C^2)=0,$$

所以

$$k=-\frac{Ax_0+By_0+Cz_0+D}{A^2+B^2+C^2}.$$

将上式代入式(7-23)可得

$$d^2=\frac{(Ax_0+By_0+Cz_0+D)^2}{A^2+B^2+C^2},$$

$$d=\frac{|Ax_0+By_0+Cz_0+D|}{\sqrt{A^2+B^2+C^2}}. \tag{7-24}$$

此即为点到平面的距离公式.

例 6　求点(2, 1, 1)到平面 $x+y-z+1=0$ 的距离，可利用公式(7-24)得

$$d=\frac{|1\times2+1\times1-1\times1+1|}{\sqrt{1+1+1}}=\frac{3}{\sqrt{3}}=\sqrt{3}.$$

习题 7-7

1. 分别按下列条件求平面方程：

(1) 过点(3, 0, −3)且与平面 $3x+2y+z-1=0$ 平行；

(2) 过点 $M_0(3, 1, -2)$ 且与 $\overrightarrow{OM_0}$ 垂直；

(3) 过点(1, 1, −1)、(1, 0, 2)、(2, −3, 4)三点；

(4) 过点(1, 0, −1)且平行于 $\boldsymbol{a}=(2, 1, 1)$ 和 $\boldsymbol{b}=(1, -1, 0)$.

2. 指出下列各平面的特殊位置，并画出各平面：

(1) $z=0$；　(2) $x=2$；　(3) $2y-1=0$；

(4) $2y+3z-6=0$；　(5) $x+y=0$；

(6) $2x-3y+6z=0$；　(7) $4y+z=1$.

3. 求三平面 $x+y+z-6=0$、$2x-y+z-3=0$ 和 $x+2y-z-2=0$ 的交点.

4. 求平面 $2x-2y+z+5=0$ 与各坐标面的夹角的余弦.

5. 分别按下列条件求平面方程：

(1) 平行于 zOx 面且经过点(1, 2, 3)；

(2) 通过 x 轴和点(3, 1, 2);

(3) 平行于 x 轴且过两点(4, 0, −2)和(5, 1, 7).

6. 求点(1, 2, 1)到平面 $x+2y+2z-10=0$ 的距离.

第八节　空间直线及其方程

我们再以向量为工具,研究最简单的空间曲线——直线.

一、空间直线的一般方程

空间直线 L 可以看作是两个平面 Π_1 和 Π_2 的交线(见图 7-44). 设两个相交的平面 Π_1 和 Π_2 的方程分别为 $A_1x+B_1y+C_1z+D_1=0$ 和 $A_2x+B_2y+C_2z+D_2=0$. 那么交线 L 上的任何点的坐标应满足方程组

$$\begin{cases}A_1x+B_1y+C_1z+D_1=0,\\A_2x+B_2y+C_2z+D_2=0.\end{cases}\tag{7-25}$$

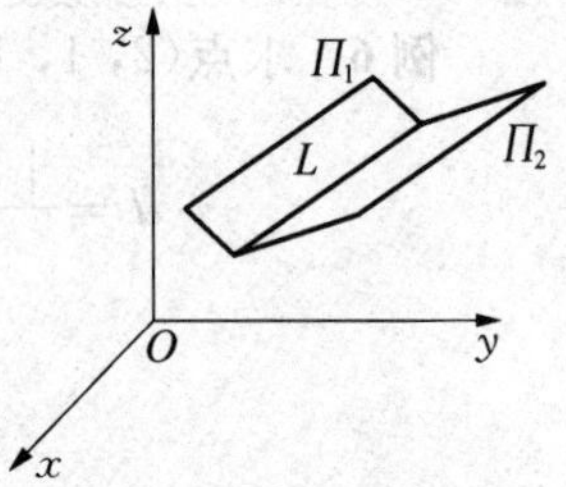

图 7-44

反之,设点 M 不在 L 上,那么它不可能同时在平面 Π_1 和 Π_2 上,所以它的坐标不满足方程组(7-25). 因此,方程组(7-25)即为直线 L 的方程,称为直线的一般方程.

因为通过直线 L 的平面有无穷多个,所以直线 L 的一般方程不是唯一的. 只要从过 L 的无穷多个平面中任取两个,把它们的方程联立起来,都可得 L 的方程.

二、空间直线的对称式方程和参数方程

如果一个非零向量 $\boldsymbol{s}$ 平行于一条已知直线,称这个向量为直线的方向向量. 显然,直线上的任何向量都和直线的方向向量平行.

由立体几何知,过空间任何一点可作且仅能作一条直线平行于已知直线,所以当直线 L 上的一点 $M_0(x_0, y_0, z_0)$ 和它的方向向量 $\boldsymbol{s}=(m, n, p)$ 为已知时,直线 L 的位置完全确定,从而可求出其方程.

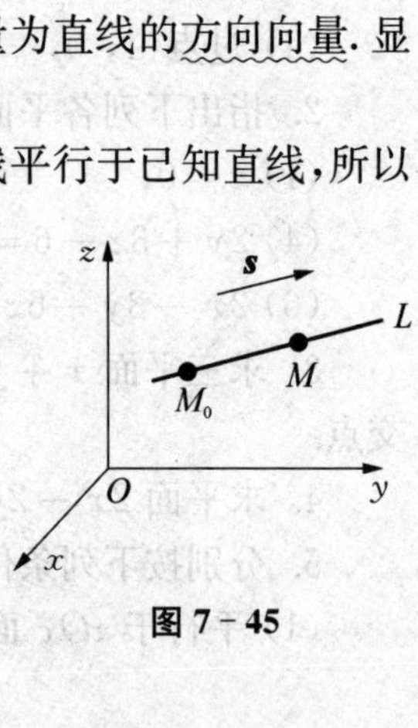

图 7-45

如图 7-45 所示,在 L 上任取一点 $M(x, y, z)$,则

$$\overrightarrow{M_0M}\parallel\boldsymbol{s},$$

因为

$$\overrightarrow{M_0M}=(x-x_0,\ y-y_0,\ z-z_0),$$

所以

$$\frac{x-x_0}{m}=\frac{y-y_0}{n}=\frac{z-z_0}{p}. \tag{7-26}$$

反之,若 M 不在直线 L 上,那么 $\overrightarrow{M_0M}$ 与 $\boldsymbol{s}$ 不平行,从而 M 点的坐标不满足式(7-26).

综合得之,式(7-26)即为直线 L 的方程,方程(7-26)称为直线的对称式方程,亦称点向式方程.

直线 L 的任一方向向量 $\boldsymbol{s}$ 的坐标 m、n、p 称作直线的一组方向数,而向量 $\boldsymbol{s}$ 的方向余弦称为该直线的方向余弦.

令式(7-26)中的比值为 t,即

$$\frac{x-x_0}{m}=\frac{y-y_0}{n}=\frac{z-z_0}{p}=t,$$

可得

$$\begin{cases}x=x_0+mt,\\ y=y_0+nt,\\ z=z_0+pt.\end{cases} \tag{7-27}$$

方程组(7-27)称为直线的参数方程.

例 1　把直线 L 的一般方程

$$\begin{cases}x+y+z+1=0,\\ 2x+3y-z+4=0\end{cases} \tag{7-28}$$

化为对称式方程和参数方程.

解　先找出直线 L 上的一点 $(x_0,\ y_0,\ z_0)$. 例如,可以取 $x_0=1$,代入式(7-28),得

$$\begin{cases}y+z=-2,\\ 3y-z=-6.\end{cases}$$

解得

$$y_0=-2,\ z_0=0,$$

即 $(1,\ -2,\ 0)$ 是直线 L 上的一点.

再求直线 L 的方向向量 $\boldsymbol{s}$. 由于两平面的交线和 $\boldsymbol{n}_1=(1,\ 1,\ 1)$ 垂直,和 $\boldsymbol{n}_2=(2,\ 3,\ -1)$ 也垂直,所以可取

$$\boldsymbol{s}=\boldsymbol{n}_1\times\boldsymbol{n}_2=(-4,\ 3,\ 1).$$

因此,所给直线 L 的对称式方程为

$$\frac{x-1}{-4}=\frac{y+2}{3}=\frac{z}{1},$$

参数方程为

$$\begin{cases}x=1-4t,\\ y=-2+3t,\\ z=t.\end{cases}$$

如果已知直线 L 上两点 $M_1(x_1,y_1,z_1)$、$M_2(z_2,y_2,z_2)$,则 $\overrightarrow{M_1M_2}$ 可作为直线 L 的方向向量,从而得 L 的方程为

$$\frac{x-x_1}{x_2-x_1}=\frac{y-y_1}{y_2-y_1}=\frac{z-z_1}{z_2-z_1} \tag{7-29}$$

方程(7-29)称为直线的两点式方程.

三、两直线的夹角

两直线的方向向量的夹角称为两直线的夹角(通常指锐角).

设直线 L_1、L_2 的方程分别为

$$\frac{x-x_1}{m_1}=\frac{y-y_1}{n_1}=\frac{z-z_1}{p_1},$$

$$\frac{x-x_2}{m_2}=\frac{y-y_2}{n_2}=\frac{z-z_2}{p_2}.$$

则 L_1 的方向向量为 $\boldsymbol{s}_1=(m_1,n_1,p_1)$,$L_2$ 的方向向量为 $\boldsymbol{s}_2=(m_2,n_2,p_2)$. 设 L_1 和 L_2 的夹角为 φ,则

$$\cos\varphi=\frac{|m_1m_2+n_1n_2+p_1p_2|}{\sqrt{m_1^2+n_1^2+p_1^2}\sqrt{m_2^2+n_2^2+p_2^2}}. \tag{7-30}$$

易知:

$$L_1\perp L_2 \iff m_1m_2+n_1n_2+p_1p_2=0;$$

$$L_1\parallel L_2 \iff \frac{m_1}{m_2}=\frac{n_1}{n_2}=\frac{p_1}{p_2}.$$

例 2 求直线 L_1:$\dfrac{x-1}{1}=\dfrac{y-2}{-4}=\dfrac{z+1}{1}$ 和直线 L_2:$\dfrac{x-\frac{1}{2}}{2}=\dfrac{y-4}{-2}=$

$\frac{z}{-1}$ 的夹角.

解　$\boldsymbol{s}_1=(1,-4,1)$，$\boldsymbol{s}_2=(2,-2,-1)$，由公式(7-30)

$$\cos\varphi=\frac{|2+8-1|}{\sqrt{1+16+1}\sqrt{4+4+1}}=\frac{1}{\sqrt{2}}=\frac{\sqrt{2}}{2},$$

所以

$$\varphi=\frac{\pi}{4}.$$

四、直线和平面的夹角

直线和它在平面上的投影直线的夹角称为直线和平面的夹角 φ（见图 7-46），通常规定 $0\leqslant\varphi\leqslant\frac{\pi}{2}$.

设平面 Π 的方程是

$$Ax+By+Cz+D=0,$$

直线 L 的方程是

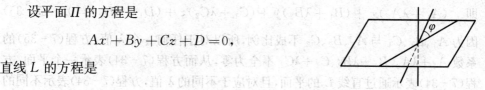

$$\frac{x-x_0}{m}=\frac{y-y_0}{n}=\frac{z-z_0}{p}.$$

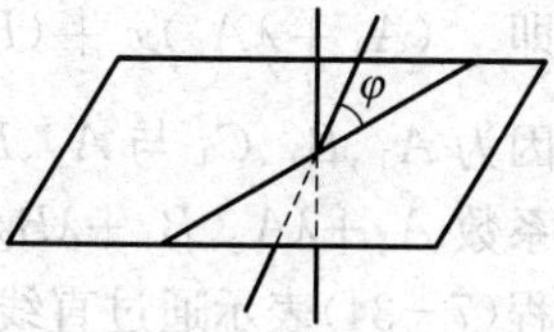

图 7-46

$\boldsymbol{s}=(m,n,p)$ 与 $\boldsymbol{n}=(A,B,C)$ 的夹角为 α，则

$$\varphi=\frac{\pi}{2}-\alpha\quad\text{或}\quad\varphi=\alpha-\frac{\pi}{2}.$$

$$\sin\varphi=|\cos\alpha|=\frac{|Am+Bn+Cp|}{\sqrt{A^2+B^2+C^2}\sqrt{m^2+n^2+p^2}}.\qquad(7-31)$$

易知：

$$L\perp\Pi\quad\Leftrightarrow\quad\frac{A}{m}=\frac{B}{n}=\frac{C}{p};$$

$$L\parallel\Pi\quad\Leftrightarrow\quad Am+Bn+Cp=0.$$

例 3　求直线 L：$\begin{cases}x+y+3z=0,\\x-y-z=0\end{cases}$ 和平面 $x-y-z+1=0$ 的夹角.

解　写出直线 L 的对称式方程（参照例 1）

$$\frac{x}{1}=\frac{y}{2}=\frac{z}{-1},$$

由公式(7-31)得

$$\sin\varphi=\frac{|1-2+1|}{\sqrt{1+1+1}\sqrt{1+4+1}}=0,$$

所以

$$\varphi=0.$$

五、平面束

设直线 L 的一般方程为

$$\begin{cases}A_1x+B_1y+C_1z+D_1=0, & (7-32)\\ A_2x+B_2y+C_2z+D_2=0. & (7-33)\end{cases}$$

其中 A_1、B_1、C_1 与 A_2、B_2、C_2 不成比例. 设 λ 为任意常数，建立三元一次方程

$$A_1x+B_1y+C_1z+D_1+\lambda(A_2x+B_2y+C_2z+D_2)=0, \quad (7-34)$$

即 $$(A_1+\lambda A_2)x+(B_1+\lambda B_2)y+(C_1+\lambda C_2)z+(D_1+\lambda D_2)=0. \quad (7-35)$$

因为 A_1、B_1、C_1 与 A_2、B_2、C_2 不成比例，所以对于任何一个 λ 值，方程(7-35)的系数 $A_1+\lambda A_2$、$B_1+\lambda B_2$、$C_1+\lambda C_2$ 不全为零，从而方程(7-34)表示一个平面. 方程(7-34)表示通过直线 L 的平面，且对应于不同的 λ 值，方程(7-34)表示不同的平面. 反之，通过直线 L 的任何平面(除平面方程(7-33)外)都包含在方程(7-34)所表示的一族平面内. 通过定直线的所有平面的全体称为平面束，方程(7-34)称为通过直线 L 的平面束的方程.

例 4 求直线 $\begin{cases}x+y-z-1=0,\\ x-y+z+1=0\end{cases}$ 在平面 $x+y+z=0$ 上的投影直线的方程.

解 过直线 $\begin{cases}x+y-z-1=0,\\ x-y+z+1=0\end{cases}$ 的平面束的方程为

$$(x+y-z-1)+\lambda(x-y+z+1)=0,$$

即 $$(1+\lambda)x+(1-\lambda)y+(-1+\lambda)z+(-1+\lambda)=0, \quad (7-36)$$

其中 λ 为待定常数. 这平面与平面 $x+y+z=0$ 垂直的条件是

$$(1+\lambda)\cdot 1+(1-\lambda)\cdot 1+(-1+\lambda)\cdot 1=0,$$

即 $$\lambda+1=0,$$

由此得 $$\lambda=-1.$$

代入式(7-36)，得投影平面的方程为

$$2y-2z-2=0,$$

即

$$y-z-1=0.$$

所以投影直线的方程为

$$\begin{cases} y-z-1=0, \\ x+y+z=0. \end{cases}$$

习题 7-8

1. 按下列条件求直线方程：

(1) 过两点(3，-2，1)和(-1，0，2)；

(2) 过点(4，1，3)且平行于直线

$$\frac{x-3}{2}=y=\frac{z+1}{4};$$

(3) 过点(3，3，4)，方向角为 60°，45°，120°；

(4) 过点(0，2，4)且与两平面 $x+y+z-1=0$ 和 $y-3z=2$ 平行.

2. 把直线的一般方程化为对称式方程：

$$\begin{cases} x-y+z=0, \\ 2x+y+z=4. \end{cases}$$

3. 按下列条件求平面的方程：

(1) 过点(2，1，1)而与直线

$$\begin{cases} x+2y-z+1=0, \\ 2x+y-z=0 \end{cases}$$

垂直；

(2) 过点(1，2，1)而与两直线

$$\begin{cases} x+2y-z+1=0, \\ x-y+z-1=0 \end{cases} \text{和} \begin{cases} 2x-y+z=0, \\ x-y+z=0 \end{cases}$$

平行；

(3) 过点(3，1，-2)及直线 $\dfrac{x-4}{5}=\dfrac{y+3}{2}=\dfrac{z}{1}$；

(4) 过直线 $\dfrac{x-2}{5}=\dfrac{y+1}{2}=\dfrac{z-2}{4}$ 且垂直于平面 $x+4y-3z+1=0$.

4. 求两直线的夹角的余弦：

(1) $\frac{x-1}{1}=\frac{y}{-2}=\frac{z+4}{7}$ 和 $\frac{x+6}{5}=\frac{y-2}{1}=\frac{z-3}{-1}$；

(2) $\begin{cases}5x-3y+3z-19=0,\\3x-2y+z-11=0\end{cases}$ 和 $\begin{cases}2x+2y-z+3=0,\\3x+8y+z-8=0;\end{cases}$

(3) $\begin{cases}x+8y+5=0,\\4y+z+8=0\end{cases}$ 和 $\begin{cases}x+5y+3=0,\\2y+11z+1=0.\end{cases}$

5. 求直线 $\begin{cases}x+y+3z=0,\\x-y-z=0\end{cases}$ 和平面 $x-y-z+1=0$ 间的夹角.

6. 求点$(-1,2,0)$在平面 $x+2y-z+1=0$ 上的投影.

7. 求点$(3,-1,2)$到直线 $\begin{cases}x+y-z+1=0,\\2x-y+z-4=0\end{cases}$ 的距离.

8. 求直线 $\begin{cases}x+y-z-1=0,\\x-y+z+1=0\end{cases}$ 在平面 $x+y+z=0$ 上的投影直线的方程.

9. 求过点$(-1,0,4)$且平行于平面 $3x-4y+z-10=0$，又与直线 $\frac{x+1}{1}=\frac{y-3}{1}=\frac{z}{2}$ 相交的直线方程.

第九节　二 次 曲 面

三元二次方程所表示的曲面称为二次曲面.

对于一般的三元方程 $F(x, y, z)=0$ 所表示的曲面，很难用描点法画出其图形，为了确定其曲面的形状，通常用"平行截割法"来讨论，就是用坐标面以及与坐标面平行的平面与曲面相截，考察其交线(所谓截痕)的形状，而后加以综合，从而了解曲面的全貌. 这种方法称为截痕法.

下面我们利用截痕法来讨论几个特殊的二次曲面.

一、椭球面

由方程

$$\frac{x^2}{a^2}+\frac{y^2}{b^2}+\frac{z^2}{c^2}=1 \tag{7-37}$$

所表示的曲面称为椭球面.

由方程(7-37)可知

$$\frac{x^2}{a^2} \leqslant 1,\ \frac{y^2}{b^2} \leqslant 1,\ \frac{z^2}{c^2} \leqslant 1,$$

即
$$|x| \leqslant a,\ |y| \leqslant b,\ |z| \leqslant c.$$

这说明式(7-37)所示的曲面完全包含在一个以原点 O 为中心的长方体内，这长方体的六个面的方程为 $x=\pm a$，$y=\pm b$，$z=\pm c$. a、b、c 称为椭球面的半轴.

先求出曲面与三个坐标面的交线：

$$\begin{cases}\dfrac{x^2}{a^2}+\dfrac{y^2}{b^2}=1,\\ z=0;\end{cases}\quad \begin{cases}\dfrac{y^2}{b^2}+\dfrac{z^2}{c^2}=1,\\ x=0;\end{cases}\quad \begin{cases}\dfrac{x^2}{a^2}+\dfrac{z^2}{c^2}=1,\\ y=0.\end{cases}$$

这些交线分别是坐标面 xOy 面、yOz 面、zOx 面内的椭圆.

平面 $z=z_1(|z_1|<c)$ 与 xOy 面平行，与曲面的交线为

$$\begin{cases}\dfrac{x^2}{\dfrac{a^2}{c^2}(c^2-z_1^2)}+\dfrac{y^2}{\dfrac{b^2}{c^2}(c^2-z_1^2)}=1,\\ z=z_1.\end{cases}$$

这是平面 $z=z_1$ 内的椭圆，两个半轴长分别为 $\dfrac{a}{c}\sqrt{c^2-z_1^2}$ 与 $\dfrac{b}{c}\sqrt{c^2-z_1^2}$. 当 z_1 变动时，椭圆的中心都在 z 轴上. 当 $|z_1|$ 由 0 逐渐增大到 c，椭圆截面由大到小，最后缩成一点.

平面 $y=y_1(|y_1|\leqslant b)$ 或 $x=x_1(|x_1|\leqslant a)$ 截椭球面，可得与上述类似的结果.

综合以上的讨论，可知椭球面的形状如图 7-47 所示.

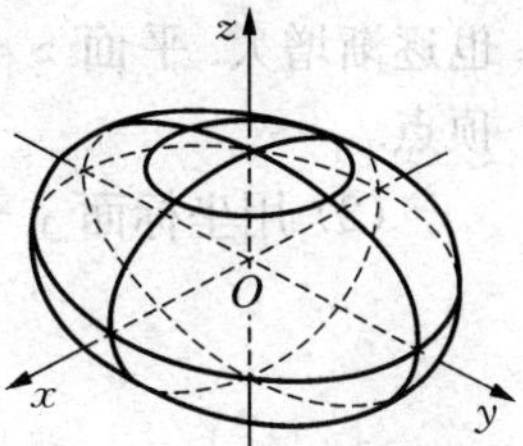

图 7-47

如果 $a=b>c$，方程(7-37)变为

$$\frac{x^2+y^2}{a^2}+\frac{z^2}{c^2}=1,$$

表示 zOx 平面上的椭圆 $\dfrac{x^2}{a^2}+\dfrac{z^2}{c^2}=1$ 绕 z 轴旋转而成的旋转曲面，称为旋转椭球面. 这时，它与平面 $z=z_1(|z_1|<c)$ 的交线

$$\begin{cases}x^2+y^2=\dfrac{a^2}{c^2}(c^2-z_1^2),\\ z=z_1\end{cases}$$

是半径为$\frac{a}{c}\sqrt{c^2-z_1^2}$的圆.

如果 $a=b=c$，方程(7-37)变为

$$x^2+y^2+z^2=a^2,$$

表示球心为(0, 0, 0)、半径为 a 的球面.

二、抛物面

由方程

$$\frac{x^2}{2p}+\frac{y^2}{2q}=z(p\text{ 与 }q\text{ 同号}) \tag{7-38}$$

所表示的曲面称为椭圆抛物面.

以下就 $p>0$、$q>0$ 的情形进行讨论.

(1) 用坐标面 $z=0$ 与曲面相截，得一点(0, 0, 0). 用平面 $z=z_1(z_1>0)$ 截曲面，所得截痕为中心在 z 轴上的椭圆

$$\begin{cases}\dfrac{x^2}{2pz_1}+\dfrac{y^2}{2qz_1}=1,\\ z=z_1,\end{cases}$$

两个半轴长分别为$\sqrt{2pz_1}$与$\sqrt{2qz_1}$. 当 $z_1(>0)$ 逐渐变大时，椭圆的两个半轴长也逐渐增大. 平面 $z=z_1(z_1<0)$ 与曲面没有交线. 原点称为椭圆抛物面的顶点.

(2) 用坐标面 $y=0$ 截曲面所得截痕为抛物线

$$\begin{cases}x^2=2pz,\\ y=0,\end{cases}$$

它的对称轴与 z 轴重合，顶点为原点，开口向上. 用平面 $y=y_1$ 截曲面，所得截痕为抛物线

$$\begin{cases}x^2=2p\left(z-\dfrac{y_1^2}{2q}\right),\\ y=y_1,\end{cases}$$

它的对称轴平行于 z 轴，顶点为$\left(0,\ y_1,\ \dfrac{y_1^2}{2q}\right)$.

(3) 类似可知，用平面 $x=0$ 及 $x=x_1$ 截曲面所得截痕为抛物线.

综上所述，椭圆抛物面(7－38)的形状如图 7－48 所示.

如果 $p=q$，那么方程(7－38)变为

$$\frac{x^2}{2p}+\frac{y^2}{2p}=z\quad (p>0).$$

它所表示的曲面是 zOx 平面上的抛物线 $x^2=2pz$ 绕它的对称轴 z 轴旋转而成的旋转面，称为旋转抛物面. 它与平面 $z=z_1(z_1>0)$ 的截痕是圆

$$\begin{cases}x^2+y^2=2pz_1,\\ z=z_1.\end{cases}$$

当 z_1 变动时，这种圆的圆心在 z 轴上.

方程

$$-\frac{x^2}{2p}+\frac{y^2}{2q}=z\quad (p\text{ 与 }q\text{ 同号})$$

所表示的曲面称为双曲抛物面或鞍形曲面. 当 $p>0$、$q>0$ 时，形状如图 7－49 所示.

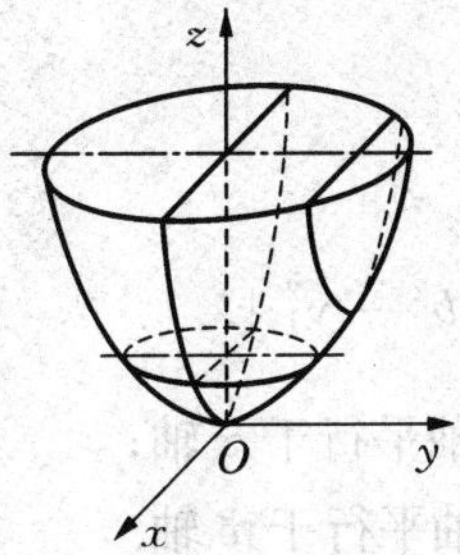

图 7－48

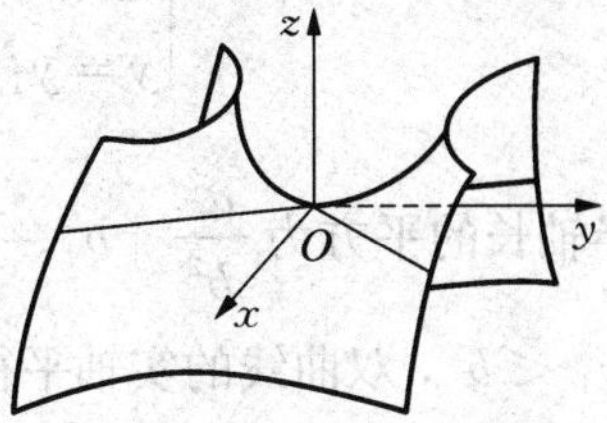

图 7－49

三、双曲面

方程
$$\frac{x^2}{a^2}+\frac{y^2}{b^2}-\frac{z^2}{c^2}=1\tag{7-39}$$
表示的曲面称为单叶双曲面.

(1) 用平面 $z=0$ 截曲面，所得截痕是中心在原点的椭圆

$$\begin{cases}\dfrac{x^2}{a^2}+\dfrac{y^2}{b^2}=1,\\ z=0,\end{cases}$$

两个半轴长分别为 a 与 b.

用平面 $z=z_1$ 截曲面,所得截痕是中心在 z 轴上的椭圆

$$\begin{cases}\dfrac{x^2}{a^2}+\dfrac{y^2}{b^2}=1+\dfrac{z_1^2}{c^2},\\ z=z_1,\end{cases}$$

两个半轴长分别为 $\dfrac{a}{c}\sqrt{c^2+z_1^2}$ 与 $\dfrac{b}{c}\sqrt{c^2+z_1^2}$. $|z_1|$ 越大,两个半轴长也越大.

(2) 用平面 $y=0$ 截曲面,所得截痕为中心在原点的双曲线

$$\begin{cases}\dfrac{x^2}{a^2}-\dfrac{z^2}{c^2}=1,\\ y=0,\end{cases}$$

它的实轴与 x 轴重合,虚轴与 z 轴重合.

用平面 $y=y_1(y_1\neq\pm b)$ 截曲面,所得截痕是中心在 y 轴上的双曲线

$$\begin{cases}\dfrac{x^2}{a^2}-\dfrac{z^2}{c^2}=1-\dfrac{y_1^2}{b^2},\\ y=y_1,\end{cases}$$

它的两个半轴长的平方为 $\dfrac{a^2}{b^2}\mid b^2-y_1^2\mid$ 和 $\dfrac{c^2}{b^2}\mid b^2-y_1^2\mid$.

如果 $y_1^2<b^2$,双曲线的实轴平行于 x 轴,虚轴平行于 z 轴;

如果 $y_1^2>b^2$,双曲线的实轴平行于 z 轴,虚轴平行于 x 轴.

如果 $y_1=b$,平面 $y=b$ 与曲面的截痕为一对相交于点 $(0, b, 0)$ 的直线,其方程为

$$\begin{cases}\dfrac{x}{a}-\dfrac{z}{c}=0,\\ y=b\end{cases}\text{和}\begin{cases}\dfrac{x}{a}+\dfrac{z}{c}=0,\\ y=b.\end{cases}$$

如果 $y_1=-b$,平面 $y=-b$ 与曲面的截痕为一对相交于点 $(0, -b, 0)$ 的直线,其方程为

$$\begin{cases}\dfrac{x}{a}-\dfrac{z}{c}=0,\\ y=-b\end{cases}\text{和}\begin{cases}\dfrac{x}{a}+\dfrac{z}{c}=0,\\ y=-b.\end{cases}$$

(3) 类似地,用平面 $x=0$ 和 $x=x_1(x_1\neq\pm a)$ 截曲面所得截痕是双曲线,两平面 $x=\pm a$ 截曲面所得截痕是两对相交的直线.

综上所述,可知单叶双曲面(7-39)的形状如图 7-50 所示.

方程

$$\frac{x^2}{a^2}-\frac{y^2}{b^2}+\frac{z^2}{c^2}=-1$$

表示的曲面称为双叶双曲面,其形状如图 7-51 所示.

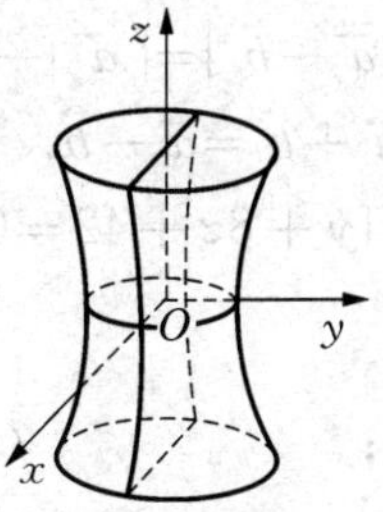

图 7-50

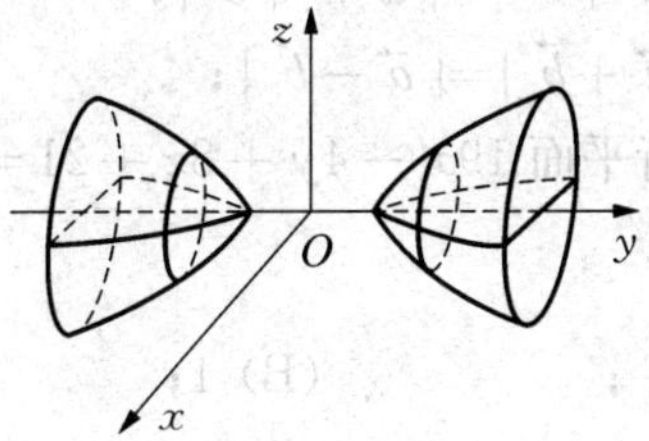

图 7-51

习题 7-9

1. 试用截痕法讨论双曲抛物面.
2. 试用截痕法讨论双叶双曲面.
3. 画出下列方程所表示的曲面:

(1) $2x^2+\frac{y^2}{4}+\frac{z^2}{9}=1$;　　(2) $x^2+9y^2+z=0$;

(3) $x^2+\frac{y^2}{4}-\frac{z^2}{9}=0$;　　(4) $y^2+z^2-x=0$.

4. 指出下列方程所表示的曲线:

(1) $\begin{cases}x^2+y^2+z^2=64,\\z=-2;\end{cases}$　　(2) $\begin{cases}x^2+9y^2+4z^2=36,\\x=1;\end{cases}$

(3) $\begin{cases}x^2-9y^2+z^2=25,\\x=-2;\end{cases}$　　(4) $\begin{cases}\frac{y^2}{4}-\frac{z^2}{9}=1,\\x-3=0.\end{cases}$

5. 求曲线 $\begin{cases}y^2+z^2-3x=0,\\z=2\end{cases}$ 在 xOy 面上的投影曲线的方程.

6. 画出下列各曲面所围成的立体的图形:

(1) $x=0$, $y=0$, $z=0$, $x=2$, $y=1$, $3x+4y+2z=12$;

(2) $z=0$, $z=3$, $y=x$, $y=2x$, $x^2+y^2=1$(在第一卦限内);

(3) $x^2+y^2=R^2$, $y^2+z^2=R^2$, $x=0$, $y=0$, $z=0$(在第一卦限内);

(4) $x^2+y^2+z^2=4$, $z=\sqrt{x^2+y^2}$(在 xOy 面上方).

自 测 题

一、选择题:

1. 设 $\vec{a}$、$\vec{b}$ 为非零向量,且 $\vec{a}\perp\vec{b}$,则必有(　　).

(A) $|\vec{a}+\vec{b}|=|\vec{a}|+|\vec{b}|$;　　(B) $|\vec{a}-\vec{b}|=|\vec{a}|-|\vec{b}|$;

(C) $|\vec{a}+\vec{b}|=|\vec{a}-\vec{b}|$;　　(D) $\vec{a}+\vec{b}=\vec{a}-\vec{b}$.

2. 平行平面 $19x-4y+8z+21=0$ 与 $19x-4y+8z+42=0$ 间的距离为(　　).

(A) 21;　　(B) 1;　　(C) 2;　　(D) $\dfrac{1}{2}$.

3. 方程 $x^2-\dfrac{y^2}{4}+z^2=1$ 表示(　　).

(A) 单叶双曲面;　(B) 双叶双曲面;　(C) 双曲柱面;　(D) 锥面.

4. 与 xOy 坐标面垂直的平面的一般式方程为(　　).

(A) $Ax+By+D=0$　　(B) $Ax+Cz+D=0$;

(C) $By+Cz+D=0$;　　(D) $Ax+By+Cz=0$.

5. 设向量 $\boldsymbol{d}$ 与三坐标面 xOy、yOz、zOx 的夹角分别为 ξ、η、$\zeta\left(0\leqslant\xi,\eta,\zeta\leqslant\dfrac{\pi}{2}\right)$,则 $\cos^2\xi+\cos^2\eta+\cos^2\zeta=$(　　).

(A) 0;　　(B) 1;　　(C) 2;　　(D) 3.

二、填空题:

1. 已知 $\boldsymbol{a}=2\boldsymbol{i}+\boldsymbol{j}-3\boldsymbol{k}$, $\boldsymbol{b}=3\boldsymbol{i}+\boldsymbol{k}$,则 $\boldsymbol{a}$ 与 $\boldsymbol{b}$ 夹角的正弦等于________.

2. 已知平行四边形的二边是向量 $\boldsymbol{a}=2\boldsymbol{i}-\boldsymbol{j}+\boldsymbol{k}$, $\boldsymbol{b}=\boldsymbol{i}+2\boldsymbol{j}-3\boldsymbol{k}$,则此平行四边形的面积等于________.

3. 过点(2, 0, −3)且与直线 $\begin{cases}x-2y+4z-7=0,\\3x+5y-2z+1=0\end{cases}$ 垂直的平面方程是________.

4. 与向量 $\boldsymbol{a}=2\boldsymbol{i}-\boldsymbol{j}+2\boldsymbol{k}$ 共线且满足方程 $\boldsymbol{a}\cdot\boldsymbol{x}=-18$ 的向量 $\boldsymbol{x}=$ ________.

5. 平面通过点(1, 1, 1)且在三个坐标轴上截距相同,则此平面方程为________.

三、设 $\boldsymbol{a}=\boldsymbol{i}+\boldsymbol{j}$, $\boldsymbol{b}=-2\boldsymbol{j}+\boldsymbol{k}$,求以向量 $\boldsymbol{a}$、$\boldsymbol{b}$ 为边的平行四边形的对角线的长度.

四、试求 k 值，使两直线 $\frac{x-1}{k}=\frac{y+4}{5}=\frac{z-3}{-3}$ 和 $\frac{x+3}{3}=\frac{y-9}{-4}=\frac{z+14}{7}$ 相交.

五、求垂直于平面 $x-y+2z-5=0$ 并平行于方向余弦为 $\frac{1}{5}$、$-\frac{2}{5}$、$\frac{2\sqrt{5}}{5}$ 的直线且通过点 $(5,0,1)$ 的平面方程.

六、若点 P 与 $Q(1,3,-4)$ 关于平面 $3x+y-2z=0$ 对称，求点 P 的坐标.

七、在直线方程 $\frac{x-4}{2-m}=\frac{y}{n}=\frac{z-5}{6+P}$ 中，m、n、P 各取何值时，直线与坐标平面 xOy、yOz 都平行.

八、已知点 $A(-1,0,4)$ 及点 $B(0,2,1)$，试在 z 轴上求一点 C，使 $\triangle ABC$ 的面积最小.

第八章　多元函数微分学

在上册中，我们学习了具有一个自变量的函数的微分学，我们称之为一元函数微分学. 但是，无论是在实际中还是在理论中，许多情形下，人们所遇到的函数，其自变量的个数往往多于一个，这就产生了多元函数的概念. 因而与一元函数微分学相对应的就是多元函数微分学. 在本章的学习中，读者既要注意到多元函数微分学是一元函数微分学的推广和发展，从而它们之间有许多相似之处，同时更要注意二者之间的差别. 只有这样才能把握住本章的重点与难点，比较顺利地学习有关内容.

本章主要介绍多元函数的有关概念，偏导数、全微分及它们的简单应用. 由于最简单的多元函数就是二元函数，而且二元以上的多元函数与二元函数就微分学的相关内容而言几乎没有质的差别，所以本章中的叙述主要以二元函数为例，所得到的一切结论都可以类推至二元以上的多元函数.

第一节　多元函数的基本概念

一、区域

学习一元函数时，邻域和区间的概念是必不可少的. 为了讨论多元函数的需要，我们首先把邻域和区间概念加以推广.

1. 邻域

设点 $P_0(x_0, y_0)$ 为 xOy 平面上给定的一点，δ 为一正数. 以点 P_0 为中心、δ 为半径的圆的内部点 $P(x, y)$ 的全体组成的点集称为点 P_0 的 δ 邻域，记作 $U(P_0, \delta)$. 若用 $|PP_0|$ 表示点 P 与 P_0 之间的距离 $\sqrt{(x-x_0)^2+(y-y_0)^2}$，那么

$$U(P_0, \delta)=\{P \mid |PP_0|<\delta\}.$$

显然，对于任意正数 δ，都有 $P_0 \in U(P_0, \delta)$.

点 P_0 的 δ 邻域去掉中心 P_0 后所得到的点集称为点 P_0 的去(空)心邻域，记作 $\mathring{U}(P_0, \delta)$，即

$$\mathring{U}(P_0, \delta) = \{P \mid 0 < |PP_0| < \delta\}.$$

在$U(P_0, \delta)$或$\mathring{U}(P_0, \delta)$中，$P_0$称为邻域的中心，$\delta$称为邻域的半径. 如果无需指明半径$\delta$的大小，也可以用$U(P_0)$或$\mathring{U}(P_0)$表示相应的概念.

2. 区域

设E为平面上的一个点集，P为平面上一点. 如果存在点P的某个邻域$U(P) \subset E$，则称P为E的内点（见图 8-1）. 显然E的每个内点一定属于E.

如果点集E中的每个点都是E的内点，则称E为开集. 例如，$E_1 = \{(x, y) \mid x + y > 0\}$中的每个点显然都是$E_1$的内点，因而$E_1$是一个开集.

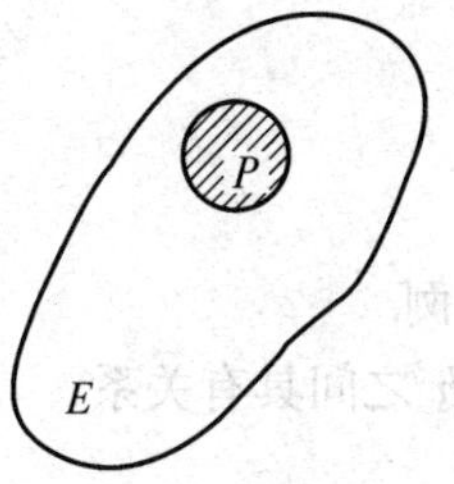

图 8-1

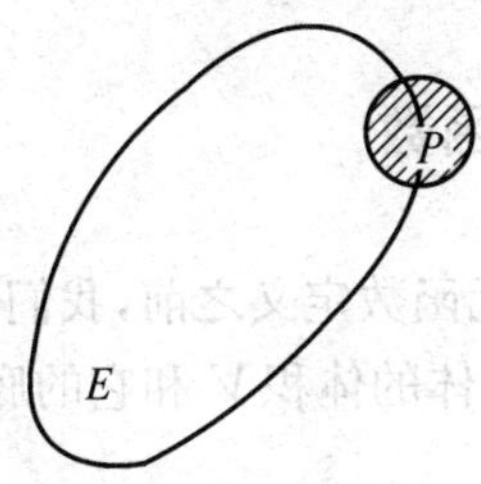

图 8-2

如果点P的任一邻域内既有属于E的点，也有不属于E的点，则称P为E的一个边界点（见图 8-2）. E的全体边界点组成的点集称为E的边界. 例如，$E_2 = \{(x, y) \mid 1 < x^2 + y^2 \leqslant 4\}$的边界为两个圆周$x^2 + y^2 = 1$和$x^2 + y^2 = 4$. 此例也说明一个平面点集$E$的边界点可以属于$E$，也可以不属于$E$.

如果点集D为开集，且对于D中的任意两点，都可以用完全落在D内的折线连接起来（称D的这种性质为连通性），则称D为开区域或简称为区域. 换句话说，区域就是连通的开集. 例如，$D_1 = \{(x, y) \mid x > 0\}$是一个区域，而$D_2 = \{(x, y) \mid x > 0 且 y \neq 0\}$虽然是开集，但是不连通，所以$D_2$不是区域.

区域连同它的边界一起称作闭区域. 例如，$D_3 = \{(x, y) \mid x^2 + y^2 \leqslant 4\}$是一个闭区域，而$D_4 = \{(x, y) \mid x^2 + y^2 < 4\}$仅是一个区域，并非闭的.

如果xOy平面上的点集E可以被包含在某个以原点O为中心的圆内，即存在正数K，使得对一切$P \in E$，都有$|OP| \leqslant K$，则称E为有界点集. 否则，称E为无界点集. 例如，点集$\{(x, y) \mid -1 \leqslant x \leqslant 1, -1 \leqslant y \leqslant 1\}$为一个有界点集，它是一个有界闭区域，而点集$\{(x, y) \mid 0 < x < 1\}$为一个无界点集，它是一个无界区域.

3. n 维空间

设n为给定的一个自然数，称n元数组$(x_1, x_2, \cdots, x_n)$的全体组成的集合为n维空间，而每个n元数组$(x_1, x_2, \cdots, x_n)$称为n维空间中的一个点，记作$P(x_1, x_2, \cdots, x_n)$. 数x_i称为该点的第i个坐标. n维空间记作R^n，从而$R = R^1$

表示直线上点的全体,而 R^2 就表示平面上点的全体.

n 维空间 R^n 中的两点 $P(x_1, x_2, \cdots, x_n)$ 与 $Q(y_1, y_2, \cdots, y_n)$ 之间的距离定义为

$$|PQ|=\sqrt{(y_1-x_1)^2+(y_2-x_2)^2+\cdots+(y_n-x_n)^2}.$$

于是 $P_0 \in R^n$ 的 δ 邻域是点集

$$U(P_0, \delta)=\{P \mid |PP_0|<\delta, P \in R^n\}.$$

类似地,可以定义 R^n 中的内点、开集、区域等概念.

二、多元函数

在给出多元函数定义之前,我们先举几个实例.

例 1 圆锥体的体积 V 和它的底半径 r,高 h 之间具有关系

$$V=\frac{1}{3}\pi r^2 h.$$

即变量 V 依赖于两个变量 r 及 h,其中 $r>0, h>0$.

例 2 任意三维向量 $\boldsymbol{a}=(x, y, z)$ 的长度

$$|\boldsymbol{a}|=\sqrt{x^2+y^2+z^2}.$$

它依赖于三个变量 x、y、z,并且 $(x, y, z) \in R^3$.

例 3 实际中常要测量某一物理量 P 的值,由于每次测量都有一定的误差,因此常取 n 次测量值的算术平均值 $\bar{x}$ 作为 P 最终的测量值. 若用 x_i 表示 P 的第 i 次测量值,那么

$$\bar{x}=\frac{x_1+x_2+\cdots+x_n}{n}.$$

即变量 $\bar{x}$ 依赖于 n 个变量 $x_1, x_2, \cdots, x_n$. 并且 $(x_1, x_2, \cdots, x_n)$ 在 R^n 的某个子集中变化.

上述三例的具体意义虽各不相同,但它们却有着这样的共同性质,即某一变量的变化依赖于多个变量的变化. 而这正是多元函数的实质所在.

1. 二元函数的定义

定义 1 **设 D 为一非空的平面点集,如果对任意一点 $P(x, y) \in D$,变量 z 按照一定的法则 f 总有唯一确定的数值与之对应,则称 z 是变量 x、y 的二元函数(或点 P 的函数),记作**

$$z=f(x, y) \quad 或 \quad z=f(P).$$

并称 x、y 为自变量，z 为因变量，D 为定义域. 当自变量 (x, y) 在 D 中取定某一具体点 (x_0, y_0) 时，因变量 z 的相应值 $z_0=f(x_0, y_0)$ 叫作函数 $z=f(x, y)$ 在点 (x_0, y_0) 处的函数值，通常也记作 $z\big|_{\substack{x=x_0\\y=y_0}}$. 所有函数值的全体组成的点集

$$\{z \mid z=f(x, y), (x, y)\in D\}$$

叫作该函数的值域.

二元函数的定义域确定规则与一元函数一样. 当二元函数以解析式的形式表达时，其定义域就是使此算式有意义的一切 (x, y) 组成的平面点集. 如果 x、y 还代表某些具体的量，则确定定义域时还应联系实际考虑 (x, y) 的范围. 例如，二元函数 $z=\dfrac{xy}{\sqrt{1-x^2-y^2}}$ 的定义域为适合 $1-x^2-y^2>0$ 的点的全体，从而其定义域为 $D=\{(x, y) \mid x^2+y^2>1\}$. 而当我们考虑例 1 得到的二元函数 $V=V(r, h)=\dfrac{1}{3}\pi r^2 h$ 的定义域为 $D=\{(r, h) \mid r>0 且 h>0\}$.

2. 二元函数的图形

与一元函数一样，二元函数也有直观的几何图形. 设函数 $z=f(x, y)$ 的定义域为 D，在 D 中任意取定一点 $P(x, y)$，对应的函数值为 $z=f(x, y)$. 于是以 x 为横坐标、y 为纵坐标、z 为竖坐标在空间就确定一点 $M(x, y, z)$. 当点 (x, y) 取遍 D 中一切点时，得到一个空间点集 $\{(x, y, z) \mid (x, y)\in D, z=f(x, y)\}$，这个点集称为二元函数 $z=f(x, y)$ 的图形（见图 8-3）. 例如函数 $z=\sqrt{1-x^2-y^2}$，其定义域为 xOy 平面上的圆域 $D=\{(x, y) \mid x^2+y^2\leqslant 1\}$，由空间解析几何知其图形 $\{(x, y, z) \mid (x, y)\in D, z=\sqrt{1-x^2-y^2}\}$ 为球心在原点、半径为 1 的上半球面. 通常二元函数的图形是空间的一张曲面，曲面的方程正是该函数的具体表达式，而曲面在 xOy 面的投影也正是此函数的定义域.

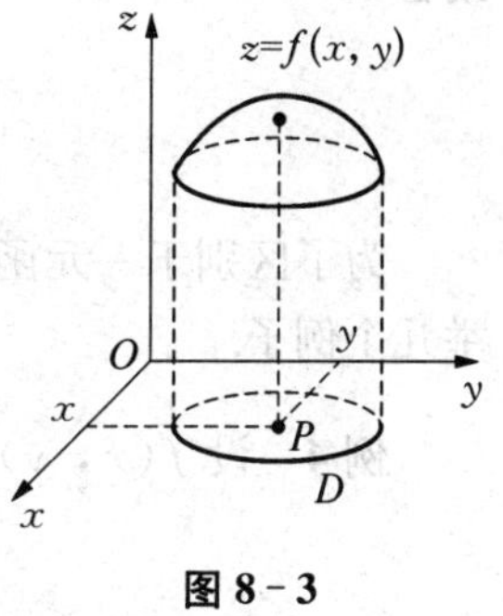

图 8-3

3. n 元函数的定义

由定义 1 可类似地定义 n 元函数.

定义 2　设 D 为 R^n 中的一个非空点集，如果对任意一点 $P(x_1, x_2, \cdots, x_n)\in D$，变量 u 按照一定的法则 f 总有唯一确定的数值与之对应，则称 u 是变量 $x_1, x_2, \cdots, x_n$ 的 n 元函数(或点 P 的函数)，记作

$$u=f(x_1, x_2, \cdots, x_n) \quad 或 \quad u=f(P).$$

并称 $x_1, x_2, \cdots, x_n$ 为自变量，u 为因变量，D 为定义域. 当 $n=1$ 时，就是一元函数；当 $n \geqslant 2$ 时，n 元函数统称为多元函数.

三、多元函数的极限

现在我们以二元函数为例来讨论多元函数的极限问题.

设函数 $z=f(x, y)$ 在点 $P_0(x_0, y_0)$ 的某个去心邻域 $\mathring{U}(P_0)$ 内有定义，$P(x, y)$ 是 $\mathring{U}(P_0)$ 内任意一点，如果当点 $P(x, y)$ 以任何方式无限接近点 $P_0(x_0, y_0)$ 时，$z=f(x, y)$ 与某一确定的常数 A 任意靠近，就称常数 A 为函数 $z=f(x, y)$ 当点 $P(x, y)$ 趋近于定点 $P_0(x_0, y_0)$ 时的极限. 这里点 $P(x, y)$ 以任何方式无限接近于定点 $P_0(x_0, y_0)$ 是指 $|PP_0|$ 趋近于零. 下面给出严格定义.

定义 3　设函数 $z=f(x, y)$ 在点 $P_0(x_0, y_0)$ 的某一去心邻域 $\mathring{U}(P_0)$ 内有定义，A 为一常数. 如果对于任意给定的 $\varepsilon>0$，存在 $\delta>0$，当 $P(x, y)$ 属于 $\mathring{U}(P_0)$ 且 $|PP_0|=\sqrt{(x-x_0)^2+(y-y_0)^2}<\delta$ 时，都有

$$|f(x, y)-A|<\varepsilon,$$

则称 A 为函数 $z=f(x, y)$ 当 $P(x, y)$ 趋近于 $P_0(x_0, y_0)$ 时的极限. 记为

$$\lim_{(x, y)\to(x_0, y_0)} f(x, y)=A,$$

或者

$$\lim_{\substack{x\to x_0\\ y\to y_0}} f(x, y)=A.$$

为了区别于一元函数的极限，一般把上述二元函数的极限叫作二重极限. 下面举几个例子.

例 4　设 $f(x, y)=(x^2+y^2)\sin\dfrac{1}{x^2+y^2}$，求证

$$\lim_{\substack{x\to 0\\ y\to 0}} f(x, y)=0.$$

证　因为

$$\left|(x^2+y^2)\sin\frac{1}{x^2+y^2}-0\right|=(x^2+y^2)\left|\sin\frac{1}{x^2+y^2}\right|\leqslant x^2+y^2,$$

可见，对任意给定的 $\varepsilon>0$，取 $\delta=\sqrt{\varepsilon}$，则当

$(x, y)\neq(0, 0)$ 且 $\sqrt{(x-0)^2+(y-0)^2}<\delta$ 时，就有

$$\left|(x^2+y^2)\sin\frac{1}{x^2+y^2}-0\right|<\varepsilon,$$

所以 $\lim\limits_{\substack{x\to 0\\ y\to 0}} f(x, y)=0.$

在一元函数极限中，当且仅当 $\lim\limits_{x\to x_0^+} f(x)=A$ 及 $\lim\limits_{x\to x_0^-} f(x)=A$ 时，才有 $\lim\limits_{x\to x_0} f(x)=A$. 但对二元函数来说，点 $P(x, y)$趋于点 $P_0(x_0, y_0)$的方式却有无穷多种. 因此，如果 $P(x, y)$以某些特殊方式趋于 $P_0(x_0, y_0)$时，即使函数无限接近某一常数，还是不能由此断定函数的极限存在；反之，如果 $P(x, y)$沿着两种不同的路径趋近于 $P_0(x_0, y_0)$时，函数趋近于两个不同的数值，则可以断定此极限一定不存在.

例 5　考察函数

$$f(x, y)=\begin{cases}\dfrac{xy}{x^2+y^2}, & x^2+y^2\neq 0,\\ 0, & x^2+y^2=0\end{cases}$$

的极限 $\lim\limits_{\substack{x\to 0\\ y\to 0}} f(x, y)$ 是否存在.

当点 $P(x, y)$沿着直线 $y=kx$ 趋于点(0, 0)时，我们得到

$$\lim_{\substack{x\to 0\\ y\to 0}}\frac{xy}{x^2+y^2}=\lim_{\substack{x\to 0\\ y\to 0}}\frac{kx^2}{x^2+k^2x^2}=\frac{k}{1+k^2}.$$

显然此极限随着 k 的值不同而改变，因此极限$\lim\limits_{\substack{x\to 0\\ y\to 0}} f(x, y)$不存在.

如果函数 $z=f(x, y)$ 在有界闭区域 D 上定义，点 $P_0(x_0, y_0)$是 D 的一个边界点，那么点 $P(x, y)$以任何方式趋于 $P_0(x_0, y_0)$是指点 $P(x, y)$在 D 上与 $P_0(x_0, y_0)$的距离$|PP_0|$趋于零. 这一规定与一元函数 $y=f(x)$ 在区间$[a, b]$端点处只要求单侧极限存在是一致的.

下面给出 n 元函数的极限定义.

定义 4　**设 n 元函数 $u=f(P)$在点 P_0 的某个去心邻域 $\mathring{U}(P_0)$内有定义，A 为一常数. 如果对于任意给定的 $\varepsilon>0$，存在 $\delta>0$，当 $P\in\mathring{U}(P_0)$ 且 $|PP_0|<\delta$ 时，都有**

$$|f(P)-A|<\varepsilon,$$

则称 A 为函数 $y=f(P)$ 当 P 趋近于 P_0 时的极限.

记为

$$\lim_{P\to P_0} f(P)=A \quad 或 \quad f(P)\to A(P\to P_0).$$

四、多元函数的连续性

利用二元函数的极限概念,即可以描述二元函数的连续性.

定义 5　设二元函数 $z=f(x, y)$ 在开区域 D 内或闭区域 D 上有定义, $P_0(x_0, y_0)\in D$. 如果

$$\lim_{\substack{x\to x_0\\ y\to y_0}} f(x, y)=f(x_0, y_0),$$

则称函数 $z=f(x, y)$ 在 $P_0(x_0, y_0)$点连续.

如果 $z=f(x, y)$ 在 D 内每一点都连续,则称 $z=f(x, y)$ 是 D 内的一个连续函数. 并称 $z=f(x, y)$ 在 D 内连续. 此时二元函数的图形是一张无孔隙、无裂缝的曲面. 例如,函数 $z=\dfrac{1}{\sqrt{1-x^2-y^2}}$ 就是 $D=\{(x, y)\mid x^2+y^2<1\}$ 内的一个连续函数,其图形上无孔也无缝.

若记

$$\Delta x=x-x_0;\ \Delta y=y-y_0;$$
$$\Delta z=f(x_0+\Delta x, y_0+\Delta y)-f(x_0, y_0),$$

并称 Δx 为自变量 x 在 x_0 点的增量,Δy 为自变量 y 在 y_0 点的增量;Δz 为相应于自变量的增量 Δx、Δy 的函数的全增量,则 $z=f(x, y)$ 在(x_0, y_0)点连续就是

$$\lim_{\rho\to 0}\Delta z=0,\text{其中 } \rho=\sqrt{(\Delta x)^2+(\Delta y)^2}.$$

此式从本质上反映了函数 $z=f(x, y)$ 在(x_0, y_0)点的连续性.

上述定义 5 包含三个条件: ① $f(x_0, y_0)$存在;② 当 $P(x, y)$趋近于 $P_0(x_0, y_0)$时,$f(x, y)$的极限存在;③ $f(x, y)$的极限值等于函数值 $f(x_0, y_0)$. 也即只有当上述三个条件同时成立时,$f(x, y)$才在点(x_0, y_0)处连续. 如果此三条中只要有一条不成立,则称函数在 $P_0(x_0, y_0)$ 处间断. 并称 $P_0(x_0, y_0)$为函数的一个间断点. 二元函数的间断点可以是孤立的一点,也可以形成一条曲线. 例如,在例 5 中我们已经证明函数

$$f(x, y)=\begin{cases}\dfrac{xy}{x^2+y^2}, & x^2+y^2\neq 0,\\ 0, & x_2+y_2=0\end{cases}$$

的极限$\lim\limits_{\substack{x\to 0\\ y\to 0}} f(x, y)$不存在. 所以$(0, 0)$点是此函数唯一的一个间断点. 而函数 $z=$

$\cos\dfrac{1}{x^2+y^2-1}$ 在圆周 $x^2+y^2=1$ 上每一点都没有定义，因而该圆周上的所有点都是它的间断点.

我们已经指出，一元函数中的极限运算法则对于多元函数仍然适用. 因此根据极限运算法则，可以证明多元连续函数的和、差、积、商(分母不为零处)仍是连续函数；多元连续函数的复合函数也是连续函数.

与一元初等函数相类似，多元初等函数也是可由一个式子所表示的函数，而且这个式子是由含多个自变量的基本初等函数经过有限次的四则运算和复合步骤所构成的. 例如，$\sin xy\ln(x+y)$是一个多元初等函数.

根据上面指出的连续函数的运算性质，我们可进一步得到结论：一切多元初等函数在其定义区域内都是连续的. 所谓定义区域是指包含在定义域内的区域. 于是，如果 $f(P)$是一个多元初等函数，P_0 是其定义区域内一点，则有 $\lim\limits_{P\to P_0}f(P)=f(P_0)$. 从而在求极限时，只要计算相应点的函数值即可.

例 6　求 $\lim\limits_{\substack{x\to 0\\ y\to 1}}\dfrac{x+y}{\sqrt{x^2+y^2}}$.

解
$$\lim_{\substack{x\to 0\\ y\to 1}}\frac{x+y}{\sqrt{x^2+y^2}}=\frac{x+y}{\sqrt{x^2+y^2}}\bigg|_{\substack{x=0\\ y=1}}=1.$$

例 7　求 $\lim\limits_{\substack{x\to\infty\\ y\to\infty}}\arctan\dfrac{2}{xy}$.

解　令 $x=\dfrac{1}{u}$，$y=\dfrac{1}{v}$. 当 $x\to\infty$，$y\to\infty$ 时，$u\to 0$，$v\to 0$. 从而

$$\lim_{\substack{x\to\infty\\ y\to\infty}}\arctan\frac{2}{xy}=\lim_{\substack{u\to 0\\ v\to 0}}\arctan(2uv),$$

而 $f(u, v)=\arctan(2uv)$ 在$(0, 0)$点连续，因此

$$\lim_{\substack{u\to 0\\ v\to 0}}f(u, v)=f(0, 0)=0.$$

所以
$$\lim_{\substack{x\to\infty\\ y\to\infty}}\arctan\frac{2}{xy}=0.$$

例 8　求 $\lim\limits_{\substack{x\to 0\\ y\to 0}}\dfrac{xy}{\sqrt{xy+1}-1}$.

解
$$\lim_{\substack{x\to 0\\ y\to 0}}\frac{xy}{\sqrt{xy+1}-1}=\lim_{\substack{x\to 0\\ y\to 0}}\frac{xy(\sqrt{xy+1}+1)}{(xy+1)-1}=\lim_{\substack{x\to 0\\ y\to 0}}(\sqrt{xy+1}+1)=2.$$

在学习一元函数的连续性时，我们知道在闭区间$[a, b]$上有定义的连续函数$y=f(x)$有许多重要的性质，这些性质对于在有界闭区域上连续的多元函数也是成立的. 现在不加证明地叙述如下.

定理 1 (最大值和最小值定理)有界闭区域 D 上的多元连续函数 $f(P)$，必定在 D 上取得最大值和最小值. 即在 D 上至少有一点 P_1 及一点 P_2，使得 $f(P_1)$为最大值，$f(P_2)$为最小值，也即对一切 $P \in D$ 都有

$$f(P_2) \leqslant f(P) \leqslant f(P_1).$$

推论 (有界性定理)有界闭区域 D 上的多元连续函数，必定在该区域上有界. 即存在常数 $M>0$ 使得对一切 $P \in D$ 都有

$$|f(P)| \leqslant M.$$

定理 2 (介值定理)有界闭区域 D 上的多元连续函数 $f(P)$，如果取得两个不同的函数值，则它在 D 上必定取得介于这两个值之间的任一值至少一次. 特别地，如果 μ 是函数的最小值和最大值之间的一个数，则在 D 上至少有一点 Q，使得 $f(Q)=\mu$.

***定理 3** (一致连续性定理)有界闭区域 D 上的多元连续函数 $f(P)$ 必定在 D 上一致连续. 即如果 $f(P)$ 在 D 上连续，则对任意给定的正数 ε，总存在一个正数 δ，使得对于 D 上的任意两点 P_1 和 P_2，只要 $|P_1P_2|<\delta$ 就有

$$|f(P_1)-f(P_2)|<\varepsilon.$$

习题 8-1

1. 已知函数 $f(x, y)=x^2+y^2-xy\tan\dfrac{x}{y}$，试求 $f(tx, ty)$.

2. 试证函数 $f(x, y)=\ln x \cdot \ln y$ 满足关系式

$$f(xy, uv)=f(x, u)+f(x, v)+f(y, u)+f(y, v).$$

3. 设函数 $f(x, y)=x^3-2xy+3y^2$，试求 $f\left(1, \dfrac{2}{y}\right)$.

4. 确定下列各函数的定义域：

(1) $z=\ln[(16-x^2-y^2)(x^2+y^2-4)]$；

(2) $z=\dfrac{1}{\sqrt{x+y}}+\dfrac{1}{\sqrt{x-y}}$；　　(3) $z=\sqrt{x-\sqrt{y}}$；

(4) $z=\sqrt{1-x^2}+\sqrt{y^2-1}$；　　(5) $u=\arccos\dfrac{z}{\sqrt{x^2+y^2}}$；

(6) $u=\sqrt{R^2-x^2-y^2-z^2}+\dfrac{1}{\sqrt{x^2+y^2+z^2-r^2}}$, $R>r>0$.

5. 求下列各极限：

(1) $\lim\limits_{\substack{x\to 1\\ y\to 2}}\dfrac{3xy+x^2y^2}{x+y}$；　(2) $\lim\limits_{\substack{x\to 1\\ y\to 0}}\dfrac{\ln(x+e^y)}{\sqrt{x^2+y^2}}$；

(3) $\lim\limits_{\substack{x\to 0\\ y\to 3}}\dfrac{\sin xy}{y}$；　(4) $\lim\limits_{\substack{x\to 1\\ y\to 1}}\dfrac{x-y}{x^2-y^2}$；

(5) $\lim\limits_{\substack{x\to 0\\ y\to 0}}\dfrac{2-\sqrt{xy+4}}{xy}$；　(6) $\lim\limits_{\substack{x\to 0\\ y\to 0}}\dfrac{1-\cos(x^2+y^2)}{(x^2+y^2)x^2y^2}$；

(7) $\lim\limits_{\substack{x\to +\infty\\ y\to +\infty}}(x^2+y^2)e^{-(x+y)}$.

6. 证明下列极限不存在：

(1) $\lim\limits_{\substack{x\to 0\\ y\to 0}}\dfrac{x+y}{x-y}$；　(2) $\lim\limits_{\substack{x\to 0\\ y\to 0}}\dfrac{x^2y^2}{x^2y^2+(x-y)^2}$；

(3) $\lim\limits_{\substack{x\to 0\\ y\to 0}}\dfrac{xy}{x^2-y^2}$；　(4) $\lim\limits_{\substack{x\to 0\\ y\to 0}}\dfrac{x^4y^4}{(x^2+y^4)^3}$.

7. 证明

(1) $\lim\limits_{\substack{x\to 0\\ y\to 0}}\dfrac{xy^2}{\sqrt{x^2+y^2}}=0$；　(2) $\lim\limits_{\substack{x\to 0\\ y\to 0}}(x+y)\sin\dfrac{1}{x}=0$.

8. 求常数 c，使函数

$$f(x,y)=\begin{cases}\dfrac{3xy}{\sqrt{x^2+y^2}}, & x^2+y^2\neq 0,\\ c, & x^2+y^2=0\end{cases}$$

在原点处连续.

9. 函数 $z=\dfrac{y^2+2x}{y^2-2x}$ 在何处是间断的?

第二节　偏　导　数

一、偏导数的定义与计算

在一元函数中，我们从研究函数的变化率引入了导数的概念，对于多元函数同样要研究它的变化率,但由于多元函数的自变量不止一个,其变化率问题比一元函数复杂.因此首先考虑多元函数关于其中一个自变量的变化率.即讨论只有一个自变量变化,而其余自变量固定不变时函数的变化率.这就引出了偏导数的概念.

定义　设函数 $z=f(x,y)$ 在区域 D 内有定义,$(x_0,y_0)\in D$. 当 y 固定在 y_0 而 x 在 x_0 获得增量 Δx 时,相应地函数关于 x 的偏增量

$$\Delta_x z=f(x_0+\Delta x,y_0)-f(x_0,y_0)$$

如果极限

$$\lim_{\Delta x\to 0}\frac{\Delta_x z}{\Delta x}=\lim_{\Delta x\to 0}\frac{f(x_0+\Delta x,y_0)-f(x_0,y_0)}{\Delta x}\tag{8-1}$$

存在,则称此极限为函数 $z=f(x,y)$ 在点(x_0,y_0)处对 x 的偏导数,记作

$$\left.\frac{\partial z}{\partial x}\right|_{\substack{x=x_0\\y=y_0}},\quad \left.\frac{\partial f}{\partial x}\right|_{\substack{x=x_0\\y=y_0}},\quad \left.z'_x\right|_{\substack{x=x_0\\y=y_0}}\quad 或\quad f'_x(x_0,y_0).$$

同理,函数在点(x_0,y_0)处对 y 的偏导数,记作

$$\left.\frac{\partial z}{\partial y}\right|_{\substack{x=x_0\\y=y_0}},\quad \left.\frac{\partial f}{\partial y}\right|_{\substack{x=x_0\\y=y_0}},\quad \left.z'_y\right|_{\substack{x=x_0\\y=y_0}}\quad 或\quad f'_y(x_0,y_0)$$

表示下列极限

$$\lim_{\Delta y\to 0}\frac{\Delta_y z}{\Delta y}=\lim_{\Delta y\to 0}\frac{f(x_0,y_0+\Delta y)-f(x_0,y_0)}{\Delta y}.\tag{8-2}$$

其中

$$\Delta_y z=f(x_0,y_0+\Delta y)-f(x_0,y_0)$$

称为函数关于 y 的偏增量.

如果函数 $z=f(x,y)$ 在区域 D 内每一点 $P(x,y)$处都有偏导数 $f'_x(x,y)$ 及 $f'_y(x,y)$,则它们仍为 D 内的二元函数.此时我们分别称 $f'_x(x,y)$和 $f'_y(x,y)$为函数 $z=f(x,y)$ 对自变量 x 及 y 的偏导函数,记作

$$\frac{\partial z}{\partial x},\ \frac{\partial z}{\partial y}\ 或\ \frac{\partial f}{\partial x},\ \frac{\partial f}{\partial y}\ 或\ f'_x(x,y),\ f'_y(x,y)\ 等.$$

以后在不致混淆的地方也把偏导函数简称为偏导数.

以上偏导数的定义、记号和结论都可以类似地推广到二元以上的多元函数中去.例如,三元函数 $u=f(x,y,z)$ 在点(x_0,y_0,z_0)处对 y 的偏导数定义为

$$f'_y(x_0,y_0,z_0)=\lim_{\Delta y\to 0}\frac{f(x_0,y_0+\Delta y,z_0)-f(x_0,y_0,z_0)}{\Delta y}.$$

例 1　求 $z=x^2y+xy^2+4xy$ 在(1, 2)处的偏导数.

解　把 y 看作常数,得

$$\frac{\partial z}{\partial x}=2xy+y^2+4y,$$

把 x 看作常数,得

$$\frac{\partial z}{\partial y}=x^2+2xy+4x.$$

将(1, 2)代入得

$$\left.\frac{\partial z}{\partial x}\right|_{\substack{x=1\\y=2}}=16,\quad \left.\frac{\partial z}{\partial y}\right|_{\substack{x=1\\y=2}}=9.$$

例 2　求 $z=\arctan\dfrac{y}{x}$ 的偏导数.

解
$$\frac{\partial z}{\partial x}=\frac{1}{1+\left(\dfrac{y}{x}\right)^2}\cdot\frac{-y}{x^2}=-\frac{y}{x^2+y^2};$$

$$\frac{\partial z}{\partial y}=\frac{1}{1+\left(\dfrac{y}{x}\right)^2}\cdot\frac{1}{x}=\frac{x}{x^2+y^2}.$$

例 3　设 $z=x^y(x>0,\ x\neq 1)$,求证

$$\frac{x}{y}\frac{\partial z}{\partial x}+\frac{1}{\ln x}\frac{\partial z}{\partial y}=2z.$$

证　因为 $\dfrac{\partial z}{\partial x}=yx^{y-1}$,$\dfrac{\partial z}{\partial y}=x^y\ln x$,所以

$$\frac{x}{y}\frac{\partial z}{\partial x}+\frac{1}{\ln x}\frac{\partial z}{\partial y}=\frac{x}{y}\cdot yx^{y-1}+\frac{1}{\ln x}\cdot x^y\ln x$$
$$=x^y+x^y=2z.$$

例 4　设 $r=\sqrt{x^2+y^2+z^2}$,求证

$$x\frac{\partial r}{\partial x}+y\frac{\partial r}{\partial y}+z\frac{\partial r}{\partial z}=r.$$

证　把 y 和 z 看作常量,得

$$\frac{\partial r}{\partial x}=\frac{x}{\sqrt{x^2+y^2+z^2}}=\frac{x}{r};$$

类似地,有 $\frac{\partial r}{\partial y}=\frac{y}{r}$, $\frac{\partial r}{\partial z}=\frac{z}{r}$,于是有

$$x\frac{\partial r}{\partial x}+y\frac{\partial r}{\partial y}+z\frac{\partial r}{\partial z}=\frac{x^2+y^2+z^2}{r}=r.$$

例 5 已知理想气体的状态方程 $pV=RT$(R 为常数),求证

$$\frac{\partial p}{\partial V}\cdot\frac{\partial V}{\partial T}\cdot\frac{\partial T}{\partial p}=-1.$$

证 因为

$$p=\frac{RT}{V},\quad \frac{\partial p}{\partial V}=-\frac{RT}{V^2};$$

$$V=\frac{RT}{p},\quad \frac{\partial V}{\partial T}=\frac{R}{p};$$

$$T=\frac{pV}{R},\quad \frac{\partial T}{\partial p}=\frac{V}{R};$$

所以

$$\frac{\partial p}{\partial V}\cdot\frac{\partial V}{\partial T}\cdot\frac{\partial T}{\partial p}=-\frac{RT}{V^2}\cdot\frac{R}{p}\cdot\frac{V}{R}=-\frac{RT}{pV}=-1.$$

此例说明偏导数这种记号是一个整体记号,它不能看作分子与分母之商. 这一点与一元函数 $y=f(x)$ 的导数记号 $\frac{\mathrm{d}y}{\mathrm{d}x}$ 是不同的.

二元函数 $z=f(x,y)$ 在 (x_0,y_0) 处的偏导数有如下的几何意义.

过曲面 Σ: $z=f(x,y)$ 上点 $M(x_0,y_0,f(x_0,y_0))$ 作平面 $y=y_0$,截此曲面得一曲线,此曲线在平面 $y=y_0$ 上的方程为 $z=f(x,y_0)$,则 $f'_x(x_0,y_0)=\frac{\mathrm{d}}{\mathrm{d}x}f(x,y_0)\big|_{x=x_0}$ 就是这曲线在点 M 处的切线对 x 轴的斜率(见图 8-4). 因此 $f'_x(x_0,y_0)$ 在几何上表示空间曲线

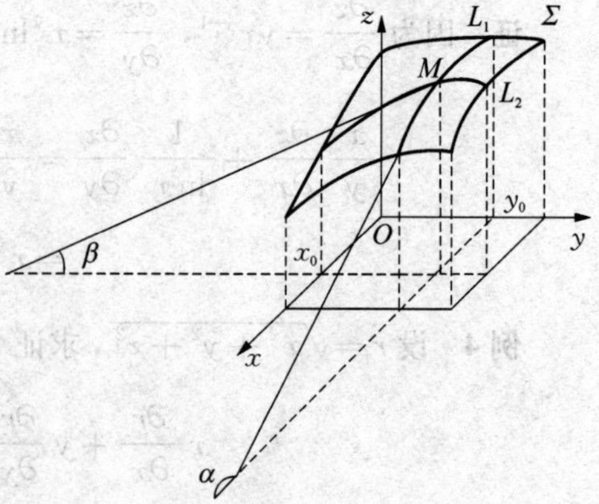

图 8-4

$$(L_1)\begin{cases} z=f(x,y), \\ y=y_0 \end{cases}$$

在点 $M(x_0, y_0, f(x_0, y_0))$ 处的切线对 x 轴的斜率 $\tan\alpha$. 同理 $f_y'(x_0, y_0)$ 在几何上表示空间曲线

$$(L_2)\begin{cases} z=f(x,y), \\ x=x_0 \end{cases}$$

在点 $M(x_0, y_0, f(x_0, y_0))$ 处的切线对 y 轴的斜率 $\tan\beta$.

二、高阶偏导数

设函数 $z=f(x,y)$ 在区域 D 内具有偏导数,则 $f_x'(x,y)$ 和 $f_y'(x,y)$ 仍然是 x 与 y 的二元函数. 如果它们也有各自的偏导数,则称其为 $z=f(x,y)$ 的二阶偏导数. 按照对变量求导次序的不同,函数 $z=f(x,y)$ 共有四个二阶偏导数:

$$\frac{\partial}{\partial x}\left(\frac{\partial z}{\partial x}\right)=\frac{\partial^2 z}{\partial x^2}=f_{xx}''(x,y), \qquad \frac{\partial}{\partial y}\left(\frac{\partial z}{\partial x}\right)=\frac{\partial^2 z}{\partial x\partial y}=f_{xy}''(x,y),$$

$$\frac{\partial}{\partial x}\left(\frac{\partial z}{\partial y}\right)=\frac{\partial^2 z}{\partial y\partial x}=f_{yx}''(x,y), \qquad \frac{\partial}{\partial y}\left(\frac{\partial z}{\partial y}\right)=\frac{\partial^2 z}{\partial y^2}=f_{yy}''(x,y).$$

其中 $f_{xy}''(x,y)$ 和 $f_{yx}''(x,y)$ 称为二阶混合偏导数.

同理,可定义三阶、四阶乃至 n 阶偏导数. 二阶及二阶以上的偏导数称为高阶偏导数. 而 $f_x'(x,y)$ 及 $f_y'(x,y)$ 通常也称作一阶偏导数.

例 6　求 $z=\arctan\dfrac{y}{x}$ 的二阶偏导数.

解　由例 2 知

$$\frac{\partial z}{\partial x}=-\frac{y}{x^2+y^2}, \qquad \frac{\partial z}{\partial y}=\frac{x}{x^2+y^2}.$$

所以

$$\frac{\partial^2 z}{\partial x^2}=\frac{\partial}{\partial x}\left(-\frac{y}{x^2+y^2}\right)=\frac{2xy}{(x^2+y^2)^2},$$

$$\frac{\partial^2 z}{\partial x\partial y}=\frac{\partial}{\partial y}\left(\frac{-y}{x^2+y^2}\right)=\frac{y^2-x^2}{(x^2+y^2)^2},$$

$$\frac{\partial^2 z}{\partial y\partial x}=\frac{\partial}{\partial x}\left(\frac{x}{x^2+y^2}\right)=\frac{y^2-x^2}{(x^2+y^2)^2},$$

$$\frac{\partial^2 z}{\partial y^2}=\frac{\partial}{\partial y}\left(\frac{x}{x^2+y^2}\right)=\frac{-2xy}{(x^2+y^2)^2}.$$

例 7 设 $z=x^3y^2-3xy^3-xy+1$，求 $\frac{\partial^2 z}{\partial x^2}$、$\frac{\partial^2 z}{\partial y\partial x}$、$\frac{\partial^2 z}{\partial x\partial y}$、$\frac{\partial^2 z}{\partial y^2}$ 及 $\frac{\partial^3 z}{\partial x^3}$.

解 $\frac{\partial z}{\partial x}=3x^2y^2-3y^3-y$，$\quad \frac{\partial z}{\partial y}=2x^3y-9xy^2-x$；

$\frac{\partial^2 z}{\partial x^2}=6xy^2$，$\quad \frac{\partial^2 z}{\partial y\partial x}=6x^2y-9y^2-1$；

$\frac{\partial^2 z}{\partial x\partial y}=6x^2y-9y^2-1$，$\quad \frac{\partial^2 z}{\partial y^2}=2x^3-18xy$；

$\frac{\partial^3 z}{\partial x^3}=6y^2$.

在此例中，虽然两个二阶混合偏导数 $\frac{\partial^2 z}{\partial x\partial y}$、$\frac{\partial^2 z}{\partial y\partial x}$ 求偏导数的先后次序不同，但是它们相等. 这并非巧合. 可以证明下述定理.

定理　如果函数 $z=f(x,y)$ 的两个二阶混合偏导数 $\frac{\partial^2 z}{\partial x\partial y}$ 和 $\frac{\partial^2 z}{\partial y\partial x}$ 在区域 D 内连续，则在该区域内有 $\frac{\partial^2 z}{\partial x\partial y}=\frac{\partial^2 z}{\partial y\partial x}$.

以上关于二元函数高阶偏导数的定义、记号及结论都可以推广到三元及三元以上的多元函数中去.

例 8 设 $u=\frac{1}{\sqrt{x^2+y^2+z^2}}$，验证

$$\frac{\partial^2 u}{\partial x^2}+\frac{\partial^2 u}{\partial y^2}+\frac{\partial^2 u}{\partial z^2}=0.$$

解 $\frac{\partial u}{\partial x}=-\frac{1}{x^2+y^2+z^2}\cdot\frac{2x}{2\sqrt{x^2+y^2+z^2}}$

$$=-\frac{x}{(x^2+y^2+z^2)^{\frac{3}{2}}},$$

$$\frac{\partial^2 u}{\partial x^2}=-\frac{(x^2+y^2+z^2)^{\frac{3}{2}}-x\cdot\frac{3}{2}(x^2+y^2+z^2)^{\frac{1}{2}}\cdot 2x}{(x^2+y^2+z^2)^3}$$

$$=-\frac{1}{(x^2+y^2+z^2)^{\frac{3}{2}}}+\frac{3x^2}{(x^2+y^2+z^2)^{\frac{5}{2}}}.$$

由 x、y、z 的对称性可以得到

$$\frac{\partial^2 u}{\partial y^2}=-\frac{1}{(x^2+y^2+z^2)^{\frac{3}{2}}}+\frac{3y^2}{(x^2+y^2+z^2)^{\frac{5}{2}}},$$

$$\frac{\partial^2 u}{\partial z^2}=-\frac{1}{(x^2+y^2+z^2)^{\frac{3}{2}}}+\frac{3z^2}{(x^2+y^2+z^2)^{\frac{5}{2}}}.$$

因而
$$\frac{\partial^2 u}{\partial x^2}+\frac{\partial^2 u}{\partial y^2}+\frac{\partial^2 u}{\partial z^2}$$

$$=-\frac{3}{(x^2+y^2+z^2)^{\frac{3}{2}}}+\frac{3(x^2+y^2+z^2)}{(x^2+y^2+z^2)^{\frac{5}{2}}}$$

$$=-\frac{3}{(x^2+y^2+z^2)^{\frac{3}{2}}}+\frac{3}{(x^2+y^2+z^2)^{\frac{3}{2}}}=0.$$

习题 8-2

1. 求下列函数的偏导数：

(1) $z=xy+\frac{x}{y}$；　　(2) $z=\sqrt{\ln(xy)}$；

(3) $z=\arcsin\frac{x}{\sqrt{x^2+y^2}}$；　　(4) $z=\sin(xy)+\cos^2(xy)$；

(5) $u=(1+xy)^z$；　　(6) $z=\tan\frac{y}{x}\cdot\sin(xy)$；

(7) $u=x\sin(y^z)$；　　(8) $u=x^{\frac{y}{z}}$.

2. 已知 $f(x, y)=x+(y-1)\arcsin\sqrt{\frac{x}{y}}$，求 $f'_x(x, 1)$.

3. 求曲线 $\begin{cases} z=\frac{x^2+y^2}{4} \\ y=4 \end{cases}$ 在点(2, 4, 5)处的切线与 x 轴正向的夹角.

4. 求下列函数指定阶的偏导数：

(1) $z=\ln(\mathrm{e}^x+\mathrm{e}^y)$, $\dfrac{\partial^2 z}{\partial x\partial y}$;

(2) $z=x\sin(xy)+y\cos(xy)$, $\dfrac{\partial^2 z}{\partial x^2}$ 和 $\dfrac{\partial^2 z}{\partial y^2}$;

(3) $u=\mathrm{e}^{xyz}$, $\dfrac{\partial^3 u}{\partial x\partial y\partial z}$.

5. 验证下列各题：

(1) $u=z\arctan\dfrac{x}{y}$ 满足 $\dfrac{\partial^2 u}{\partial x^2}+\dfrac{\partial^2 u}{\partial y^2}+\dfrac{\partial^2 u}{\partial z^2}=0$;

(2) $z=\mathrm{e}^{-\left(\frac{1}{x}+\frac{1}{y}\right)}$ 满足 $x^2\dfrac{\partial z}{\partial x}+y^2\dfrac{\partial z}{\partial y}=2z$;

(3) $u=\sin(x-at)+\cos(x+at)$ 满足 $\dfrac{\partial^2 u}{\partial t^2}=a^2\dfrac{\partial^2 u}{\partial x^2}$，其中 $a>0$ 为常数.

6. 求函数 $f(x, y)=\begin{cases}\dfrac{xy}{\sqrt{x^2+y^2}}, & x_2+y^2\neq 0,\\ 0, & x^2+y^2=0\end{cases}$ 的偏导数.

第三节　多元复合函数求导法则

假设函数 $z=f(u, v)$ 通过中间变量 $u=\varphi(x, y)$ 及 $v=\psi(x, y)$ 而成为 x、y 的复合函数

$$z=f[\varphi(x, y), \psi(x, y)].$$

现在要寻求一种直接由函数 $f(u, v)$ 及 $\varphi(x, y)$、$\psi(x, y)$ 的偏导数来计算 $\dfrac{\partial z}{\partial x}$ 和 $\dfrac{\partial z}{\partial y}$ 的方法. 关于这一问题有如下的定理.

定理 1　如果函数 $u=\varphi(x, y)$ 与 $v=\psi(x, y)$ 在点 (x, y) 有偏导数，函数 $z=f(u, v)$ 在对应点 (u, v) 有连续偏导数，则复合函数 $z=f[\varphi(x, y), \psi(x, y)]$ 在点 (x, y) 有对 x 与 y 的偏导数，且有下式：

$$\frac{\partial z}{\partial x}=\frac{\partial z}{\partial u}\cdot\frac{\partial u}{\partial x}+\frac{\partial z}{\partial v}\cdot\frac{\partial v}{\partial x},\tag{8-3}$$

$$\frac{\partial z}{\partial y}=\frac{\partial z}{\partial u}\cdot\frac{\partial u}{\partial y}+\frac{\partial z}{\partial v}\cdot\frac{\partial v}{\partial y}.\tag{8-4}$$

对于中间变量或自变量不只是两个的情形,式(8-3)与式(8-4)都可作相应的推广.例如,设 $z=f(u, v, w)$, $u=\varphi(x, y)$, $v=\psi(x, y)$, $w=\omega(x, y)$ 复合而得

$$z=f[\varphi(x, y), \psi(x, y), \omega(x, y)],$$

则在与定理 1 相应的条件下可得

$$\frac{\partial z}{\partial x}=\frac{\partial z}{\partial u}\cdot\frac{\partial u}{\partial x}+\frac{\partial z}{\partial v}\cdot\frac{\partial v}{\partial x}+\frac{\partial z}{\partial w}\cdot\frac{\partial w}{\partial x}, \tag{8-5}$$

$$\frac{\partial z}{\partial y}=\frac{\partial z}{\partial u}\cdot\frac{\partial u}{\partial y}+\frac{\partial z}{\partial v}\cdot\frac{\partial v}{\partial y}+\frac{\partial z}{\partial w}\cdot\frac{\partial w}{\partial y}. \tag{8-6}$$

特别地,如果 $z=f(u, x, y)$ 具有连续偏导数,而 $u=\varphi(x, y)$ 具有偏导数,则复合函数

$$z=f[\varphi(x, y), x, y]$$

具有对 x 及 y 的偏导数,且

$$\frac{\partial z}{\partial x}=\frac{\partial f}{\partial u}\cdot\frac{\partial u}{\partial x}+\frac{\partial f}{\partial x}, \tag{8-7}$$

$$\frac{\partial z}{\partial y}=\frac{\partial f}{\partial u}\cdot\frac{\partial u}{\partial y}+\frac{\partial f}{\partial y}. \tag{8-8}$$

必须注意,公式(8-7)中$\frac{\partial z}{\partial x}$与$\frac{\partial f}{\partial x}$有着不同的含义. $\frac{\partial z}{\partial x}$是指复合后的二元函数 $f[\varphi(x, y), x, y]$对 x 的偏导数,$\frac{\partial f}{\partial x}$是指复合之前的三元函数 $f(u, x, y)$对 x 的偏导数,这也正是我们使用不同记号的原因.同样,$\frac{\partial z}{\partial y}$与$\frac{\partial f}{\partial y}$也是类似的含义.

另外,如果中间变量 u、v 均为 t 的一元函数,即 $z=f(u, v)$ 与 $u=\varphi(t)$, $v=\psi(t)$ 复合而得

$$z=f[\varphi(t), \psi(t)],$$

则当 $u=\varphi(t)$, $v=\psi(t)$ 在 t 点可导, $z=f(u, v)$ 在相应点(u, v)具有连续偏导数时,复合函数也可导,且

$$\frac{\mathrm{d}z}{\mathrm{d}t}=\frac{\partial z}{\partial u}\cdot\frac{\mathrm{d}u}{\mathrm{d}t}+\frac{\partial z}{\partial v}\cdot\frac{\mathrm{d}v}{\mathrm{d}t}. \tag{8-9}$$

由于函数 u、v 都是 t 的一元函数，所以复合之后 z 成为 t 的一元函数，它们对 t 的导数都只能用一元函数导数的记号，而不用偏导数记号. 这个复合函数的导数 $\frac{\mathrm{d}z}{\mathrm{d}t}$ 称为全导数.

同样地，在相应的条件下，$z=f(u,v,w)$ 与 $u=\varphi(t)$，$v=\psi(t)$，$w=\omega(t)$ 复合之后有全导数

$$\frac{\mathrm{d}z}{\mathrm{d}t}=\frac{\partial z}{\partial u}\cdot\frac{\mathrm{d}u}{\mathrm{d}t}+\frac{\partial z}{\partial v}\cdot\frac{\mathrm{d}v}{\mathrm{d}t}+\frac{\partial z}{\partial w}\cdot\frac{\mathrm{d}w}{\mathrm{d}t}. \tag{8-10}$$

例 1　$z=u^2+v^2$，而 $u=2x+3y$，$v=x-2y$，求 $\frac{\partial z}{\partial x}$、$\frac{\partial z}{\partial y}$.

解　$$\frac{\partial z}{\partial x}=\frac{\partial z}{\partial u}\frac{\partial u}{\partial x}+\frac{\partial z}{\partial v}\frac{\partial v}{\partial x}=2u\cdot 2+2v\cdot 1$$

$$=4(2x+3y)+2(x-2y)=10x+8y,$$

$$\frac{\partial z}{\partial y}=\frac{\partial z}{\partial u}\frac{\partial u}{\partial y}+\frac{\partial z}{\partial v}\frac{\partial v}{\partial y}=2u\cdot 3+2v(-2)$$

$$=6(2x+3y)-4(x-2y)=8x+26y.$$

例 2　设 $z=uv+\sin t$，而 $u=\mathrm{e}^t$，$v=\cos t$. 求全导数 $\frac{\mathrm{d}z}{\mathrm{d}t}$.

解　$$\frac{\mathrm{d}z}{\mathrm{d}t}=\frac{\partial z}{\partial u}\frac{\mathrm{d}u}{\mathrm{d}t}+\frac{\partial z}{\partial v}\frac{\mathrm{d}v}{\mathrm{d}t}+\frac{\partial z}{\partial t}=v\mathrm{e}^t-u\sin t+\cos t$$

$$=\mathrm{e}^t\cos t-\mathrm{e}^t\sin t+\cos t=\mathrm{e}^t(\cos t-\sin t)+\cos t.$$

例 3　设 $u=f(x,y,z)=\mathrm{e}^{x^2+y^2+z^2}$，而 $z=x^2\sin y$. 求 $\frac{\partial u}{\partial x}$ 和 $\frac{\partial u}{\partial y}$.

解　$$\frac{\partial u}{\partial x}=\frac{\partial f}{\partial z}\cdot\frac{\partial z}{\partial x}+\frac{\partial f}{\partial x}$$

$$=2z\mathrm{e}^{x^2+y^2+z^2}\cdot 2x\sin y+2x\mathrm{e}^{x^2+y^2+z^2}$$

$$=2x(1+2x^2\sin^2 y)\mathrm{e}^{x^2+y^2+x^4\sin^2 y},$$

$$\frac{\partial u}{\partial y}=\frac{\partial f}{\partial z}\cdot\frac{\partial z}{\partial y}+\frac{\partial f}{\partial y}$$

$$=2z\mathrm{e}^{x^2+y^2+z^2}\cdot x^2\cos y+2y\mathrm{e}^{x^2+y^2+z^2}$$

$$=2(y+x^4\sin y\cos y)\mathrm{e}^{x^2+y^2+x^4\sin^2 y}.$$

例 4　设 $z=f(x, 2x+y, xy)$，其中 f 具有二阶连续偏导数，求 $\dfrac{\partial^2 z}{\partial x\partial y}$.

解　记 $u=x$, $v=2x+y$, $w=xy$，则 $z=f(u, v, w)$. 为表达简便起见，引入以下记号：

$$f'_1=\frac{\partial f(u, v, w)}{\partial u},\quad f''_{23}=\frac{\partial^2 f(u, v, w)}{\partial v\partial w}.$$

这里下标 1 表示对第一个变量 u 求偏导数，下标 3 表示对第三个变量 w 求偏导数，同理有 f''_{11}、f'_3、f''_{33} 等，因此

$$\begin{aligned}\frac{\partial z}{\partial x}&=f'_1\frac{\mathrm{d}u}{\mathrm{d}x}+f'_2\frac{\partial v}{\partial x}+f'_3\frac{\partial w}{\partial x}\\&=f'_1+2f'_2+yf'_3,\end{aligned}$$

其中 f'_1、f'_2、f'_3 仍是 u、v、w 的函数，进而是 x、y 的复合函数. 再对 y 求导，得

$$\frac{\partial^2 z}{\partial x\partial y}=\frac{\partial}{\partial y}\left(\frac{\partial z}{\partial x}\right)=\frac{\partial f'_1}{\partial y}+2\frac{\partial f'_2}{\partial y}+y\frac{\partial f'_3}{\partial y}+f'_3.$$

而

$$\begin{aligned}\frac{\partial f'_1}{\partial y}&=\frac{\partial f'_1}{\partial u}\cdot\frac{\partial u}{\partial y}+\frac{\partial f'_1}{\partial v}\cdot\frac{\partial v}{\partial y}+\frac{\partial f'_1}{\partial w}\cdot\frac{\partial w}{\partial y}\\&=f''_{11}\cdot 0+f''_{12}\cdot 1+f''_{13}\cdot x=f''_{12}+xf''_{13},\end{aligned}$$

同理

$$\frac{\partial f'_2}{\partial y}=f''_{22}+xf''_{23},\quad \frac{\partial f'_3}{\partial y}=f''_{32}+xf''_{33}.$$

分别代入上式，即得

$$\begin{aligned}\frac{\partial^2 z}{\partial x\partial y}&=(f''_{12}+xf''_{13})+2(f''_{22}+xf''_{23})\\&\quad+y(f''_{32}+xf''_{33})+f'_3\\&=f''_{12}+xf''_{13}+2f''_{22}+(2x+y)f''_{23}+xyf''_{33}+f'_3.\end{aligned}$$

习题 8-3

1. 求下列函数的一阶偏导数：

(1) $z=u^2\ln v$，而 $u=\dfrac{x}{y}$, $v=3x-2y$；

(2) $z=u^2v-uv^2$，而 $u=x\cos y$, $v=x\sin y$.

2. 求下列函数的全导数：

(1) $z=\arcsin\dfrac{x}{y}$，而 $y=\sqrt{x^2+1}$；

(2) $z=e^{x-2y}$，而 $x=\sin t,\ y=t^3$.

3. 设 $z=\arctan\dfrac{x}{y}$，而 $x=u+v,\ y=u-v$，试验证

$$\frac{\partial z}{\partial u}+\frac{\partial z}{\partial v}=\frac{u-v}{u^2+v^2}.$$

4. 设 $u=\sin x+F(\sin y-\sin x)$，$F$ 为可微函数，证明

$$\frac{\partial u}{\partial y}\cos x+\frac{\partial u}{\partial x}\cos y=\cos x\cos y.$$

5. 设 $z=xy+xf(u)$，而 $u=\dfrac{y}{x}$，f 为可微函数，证明

$$x\frac{\partial z}{\partial x}+y\frac{\partial z}{\partial y}=z+xy.$$

6. 设 $u=f(x-y,\ y-z,\ t-z)$，其中 f 有连续偏导数，求

$$\frac{\partial u}{\partial x}+\frac{\partial u}{\partial y}+\frac{\partial u}{\partial z}+\frac{\partial u}{\partial t}.$$

7. 设 f 有连续偏导数，引入中间变量求下列各函数的偏导数：

(1) $z=f(xy,\ x^2+y^2)$；　　(2) $u=f\left(\dfrac{x}{y},\ \dfrac{y}{z}\right)$；

(3) $u=f(x,\ xy,\ xyz)$；　　(4) $z=\dfrac{xy\arctan(xy+x+y)}{x+y}$.

8. 设 f、g 有二阶连续偏函数，试求下列指定的偏导数：

(1) $z=f(x^2+y^2)$，求 $\dfrac{\partial^2 z}{\partial x^2}$、$\dfrac{\partial^2 z}{\partial x\partial y}$ 和 $\dfrac{\partial^2 z}{\partial y^2}$；

(2) $z=f(\sin x,\ \cos y,\ e^{x+y})$，求 $\dfrac{\partial^2 z}{\partial x\partial y}$；

(3) $z=xf\left(\dfrac{y}{x}\right)+g\left(\dfrac{y}{x}\right)$，求 $\dfrac{\partial^2 z}{\partial x^2}$ 和 $\dfrac{\partial^2 z}{\partial y^2}$；

(4) $u=f(x,\ y,\ z)$ 而 $z=\ln\sqrt{x^2+y^2}$，求 $\dfrac{\partial^2 u}{\partial u\partial y}$；

(5) $u=f[\varphi(x)-y,\ x+\psi(y)]$，其中 φ、ψ 可导，求 $\dfrac{\partial^2 u}{\partial x\partial y}$；

(6) $w=f(u, v)$,而$u=x$, $v=g(xy, x^2+y^2)$,求$\frac{\partial^2 w}{\partial x^2}$.

9. 设$u=x\varphi(x+y)+y\psi(x+y)$,证明

$$\frac{\partial^2 u}{\partial x^2}-2\frac{\partial^2 u}{\partial x\partial y}+\frac{\partial^2 u}{\partial y^2}=0,$$

其中φ、ψ具有二阶导数.

第四节　隐函数的求导公式

本节将利用多元复合函数的求导法则计算隐函数导数,同时给出隐函数存在定理,并推广到多元隐函数的情形.

一、一个方程的情形

隐函数存在定理1　设函数$F(x, y)$在点$P(x_0, y_0)$的某个邻域内具有连续的偏导数,且$F(x_0, y_0)=0$, $F'_y(x_0, y_0)\neq 0$,则方程$F(x, y)=0$在点$P(x_0, y_0)$的某个邻域内唯一地确定一个单值连续且具有连续导数的函数$y=f(x)$,它满足条件$y_0=f(x_0)$并有

$$\frac{\mathrm{d}y}{\mathrm{d}x}=-\frac{F'_x}{F'_y}. \tag{8-11}$$

公式(8-11)即是隐函数的求导公式.定理的证明从略,仅就公式(8-11)做如下推导:

因为$y=f(x)$满足方程$F(x, y)=0$,所以

$$F(x, f(x))\equiv 0.$$

两端对x求全导数,得

$$F'_x+F'_y\cdot\frac{\mathrm{d}y}{\mathrm{d}x}=0.$$

由于F'_y连续且$F'_y(x_0, y_0)\neq 0$,所以存在$P(x_0, y_0)$的一个邻域,使得在该邻域内$F'_y\neq 0$,于是得

$$\frac{\mathrm{d}y}{\mathrm{d}x}=-\frac{F'_x}{F'_y}.$$

同样,多于两个变量的方程,也可以确定多元的隐函数. 例如,一个三元方程 $F(x, y, x)=0$ 在一定条件下可以确定一个二元隐函数 $z=f(x, y)$,即有下面的定理.

隐函数存在定理 2　设函数 $F(x, y, z)$ 在点 $P(x_0, y_0, z_0)$ 的某个邻域内具有连续的偏导数,且 $F(x_0, y_0, z_0)=0$, $F'_z(x_0, y_0, z_0)\neq 0$, 则方程 $F(x, y, x)=0$ 在点 $P(x_0, y_0, z_0)$ 的某个邻域内唯一地确定一个单值连续且具有连续偏导数的函数 $z=f(x, y)$, 它满足条件 $z_0=f(x_0, y_0)$, 并有

$$\frac{\partial z}{\partial x}=-\frac{F'_x}{F'_z},\quad \frac{\partial z}{\partial y}=-\frac{F'_y}{F'_z}. \tag{8-12}$$

与定理 1 相类似,仅就公式(8-12)做如下推导.

因为 $z=f(x, y)$ 满足方程 $F(x, y, z)=0$ 所以

$$F(x, y, f(x, y))\equiv 0.$$

两端分别对 x 与 y 求偏导数,得

$$F'_x+F'_z\frac{\partial z}{\partial x}=0,\quad F'_y+F'_z\frac{\partial z}{\partial y}=0.$$

因为 F'_z 连续且 $F'_z(x_0, y_0, z_0)\neq 0$, 所以得

$$\frac{\partial z}{\partial x}=-\frac{F'_x}{F'_z},\quad \frac{\partial z}{\partial y}=-\frac{F'_y}{F'_z}.$$

例 1　证明方程 $F(x, y)=\frac{x^2}{a^2}+\frac{y^2}{b^2}-1=0$ 在点 $(0, b)$ 的一个邻域内能唯一地确定一个隐函数 $y=f(x)$, 并求 $\left.\frac{\mathrm{d}y}{\mathrm{d}x}\right|_{(0, b)}$ 及 $\left.\frac{\mathrm{d}^2 y}{\mathrm{d}x^2}\right|_{(0, b)}$.

解　由函数 $F(x, y)=\frac{x^2}{a^2}+\frac{y^2}{b^2}-1$, 得

$$F'_x=\frac{2x}{a^2},\quad F'_y=\frac{2y}{b^2},$$

且

$$F(0, b)=0,\quad F'_y(0, b)=\frac{2}{b}\neq 0.$$

由定理 1 可知,在 $(0, b)$ 的某个邻域内方程唯一地确定一个隐函数 $y=f(x)$.

由公式(8-11)得

$$\frac{\mathrm{d}y}{\mathrm{d}x}=-\frac{F'_x}{F'_y}=-\frac{b^2 x}{a^2 y},\quad \left.\frac{\mathrm{d}y}{\mathrm{d}x}\right|_{(0, b)}=0;$$

$$\frac{\mathrm{d}^2y}{\mathrm{d}x^2}=-\frac{b^2}{a^2}\frac{\mathrm{d}}{\mathrm{d}x}\left(\frac{x}{y}\right)=-\frac{b^2}{a^2}\cdot\frac{y-x\cdot\frac{\mathrm{d}y}{\mathrm{d}x}}{y^2}$$

$$=-\frac{b^2}{a^2}\cdot\frac{y+x\frac{b^2x}{a^2y}}{y^2}=-\frac{b^2}{a^4}\frac{a^2y^2+b^2x^2}{y^3}$$

$$=-\frac{b^2}{a^4}\frac{a^2b^2}{y^3}=-\frac{b^4}{a^2}\frac{1}{y^3},$$

$$\left.\frac{\mathrm{d}^2y}{\mathrm{d}x^2}\right|_{(0,b)}=-\frac{b}{a^2}.$$

例 2　设 $z=z(x,y)$ 是由方程 $2xz-2xyz+\ln(xyz)=0$ 确定的隐函数，求 $\frac{\partial z}{\partial x}$ 和 $\frac{\partial z}{\partial y}$.

解　记 $F(x,y,z)=2xz-2xyz+\ln(xyz)$，则

$$F_x=2z-2yz+\frac{1}{x},\quad F_y=-2xz+\frac{1}{y},\quad F_z=2x-2xy+\frac{1}{z}.$$

$$\frac{\partial z}{\partial x}=-\frac{F_x}{F_z}=-\frac{2z-2yz+\frac{1}{x}}{2x-2xy+\frac{1}{z}}=-\frac{z}{x},$$

$$\frac{\partial z}{\partial y}=-\frac{F_y}{F_z}=-\frac{-2xz+\frac{1}{y}}{2x-2xy+\frac{1}{z}}=\frac{z(2xyz-1)}{y(2xz-2xyz+1)}.$$

例 3　求由方程 $xy+xz+yz=1$ 所确定的函数 $z=f(x,y)$ 的二阶混合偏导数 $\frac{\partial^2 z}{\partial y\partial x}$.

解　记 $F(x,y,z)=xy+xz+yz-1$，则

$$\frac{\partial z}{\partial x}=-\frac{y+z}{x+y},\quad \frac{\partial z}{\partial y}=-\frac{x+z}{x+y}\quad (x+y\neq 0).$$

于是

$$\frac{\partial^2 z}{\partial y \partial x}=-\frac{\partial}{\partial x}\left(\frac{x+z}{x+y}\right)$$

$$=-\frac{\left(1+\frac{\partial z}{\partial x}\right)(x+y)-(x+z)\cdot 1}{(x+y)^2}$$

$$=-\frac{(x-z)-(x+z)}{(x+y)^2}$$

$$=\frac{2z}{(x+y)^2} \quad (x+y\neq 0).$$

二、方程组的情形

隐函数存在定理还可以做另一方面的推广,即不仅增加变量的个数,而且增加方程的个数. 譬如方程组

$$\begin{cases}F(x,\ y,\ u,\ v)=0,\\ G(x,\ y,\ u,\ v)=0\end{cases} \tag{8-13}$$

中有四个变量,两个方程. 当其中两个变量取确定值时,在一定条件下其余两个变量的值将随之确定,方程组(8-13)确定一组两个隐函数. 有如下定理.

隐函数存在定理 3　设函数 $F(x,\ y,\ u,\ v)$ 与 $G(x,\ y,\ u,\ v)$ 在点 $P\ (x_0,\ y_0,\ u_0,\ v_0)$ 的某个邻域内具有对各变量的连续偏导数,并且 $F(x_0,\ y_0,\ u_0,\ v_0)=0$, $G(x_0,\ y_0,\ u_0,\ v_0)=0$ 及由偏导数组成的函数行列式(Jacobi 行列式)

$$J=\frac{\partial(F,\ G)}{\partial(u,\ v)}=\begin{vmatrix}F'_u & F'_v\\ G'_u & G'_v\end{vmatrix}$$

在 $P(x_0,\ y_0,\ u_0,\ v_0)$ 处不为零,则方程组(8-13)在点 $P(x_0,\ y_0,\ u_0,\ v_0)$ 的某个邻域内唯一确定一组单值连续且具有连续偏导数的函数 $u=u(x,\ y)$, $v=v(x,\ y)$, 它们满足条件 $u_0=u(x_0,\ y_0)$, $v_0=v(x_0,\ y_0)$ 并有

$$\frac{\partial u}{\partial x}=-\frac{1}{J}\frac{\partial(F,\ G)}{\partial(x,\ v)}=-\frac{\begin{vmatrix}F'_x & F'_v\\ G'_x & G'_v\end{vmatrix}}{\begin{vmatrix}F'_u & F'_v\\ G'_u & G'_v\end{vmatrix}},$$

$$\frac{\partial v}{\partial x}=-\frac{1}{J}\frac{\partial(F,G)}{\partial(u,x)}=-\frac{\begin{vmatrix}F'_u & F'_x\\ G'_u & G'_x\end{vmatrix}}{\begin{vmatrix}F'_u & F'_v\\ G'_u & G'_v\end{vmatrix}},$$

(8－14)

$$\frac{\partial u}{\partial y}=-\frac{1}{J}\frac{\partial(F,G)}{\partial(y,v)}=-\frac{\begin{vmatrix}F'_y & F'_v\\ G'_y & G'_v\end{vmatrix}}{\begin{vmatrix}F'_u & F'_v\\ G'_u & G'_v\end{vmatrix}},$$

$$\frac{\partial v}{\partial y}=-\frac{1}{J}\frac{\partial(F,G)}{\partial(u,y)}=-\frac{\begin{vmatrix}F'_u & F'_y\\ G'_u & G'_y\end{vmatrix}}{\begin{vmatrix}F'_u & F'_v\\ G'_u & G'_v\end{vmatrix}}.$$

与前两个定理相类似，公式(8－14)推导如下.

因为 $u=u(x,y)$，$v=v(x,y)$ 满足方程组(8－13)，所以

$$\begin{cases}F(x,y,u(x,y),v(x,y))\equiv 0,\\ G(x,y,u(x,y),v(x,y))\equiv 0.\end{cases}$$

对上面二式两端分别对 x 求偏导数得

$$\begin{cases}F'_x+F'_u\dfrac{\partial u}{\partial x}+F'_v\dfrac{\partial v}{\partial x}\equiv 0,\\ G'_x+G'_u\dfrac{\partial u}{\partial x}+G'_v\dfrac{\partial v}{\partial x}\equiv 0.\end{cases}$$

这是关于 $\dfrac{\partial u}{\partial x}$、$\dfrac{\partial v}{\partial x}$ 的线性方程组，根据假设在点 $P(x_0,y_0,u_0,v_0)$ 的某个邻域内其系数行列式为

$$J=\begin{vmatrix}F'_u & F'_v\\ G'_u & G'_v\end{vmatrix}\neq 0,$$

所以可解出

$$\frac{\partial u}{\partial x}=-\frac{1}{J}\frac{\partial(F,G)}{\partial(x,v)},\quad \frac{\partial v}{\partial x}=-\frac{1}{J}\frac{\partial(F,G)}{\partial(u,x)}.$$

同理对方程组中的二式两端对 y 求偏导数可推导出

$$\frac{\partial u}{\partial y}=-\frac{1}{J}\frac{\partial(F,G)}{\partial(y,v)},\quad \frac{\partial v}{\partial y}=-\frac{1}{J}\frac{\partial(F,G)}{\partial(u,y)}.$$

例 4 设 $xu-yv=0$, $yu+xv=1$, 求 $\frac{\partial u}{\partial x}$, $\frac{\partial v}{\partial x}$, $\frac{\partial u}{\partial y}$, $\frac{\partial v}{\partial y}$.

解 直接利用公式(8-14)求解,记

$$F=xu-yv,\quad G=yu+xv-1,$$

则

$$F'_x=u,\quad F'_y=-v,\quad F'_u=x,\quad F'_v=-y,$$

$$G'_x=v,\quad G'_y=u,\quad G'_u=y,\quad G'_v=x.$$

在 $J=\frac{\partial(F,G)}{\partial(u,v)}=\begin{vmatrix} x & -y \\ y & x \end{vmatrix}=x^2+y^2\neq 0$ 的条件下,有

$$\frac{\partial u}{\partial x}=-\frac{1}{x^2+y^2}\begin{vmatrix} u & -y \\ v & x \end{vmatrix}=-\frac{xu+yv}{x^2+y^2},$$

$$\frac{\partial u}{\partial y}=-\frac{1}{x^2+y^2}\begin{vmatrix} -v & -y \\ u & x \end{vmatrix}=\frac{xv-yu}{x^2+y^2},$$

$$\frac{\partial v}{\partial x}=-\frac{1}{x^2+y^2}\begin{vmatrix} x & u \\ y & v \end{vmatrix}=-\frac{yu-xv}{x^2+y^2},$$

$$\frac{\partial v}{\partial y}=-\frac{1}{x^2+y^2}\begin{vmatrix} x & -v \\ y & u \end{vmatrix}=-\frac{xu+yv}{x^2+y^2}.$$

例 5 方程组 $\begin{cases} x+y+u+v=1 \\ x^2+y^2+u^2+v^2=2 \end{cases}$ 确定 u、v 为 x、y 的函数,求 $\frac{\partial u}{\partial x}$, $\frac{\partial v}{\partial x}$, $\frac{\partial u}{\partial y}$, $\frac{\partial v}{\partial y}$.

解 本例我们按公式(8-14)的推导过程求解,这种方法在具体解题时常被采用. 将方程组两边对 x 求偏导数得

$$\begin{cases} 1+\frac{\partial u}{\partial x}+\frac{\partial v}{\partial x}=0, \\ 2x+2u\frac{\partial u}{\partial x}+2v\frac{\partial v}{\partial x}=0. \end{cases}$$

于是

$$\begin{cases} \frac{\partial u}{\partial x}+\frac{\partial v}{\partial x}=-1, \\ u\frac{\partial u}{\partial x}+2v\frac{\partial v}{\partial x}=-x. \end{cases}$$

解此关于 $\frac{\partial u}{\partial x}$、$\frac{\partial v}{\partial x}$ 的二元一次方程组得

$$\frac{\partial u}{\partial x}=\frac{x-v}{v-u},$$

$$\frac{\partial v}{\partial x}=\frac{u-x}{v-u}.$$

同理,得

$$\frac{\partial u}{\partial y}=\frac{y-v}{v-u},\quad \frac{\partial v}{\partial y}=\frac{u-y}{v-u}\ (u-v\neq 0).$$

习题 8－4

1. 求下列函数的$\frac{\mathrm{d}y}{\mathrm{d}x}$：

(1) $xy+\ln y=2$；

(2) $\sin y+\mathrm{e}^x-xy^2=0$；

(3) $\ln\sqrt{x^2+y^2}=\arctan\frac{y}{x}$；

(4) $1+xy-\ln(\mathrm{e}^{xy}+\mathrm{e}^{-xy})=0$.

2. 设 $y=y(x)$ 由方程 $x^2+y^2+2axy=0\ (a>1)$ 所确定. 证明

$$\frac{\mathrm{d}^2y}{\mathrm{d}x^2}=0.$$

3. 设 $y=y(x)$ 由方程 $x^2-xy+2y^2+x-y-1=0$ 确定,求 y'、y''、y''' 当 $x=0$, $y=1$ 时的值.

4. 求下列函数的偏导数 $\frac{\partial z}{\partial x}$, $\frac{\partial z}{\partial y}$：

(1) $x+y+z=\sin(xyz)$；

(2) $\frac{x}{z}=\ln\frac{z}{y}$；

(3) $2\sin(x+2y-3z)=x+2y-3z$.

5. 设 $\mathrm{e}^z=xyz$,求$\frac{\partial^2 z}{\partial x^2}$.

6. 设 $z^3-3xyz=a^3$,求$\frac{\partial^2 z}{\partial x\partial y}$.

7. 试证由方程 $z=x\varphi\left(\frac{z}{y}\right)$ 确定的函数 $z=z(x,y)$ 满足方程

$$x\frac{\partial z}{\partial x}+y\frac{\partial z}{\partial y}=z,$$

其中 φ 具有连续导数.

8. 设 $z=z(x,y)$ 由 $F\left(x+\frac{z}{y},\ y+\frac{z}{x}\right)=0$ 确定,其中 F 有连续偏导数且 $xF'_1+yF'_2\neq 0$,证明

$$x\frac{\partial z}{\partial x}+y\frac{\partial z}{\partial y}=z-xy.$$

9. 求下列方程组所确定的隐函数的导数或偏导数:

(1) 设 $\begin{cases}x+y+z=0\\x^2+y^2+z^2=1\end{cases}$,求 $\frac{\mathrm{d}x}{\mathrm{d}z}$, $\frac{\mathrm{d}y}{\mathrm{d}z}$;

(2) 设 $\begin{cases}x=\mathrm{e}^u+u\sin v\\y=\mathrm{e}^u-u\cos v\end{cases}$,求 $\frac{\partial u}{\partial x}$, $\frac{\partial v}{\partial x}$, $\frac{\partial u}{\partial y}$, $\frac{\partial v}{\partial y}$;

(3) 设 $\begin{cases}x=3t^2+2t+3\\\mathrm{e}^y\sin t-y+1=0\end{cases}$,求 $\left.\frac{\mathrm{d}^2y}{\mathrm{d}x^2}\right|_{t=0}$.

10. 证明由方程 $\varphi(cx-az,\ cy-bz)=0$ 确定的函数 $z=z(x,y)$ 满足方程

$$a\frac{\partial z}{\partial x}+b\frac{\partial z}{\partial y}=c.$$

其中 a、b、c 均为常数,φ 具有连续偏导数.

11. 设 $x=\mathrm{e}^u\cos v$, $y=\mathrm{e}^u\sin v$, $z=uv$, 试求 $\frac{\partial z}{\partial x}$ 和 $\frac{\partial z}{\partial y}$.

第五节　偏导数在几何上的应用

一、空间曲线的切线与法平面

设空间曲线 Γ 的参数方程为

$$x=\varphi(t),\ y=\psi(t),\ z=\omega(t),$$

其中 $t\in I$. 如果 $\varphi'(t)$、$\psi'(t)$、$\omega'(t)$在 I 上连续且不同时为零,则称此曲线为光滑曲线.

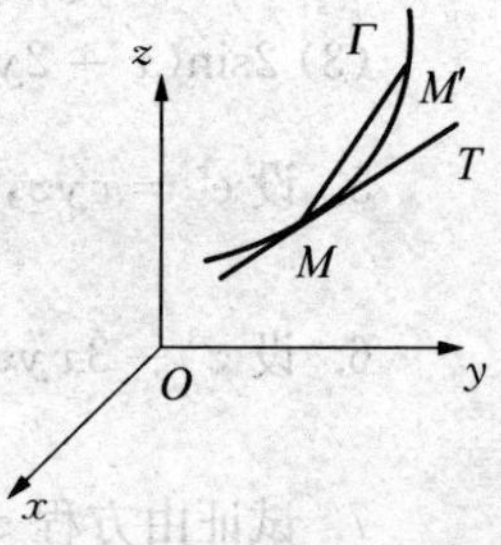

图 8-5

与平面情形相类似,空间光滑曲线在某一点处的切线定义为过该点的割线的极限位置(见图 8-5). 考虑曲线 Γ

上对应于 $t=t_0$ 的定点 $M(x_0,\ y_0,\ z_0)$ 及对应于 $t=t_0+\Delta t$ 的点 $M'(x_0+\Delta x,\ y_0+\Delta y,\ z_0+\Delta z)$，则割线 MM' 的方程为

$$\frac{x-x_0}{\Delta x}=\frac{y-y_0}{\Delta y}=\frac{z-z_0}{\Delta z}.$$

用 Δt 除上式各分母，得

$$\frac{x-x_0}{\frac{\Delta x}{\Delta t}}=\frac{y-y_0}{\frac{\Delta y}{\Delta t}}=\frac{z-z_0}{\frac{\Delta z}{\Delta t}},$$

令点 M' 沿着曲线 Γ 趋于点 M，则 Δt 趋于零，通过对上式取极限即得曲线在点 M 处的切线方程为

$$\frac{x-x_0}{\varphi'(t_0)}=\frac{y-y_0}{\psi'(t_0)}=\frac{z-z_0}{\omega'(t_0)}. \tag{8-15}$$

切线的方向向量 $\boldsymbol{T}=(\varphi'(t_0),\ \psi'(t_0),\ \omega'(t_0))$ 称为曲线在点 M 处的一个切向量. 通过点 M 而与 M 处的切线垂直的平面称为曲线在点 M 处的法平面，它是过点 M 而以 T 为法向量的平面，因此法平面方程为

$$\varphi'(t_0)(x-x_0)+\psi'(t_0)(y-y_0)+\omega'(t_0)(z-z_0)=0. \tag{8-16}$$

例 1 求曲线 $x=t,\ y=t^2,\ z=t^3$ 在点(1, 1, 1)处的切线及法平面方程.

解 因为 $x'_t=1,\ y'_t=2t,\ z'_t=3t^2$，而点(1, 1, 1)所对应的参数 $t_0=1$，所以

$$\boldsymbol{T}=(1,\ 2,\ 3).$$

于是，切线方程为

$$\frac{x-1}{1}=\frac{y-1}{2}=\frac{z-1}{3},$$

法平面方程为

$$(x-1)+2(y-1)+3(z-1)=0,$$

即
$$x+2y+3z=6.$$

如果曲线 Γ 的方程表示为

$$\begin{cases} y=\varphi(x), \\ z=\psi(x), \end{cases}$$

这时可以看作以 x 为参数的方程

$$\begin{cases}x=x,\\ y=\varphi(x),\\ z=\psi(x).\end{cases}$$

当 $\varphi(x)$、$\psi(x)$ 在 $x=x_0$ 处可导时,对应于 x_0 的点 $M(x_0, y_0, z_0)$处的切线方程为

$$\frac{x-x_0}{1}=\frac{y-y_0}{\varphi'(x_0)}=\frac{z-z_0}{\psi'(x_0)}, \tag{8-17}$$

法平面方程为

$$(x-x_0)+\varphi'(x_0)(y-y_0)+\psi'(x_0)(z-z_0)=0, \tag{8-18}$$

其中 $y_0=\varphi(x_0)$, $z_0=\psi(x_0)$, 且

$$\boldsymbol{T}=(1, \varphi'(x_0), \psi'(x_0))$$

为点 M 处的一个切向量.

如果曲线 Γ 的方程表示为

$$\begin{cases}F(x, y, z)=0,\\ G(x, y, z)=0.\end{cases}$$

设点 $M(x_0, y_0, z_0)$为曲线 Γ 上一点,则当 F、G 具有连续偏导数,且 $\left.\frac{\partial(F, G)}{\partial(y, z)}\right|_M \neq 0$时,由隐函数存在定理 3 可知,在点 M 的某个邻域内确定了一组函数 $y=\varphi(x)$, $z=\psi(x)$. 要求曲线 Γ 在点 M 处的切线方程和法平面方程,只要求出 $\varphi'(x_0)$、$\psi'(x_0)$代入式(8-17)及式(8-18)即可. 为此我们在恒等式

$$\begin{cases}F(x, \varphi(x), \psi(x))=0,\\ G(x, \varphi(x), \psi(x))=0\end{cases}$$

两边分别对 x 求全导数,得

$$\begin{cases}\dfrac{\partial F}{\partial x}+\dfrac{\partial F}{\partial y}\varphi'(x)+\dfrac{\partial F}{\partial z}\psi'(x)=0,\\ \dfrac{\partial G}{\partial x}+\dfrac{\partial G}{\partial y}\varphi'(x)+\dfrac{\partial G}{\partial z}\psi'(x)=0.\end{cases}$$

由假设可知,在点 M 的某个邻域内 $J=\dfrac{\partial(F, G)}{\partial(y, z)}\neq 0$, 因而从上式中可解出 $\varphi'(x)$、$\psi'(x)$,并令 $x=x_0$ 即可.

例 2　求曲线 $\begin{cases} y=x^2 \\ z=\dfrac{1}{x^2} \end{cases}$ 在点 $M(1,1,1)$ 处的切线方程与法平面方程.

解　由于 $\dfrac{\mathrm{d}y}{\mathrm{d}x}=2x$，$\dfrac{\mathrm{d}z}{\mathrm{d}x}=\dfrac{-2}{x^3}$，从而

$$\left.\frac{\mathrm{d}y}{\mathrm{d}x}\right|_{x=1}=2,\quad \left.\frac{\mathrm{d}z}{\mathrm{d}x}\right|_{x=1}=-2.$$

由式(8-17)知点 $M(1,1,1)$ 处的切线方程为

$$\frac{x-1}{1}=\frac{y-1}{2}=\frac{z-1}{-2}.$$

由式(8-18)知点 $M(1,1,1)$ 处的法平面方程为

$$(x-1)+2(y-1)-2(z-1)=0,$$

也即
$$x+2y-2z=1.$$

例 3　求曲线 $x^2+y^2+z^2=6$，$x+y+z=0$ 在点 $(1,-2,1)$ 处的切线与法平面方程.

解　将方程两边对 x 求导，得

$$\begin{cases} y\dfrac{\mathrm{d}y}{\mathrm{d}x}+z\dfrac{\mathrm{d}z}{\mathrm{d}x}=-x, \\ \dfrac{\mathrm{d}y}{\mathrm{d}x}+\dfrac{\mathrm{d}z}{\mathrm{d}x}=-1. \end{cases}$$

所以

$$\frac{\mathrm{d}y}{\mathrm{d}x}=\frac{z-x}{y-z},\quad \frac{\mathrm{d}z}{\mathrm{d}x}=\frac{x-y}{y-z},$$

$$\left.\frac{\mathrm{d}y}{\mathrm{d}x}\right|_{(1,-2,1)}=0,\quad \left.\frac{\mathrm{d}z}{\mathrm{d}x}\right|_{(1,-2,1)}=-1,$$

从而

$$\boldsymbol{T}=(1,0,-1),$$

故所求切线方程为

$$\frac{x-1}{1}=\frac{y+2}{0}=\frac{z-1}{-1}.$$

法平面方程为 $\quad (x-1)+0\cdot(y+2)+(-1)(z-1)=0,$

即

$$x-z=0.$$

二、曲面的切平面与法线

设曲面 Σ 的方程为

$$F(x, y, x)=0,$$

又函数 $F(x, y, z)$ 具有连续偏导数且不同时为零. 过 Σ 上一点 $M(x_0, y_0, z_0)$,任意引一条位于曲面 Σ 上的曲线 Γ(见图 8-6),并设 Γ 的参数方程为

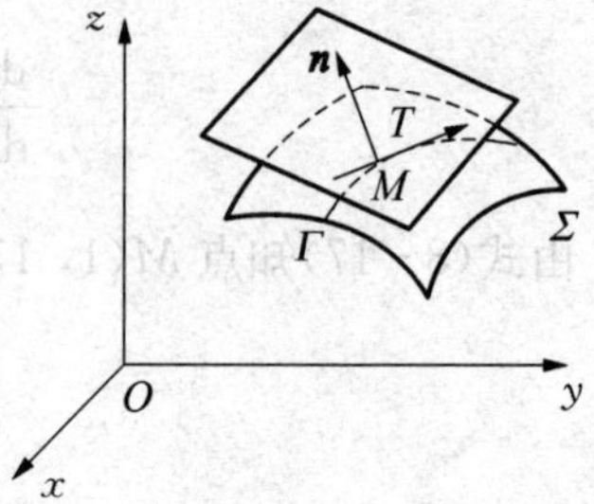

图 8-6

$$x=\varphi(t),\ y=\psi(t),\ z=\omega(t),$$

$M(x_0, y_0, z_0)$ 对应于 $t=t_0$,且 $\varphi'(t_0)$、$\psi'(t_0)$、$\omega'(t_0)$ 不全为零,于是有 $F(\varphi(t), \psi(t), \omega(t))=0$.

由于 $F(x, y, z)$ 在 $M(x_0, y_0, z_0)$ 有连续偏导数,而 $\varphi'(t_0)$、$\psi'(t_0)$、$\omega'(t_0)$ 都存在,所以上述方程左端在 $t=t_0$ 处有全导数,且

$$\frac{\mathrm{d}}{\mathrm{d}t}F(\varphi(t), \psi(t), \omega(t))\Big|_{t=t_0}=0,$$

即有

$$F'_x(M)\varphi'(t_0)+F'_y(M)\psi'(t_0)+F'_z(M)\omega'(t_0)=0,$$

而 $\boldsymbol{T}=(\varphi'(t_0), \psi'(t_0), \omega'(t_0))$ 为曲线 Γ 在点 M 处的切向量,$\boldsymbol{n}=(F'_x(M), F'_y(M), F'_z(M))$ 只依赖于点 M,与曲线 Γ 无关. 所以上式表明曲线 Γ 在点 M 处的切向量与常向量 $\boldsymbol{n}$ 垂直. 由过点 M 的曲线 Γ 的任意性可知,曲面 Σ 上过点 M 的任意一条曲线在该点的切向量都与常向量 $\boldsymbol{n}$ 垂直,因此我们得出结论: 曲面 Σ 上过点 M 且在点 M 具有切线的任何曲线,它们在点 M 处的切线都在同一平面内(见图 8-6). 这个平面称为曲面在点 M 处的切平面. 过点 M 而垂直于切平面的直线称为曲面在该点的法线,垂直于切平面的向量称为曲面的法向量,因此点 M 处切平面方程为

$$F'_x(x_0, y_0, z_0)(x-x_0)+F'_y(x_0, y_0, z_0)(y-y_0) \\ +F'_z(x_0, y_0, z_0)(z-z_0)=0, \tag{8-19}$$

法线方程为

$$\frac{x-x_0}{F'_x(x_0, y_0, z_0)}=\frac{y-y_0}{F'_y(x_0, y_0, z_0)}=\frac{z-z_0}{F'_z(x_0, y_0, z_0)}, \tag{8-20}$$

而在点 M 处的一个法向量为

$$\boldsymbol{n}=(F'_x(x_0,y_0,z_0),F'_y(x_0,y_0,z_0),F'_z(x_0,y_0,z_0)). \tag{8-21}$$

特别地，当曲面方程为

$$z=f(x,y)$$

时，

令

$$F(x,y,z)=f(x,y)-z,$$

则

$$F'_x=f'_x(x,y),\quad F'_y=f'_y(x,y),\quad F'_z=-1,$$

于是当函数 $f(x,y)$ 在点 (x_0,y_0) 处偏导数连续时，曲面在点 $M(x_0,y_0,z_0)$ 处的切平面方程为

$$z-z_0=f'_x(x_0,y_0)(x-x_0)+f'_y(x_0,y_0)(y-y_0), \tag{8-22}$$

而法线方程为

$$\frac{x-x_0}{f'_x(x_0,y_0)}=\frac{y-y_0}{f'_y(x_0,y_0)}=\frac{z-z_0}{-1}. \tag{8-23}$$

设 α、β、γ 是曲面的法向量的方向角，并假定法向量与 z 轴的夹角小于 $90°$ 时，法向量的方向余弦为

$$\cos\alpha=\frac{-f'_x}{\sqrt{1+(f'_x)^2+(f'_y)^2}},\quad \cos\beta=\frac{-f'_y}{\sqrt{1+(f'_x)^2+(f'_y)^2}},$$

$$\cos\gamma=\frac{1}{\sqrt{1+(f'_x)^2+(f'_y)^2}}.$$

例 4　求球面 $x^2+y^2+z^2=R^2$ 在点 $P(x_0,y_0,z_0)$ 处的切平面与法线方程.

解　记 $F(x,y,z)=x^2+y^2+z^2-R^2$，则有

$$F'_x=2x,\quad F'_y=2y,\quad F'_z=2z.$$

所以点 $P(x_0,y_0,z_0)$ 处切平面方程为

$$2x_0(x-x_0)+2y_0(y-y_0)+2z_0(z-z_0)=0,$$

注意到 $x_0^2+y_0^2+z_0^2=R^2$，则此方程化简为

$$x_0x+y_0y+z_0z=R^2.$$

法线方程为

$$\frac{x-x_0}{x_0}=\frac{y-y_0}{y_0}=\frac{z-z_0}{z_0}.$$

例 5 求抛物面 $z=x^2+y^2-1$ 在点 $M(-2, 1, 4)$处的切平面和法线方程及方向余弦.

解 由于 $z'_x=2x$，$z'_y=2y$，
所以在点 $M(-2, 1, 4)$处，$z'_x=-4$，$z'_y=2$，于是切平面方程为

$$z-4=(-4)(x+2)+2(y-1),$$

即

$$4x-2y+z+6=0.$$

法线方程为

$$\frac{x+2}{-4}=\frac{y-1}{2}=\frac{z-4}{-1}.$$

方向余弦为

$$\cos\alpha=\frac{4}{\sqrt{21}}, \quad \cos\beta=\frac{-2}{\sqrt{21}}, \quad \cos\gamma=\frac{1}{\sqrt{21}}.$$

例 6 求椭球面 $x^2+2y^2+3z^2=21$ 上某点 M 处的切平面方程，使得切平面过已知直线 L：

$$\frac{x-6}{2}=\frac{y-3}{1}=\frac{2z-1}{-2}.$$

解 记 $F(x, y, z)=x^2+2y^2+3z^2-21$，则

$$F'_x=2x, \quad F'_y=4y, \quad F'_z=6z.$$

又设点 M 的坐标为(x_0, y_0, z_0)，则点 M 的切平面方程为

$$2x_0(x-x_0)+4y_0(y-y_0)+6z_0(z-z_0)=0,$$

即

$$x_0x+2y_0y+3z_0z=21.$$

在直线 L 上任取两点 $A\left(0, 0, \frac{7}{2}\right)$和 $B\left(6, 3, \frac{1}{2}\right)$代入上述方程，并注意到点 $M(x_0, y_0, z_0)$满足椭球面方程，因此得

$$\begin{cases} z_0=2, \\ 6x_0+6y_0+\frac{3}{2}z_0=21, \\ x_0^2+2y_0^2+3z_0^2=21. \end{cases}$$

由此解得 $x_0=1$，$y_0=2$，$z_0=2$ 及 $x_0=3$，$y_0=0$，$z_0=2$.

故点$(1, 2, 2)$处切平面方程为

$$x+4y+6z=21,$$

点(3, 0, 2)处切平面方程为

$$x+2z=7.$$

习题 8 - 5

1. 求曲线 $x=t-\sin t$，$y=1-\cos t$，$z=4\sin\frac{t}{2}$ 在点$\left(\frac{\pi}{2}-1, 1, 2\sqrt{2}\right)$处的切线和法平面方程.

2. 求曲面 $x^2+y^2=\frac{1}{2}z^2$ 与平面 $x+y+z=2$ 的交线在点(1, −1, 2)处的切线与法平面方程.

3. 求曲面 $ax^2+by^2+cz^2=1$ 在点(x_0, y_0, z_0)处的切平面与法线方程.

4. 求曲面 $z=\sqrt{1-x^2-2y^2}$ 上平行于平面 $x-y+2z=0$ 的切平面方程.

5. 在曲面 $z=xy$ 上求一点，使该点处法线垂直于平面 $3x+y+z+1=0$，并写出该法线方程.

6. 求椭球面 $x^2+y^2+2z^2=10$ 上平行于平面 $x-y+z=0$ 的切平面方程.

7. 证明：曲面 $\sqrt{x}+\sqrt{y}+\sqrt{z}=\sqrt{a}$ $(a>0)$ 上任何点处的切平面在各坐标轴上的截距之和等于 a.

第六节　全微分及其应用

一、全微分

1. 全微分的定义

在实际问题中，有时需要研究多元函数中各个自变量都取得增量时因变量所获得的增量，即所谓全增量的问题. 下面以二元函数为例进行讨论.

设函数 $z=f(x, y)$ 在点 $P(x, y)$的某邻域内有定义，点 $P'(x+\Delta x, y+\Delta y)$为这邻域内的任意一点，则称这两点的函数值之差 $f(x+\Delta x, y+\Delta y)-f(x, y)$为函数在点 P 对应于自变量增量 Δx、Δy 的全增量

$$\Delta z=f(x+\Delta x, y+\Delta y)-f(x, y).$$

一般说来，计算全增量 Δz 比较复杂. 与一元函数的情形一样，我们希望用自

变量的增量 Δx、Δy 的线性函数来近似地代替函数的全增量 Δz,从而引入如下定义.

定义 设函数 $z=f(x, y)$ 在点 $P(x, y)$ 的某邻域内有定义. 如果存在与 Δx、Δy 无关的数 A 和 B(仅与 x, y 有关)使得函数在 $P(x, y)$ 处的全增量

$$\Delta z=f(x+\Delta x, y+\Delta y)-f(x, y) \tag{8-24}$$

可表示为

$$\Delta z=A\Delta x+B\Delta y+o(\rho) \tag{8-25}$$

其中 $\rho=\sqrt{(\Delta x)^2+(\Delta y)^2}$,则称函数 $z=f(x, y)$ 在点 $P(x, y)$ 可微分,且称 $A\Delta x+B\Delta y$ 为函数 $z=f(x, y)$ 在点 $P(x, y)$ 处的全微分,记作 $\mathrm{d}z$,即有

$$\mathrm{d}z=A\Delta x+B\Delta y.$$

如果函数在区域 D 内各点处都可微分,则称函数在区域 D 内可微分.

2. 可微性与连续性的关系

由全微分的定义可知,如果函数 $z=f(x, y)$ 在点 $P(x, y)$ 可微分,则函数在该点处必连续. 事实上,由式(8-25)立即可得

$$\lim_{\rho\to 0}\Delta z=\lim_{\rho\to 0}(A\Delta x+B\Delta y+o(\rho))=0.$$

从而 $z=f(x, y)$ 在点 $P(x, y)$ 处连续. 因此,函数连续是可微分的必要条件.

3. 可微与偏导数的关系

我们知道一元函数在某点导数存在是可微分的充要条件,但是对多元函数,情形就有所不同了. 即使各偏导数都存在,函数也未必是可微分的. 关于这一点有下面的两个定理.

定理 1 (可微的必要条件)如果函数 $z=f(x, y)$ 在点 $P(x, y)$ 可微分,则函数在该点的偏导数必定存在,并且

$$\mathrm{d}z=f'_x(x, y)\Delta x+f'_y(x, y)\Delta y. \tag{8-26}$$

当函数 $z=f(x, y)$ 在点 $P(x, y)$ 处两个偏导数 $f'_x(x, y)$ 及 $f'_y(x, y)$ 都存在时,我们可以形式上写出

$$f'_x(x, y)\Delta x+f'_y(x, y)\Delta y.$$

但 $z=f(x, y)$ 在点 $P(x, y)$ 处却未必可微分. 例如函数

$$z=f(x, y)=\sqrt{|xy|}$$

在点 $P(0, 0)$ 处有 $f'_x(0, 0)=f'_y(0, 0)=0$,而

$$\Delta z-[f'_x(0, 0)\Delta x+f'_y(0, 0)\Delta y]=\sqrt{|\Delta x\Delta y|},$$

如果考虑 $P'(\Delta x, \Delta y)$ 沿直线 $y=x$ 趋于 $P(0, 0)$（即 $\Delta x=\Delta y$），则

$$\frac{\sqrt{|\Delta x\Delta y|}}{\rho}=\frac{\sqrt{|\Delta x\Delta y|}}{\sqrt{(\Delta x)^2+(\Delta y)^2}}=\frac{\sqrt{(\Delta x)^2}}{\sqrt{2(\Delta x)^2}}=\frac{1}{\sqrt{2}}.$$

故
$$\lim_{\substack{\Delta x\to 0\\ \Delta y\to 0}}\frac{\Delta z-[f'_x(0, 0)\Delta x+f'_y(0, 0)\Delta y]}{\rho}\neq 0,$$

这表明当 $\rho\to 0$ 时，$\Delta z-[f'_x(0, 0)\Delta x+f'_y(0, 0)\Delta y]$ 并不是一个比 ρ 高阶的无穷小，因此函数在点 $P(0, 0)$ 处的全微分并不存在，也即函数在点 $P(0, 0)$ 处是不可微分的. 但是，如果函数的各偏导数连续，则全微分一定存在. 即有下面定理.

定理 2　（可微的充分条件）如果函数 $z=f(x, y)$ 在点 $P(x, y)$ 处的偏导数存在且连续，则函数在该点可微分.

由定理 2 容易知道，当函数 $z=f(x, y)$ 在点 (x, y) 处有连续偏导数时，函数 $z=f(x, y)$ 一定在点 (x, y) 处连续.

今后我们把函数 $z=f(x, y)$ 的自变量的增量 Δx、Δy 分别记作 $\mathrm{d}x$ 及 $\mathrm{d}y$，并称为自变量 x、y 的微分. 这样，$z=f(x, y)$ 的全微分就可写成

$$\mathrm{d}z=f'_x(x, y)\mathrm{d}x+f'_y(x, y)\mathrm{d}y. \tag{8-27}$$

记 $\mathrm{d}_x z=f'_x(x, y)\mathrm{d}x$，$\mathrm{d}_y z=f'_y(x, y)\mathrm{d}y$，分别称为函数在 $P(x, y)$ 处关于自变量 x、y 的偏微分，即有 $\mathrm{d}z=\mathrm{d}_x z+\mathrm{d}_y z$. 通常把二元函数的全微分等于它的两个偏微分之和这一结论称为二元函数全微分的叠加原理.

以上关于二元函数全微分的定义及可微分的必要条件和充分条件，还有叠加原理，都可类似地推广到三元及三元以上的多元函数. 例如，如果三元函数 $u=f(x, y, z)$ 在点 $P(x, y, z)$ 处可微分，则有

$$\mathrm{d}u=f'_x(x, y, z)\mathrm{d}x+f'_y(x, y, z)\mathrm{d}y+f'_z(x, y, z)\mathrm{d}z$$

等等.

4. 二元函数全微分的几何意义

与一元函数的微分表示曲线的切线上点的纵坐标的增量相类似，二元函数的全微分也有明确的几何意义.

设函数 $z=f(x, y)$ 在点 $P(x_0, y_0)$ 处偏导数连续，则由定理 2 可知

$$\mathrm{d}z=f'_x(x_0, y_0)\mathrm{d}x+f'_y(x_0, y_0)\mathrm{d}y.$$

另一方面，由第五节知，曲面 $z=f(x, y)$ 在点 $M(x_0, y_0, z_0)$ 处的切平面方程为

$$z-z_0=f'_x(x_0, y_0)(x-x_0)+f'_y(x_0, y_0)(y-y_0).$$

即方程右端恰好是函数 $z=f(x, y)$ 在点 $P(x_0, y_0)$ 处的全微分，而左端是切平面

上点的竖坐标的增量. 因此,函数 $z=f(x, y)$ 在点 $P(x_0, y_0)$ 处的全微分,在几何上表示曲面 $z=f(x, y)$ 在点 $M(x_0, y_0, z_0)$ 处的切平面上点的竖坐标的增量.

5. 全微分的运算性质　全微分形式的不变性

与一元函数的微分类似,设 u、v 是 x 和 y 的可微函数,则以下的运算性质:

$$\mathrm{d}(u \pm v)=\mathrm{d}u \pm \mathrm{d}v,$$

$$\mathrm{d}(uv)=u\mathrm{d}v+v\mathrm{d}u,$$

$$\mathrm{d}\left(\frac{u}{v}\right)=\frac{v\mathrm{d}u-u\mathrm{d}v}{v^2} \quad (v \neq 0).$$

设函数 $z=f(u, v)$, $u=\varphi(x, y)$, $v=\psi(x, y)$, 则 z 通过中间变量 u、v 成为 x、y 的复合函数. 如果 f、φ、ψ 都具有连续偏函数,则复合函数

$$z=f[\varphi(x, y), \psi(x, y)]$$

的全微分为

$$\begin{aligned}\mathrm{d}z&=\frac{\partial z}{\partial x}\mathrm{d}x+\frac{\partial z}{\partial y}\mathrm{d}y\\&=\left(\frac{\partial z}{\partial u}\cdot\frac{\partial u}{\partial x}+\frac{\partial z}{\partial v}\cdot\frac{\partial v}{\partial x}\right)\mathrm{d}x+\left(\frac{\partial z}{\partial u}\cdot\frac{\partial u}{\partial y}+\frac{\partial z}{\partial v}\cdot\frac{\partial v}{\partial y}\right)\mathrm{d}y\\&=\frac{\partial z}{\partial u}\left(\frac{\partial u}{\partial x}\mathrm{d}x+\frac{\partial u}{\partial y}\mathrm{d}y\right)+\frac{\partial z}{\partial v}\left(\frac{\partial v}{\partial x}\mathrm{d}x+\frac{\partial v}{\partial y}\mathrm{d}y\right)\\&=\frac{\partial z}{\partial u}\mathrm{d}u+\frac{\partial z}{\partial v}\mathrm{d}v.\end{aligned}$$

因此,无论把 z 作为自变量 x、y 的函数,还是中间变量 u、v 的函数,总有

$$\mathrm{d}z=\frac{\partial z}{\partial u}\mathrm{d}u+\frac{\partial z}{\partial v}\mathrm{d}v.$$

二元函数全微分的这个性质就称为一阶全微分的形式不变性.

例 1　求 $z=\dfrac{y}{x}$ 的全微分.

解　$z'_x=-\dfrac{y}{x^2}$, $z'_y=\dfrac{1}{x}$ 且 $x \neq 0$ 时连续,所以

$$\mathrm{d}z=-\frac{y}{x^2}\mathrm{d}x+\frac{1}{x}\mathrm{d}y.$$

例 2　求函数 $u=z^2\sin xy$ 的全微分.

解　$u'_x = yz^2\cos xy$，$u'_y = xz^2\cos xy$，$u'_z = 2z\sin xy$，

所以
$$du = yz^2\cos xy\,dx + xz^2\cos xy\,dy + 2z\sin xy\,dz.$$

例 3　求函数 $u = x + \sin\dfrac{y}{2} + e^{yz}$ 在点(1，1，1)处的全微分.

解　$u'_x = 1$，$u'_y = \dfrac{1}{2}\cos\dfrac{y}{2} + ze^{yz}$，$u'_z = ye^{yz}$，

而　$u'_x|_{(1,1,1)} = 1$，$u'_y|_{(1,1,1)} = \dfrac{1}{2}\cos\dfrac{1}{2} + e$，$u'_z|_{(1,1,1)} = e$，

所以
$$du|_{(1,1,1)} = dx + \left(\frac{1}{2}\cos\frac{1}{2} + e\right)dy + e\,dz.$$

例 4　求函数 $z = f\left(xy, \dfrac{y}{x}\right)$ 的全微分及偏导数. 其中函数 f 具有连续偏导数.

解　引入中间变量 $u = xy$，$v = \dfrac{y}{x}$，则
$$dz = f'_u du + f'_v dv = f'_u(y\,dx + x\,dy) + f'_v\cdot\frac{x\,dy - y\,dx}{x^2}$$
$$= \left(yf'_1 - \frac{y}{x^2}f'_2\right)dx + \left(xf'_1 + \frac{1}{x}f'_2\right)dy,$$

所以
$$\frac{\partial z}{\partial x} = yf'_1 - \frac{y}{x^2}f'_2,\quad \frac{\partial z}{\partial y} = xf'_1 + \frac{1}{x}f'_2,$$

其中
$$f'_1 = f'_u,\quad f'_2 = f'_v.$$

二、全微分在近似计算中的应用

当二元函数 $z = f(x, y)$ 在点 $P(x, y)$的两个偏导数连续，且$|\Delta x|$、$|\Delta y|$都较小时，可有近似等式
$$\Delta z \approx dz = f'_x(x, y)\Delta x + f'_y(x, y)\Delta y,$$

上式也可写成
$$f(x + \Delta x, y + \Delta y) \approx f(x, y) + f'_x(x, y)\Delta x + f'_y(x, y)\Delta y.$$

其中 $f'_x(x, y)$、$f'_y(x, y)$不全为零.

与一元函数相类似,我们可以利用此式进行某些近似计算. 以下举例说明.

例 5 设有厚度 $h=0.05\ \text{cm}$ 的无盖圆桶,内高 $H=20\ \text{cm}$,内半径 $R=5\ \text{cm}$,求其壳体体积的近似值.

解 显然壳体体积 $V=\pi(R+h)^2(H+h)-\pi R^2 H$,即体积 V 为函数 $u=\pi R^2 H$ 在 $\Delta R=\Delta H=h$ 时的全增量,于是

$$\begin{aligned}V=\Delta u\approx \mathrm{d}u&=\frac{\partial u}{\partial R}\Delta R+\frac{\partial u}{\partial H}\Delta H\\&=2\pi RH\cdot\Delta R+\pi R^2\cdot\Delta H\\&=200\pi\times 0.05+25\pi\times 0.05\\&=225\pi\times 0.05\approx 35.3,\end{aligned}$$

故所求壳体体积的近似值为 $35.3\ \text{cm}^3$.

例 6 计算 $(1.04)^{2.02}$ 的近似值.

解 设 $f(x,y)=x^y$,则 $f'_x=yx^{y-1}$,$f'_y=x^y\ln x$,

由近似公式

$$f(x+\Delta x,y+\Delta y)\approx f(x,y)+f'_x(x,y)\Delta x+f'_y(x,y)\Delta y,$$

即

$$(x+\Delta x)^{y+\Delta y}\approx x^y+yx^{y-1}\cdot\Delta x+x^y\ln x\cdot\Delta y,$$

代入 $x=1$,$y=2$,$\Delta x=0.04$,$\Delta y=0.02$,得

$$\begin{aligned}(1.04)^{2.02}&\approx 1^2+2\times 1^{2-1}\times 0.04+1^2\times\ln 1\times 0.02\\&=1+0.08=1.08.\end{aligned}$$

习题 8-6

1. 求下列函数的全微分:

(1) $z=xy+\dfrac{x}{y}$; (2) $z=x\mathrm{e}^y$;

(3) $z=\arctan\dfrac{y}{x}$; (4) $u=x^{yz}$.

2. 求 $z=\ln(1+x^2+y^2)$ 当 $x=1$,$y=2$ 时的全微分.

3. 求函数 $z=\dfrac{y}{x}$ 当 $x=2$,$y=1$,$\Delta x=0.1$,$\Delta y=-0.2$ 时的全增量与全微分.

4. 计算 $\ln(\sqrt[3]{1.03}+\sqrt[4]{0.98}-1)$ 的近似值.

5. 计算 $\sin 29^\circ \cdot \tan 46^\circ$的近似值.

6. 已知边长为 $x=6$ m 与 $y=8$ m 的矩形. 如果 x 边增加 5 cm 而 y 边增加 10 cm,问这个矩形的对角线的近似变化怎样?

7. 当圆锥体形变时,它的底半径 R 由 30 cm 增到 30.1 cm,高 H 由 60 cm 减到 59.5 cm,试求体积变化的近似值.

8. 证明:函数 $f(x, y)=\sqrt{|xy|}$ 在(0, 0)处的两个偏导数存在,但不可微分.

第七节　方向导数与梯度

一、方向导数

本章第二节中给出的多元函数偏导数概念刻画了函数沿坐标轴方向的变化率. 但是在一些实际问题中,往往需要知道多元函数沿某个方向的变化率,以及沿什么方向函数的变化率最大. 这就是方向导数和梯度的概念.

设函数 $z=f(x, y)$ 在点 $P(x_0, y_0)$的某个邻域内有定义,自点 $P(x_0, y_0)$引射线 l(见图 8-7),设 $Q(x_0+\Delta x, y_0+\Delta y)$为射线上邻近 P 的点,考察函数的全增量 Δz 与 P、Q 两点间距离 $\rho=\sqrt{(\Delta x)^2+(\Delta y)^2}$ 之比. 如果当点 Q 沿射线 l 趋向点 P 时,此比值的极限存在,则称此极限为函数 $z=f(x, y)$ 在点 P 沿方向 l 的方向导数,记作 $\frac{\partial f}{\partial l}$ 或 $\frac{\partial z}{\partial l}$,即

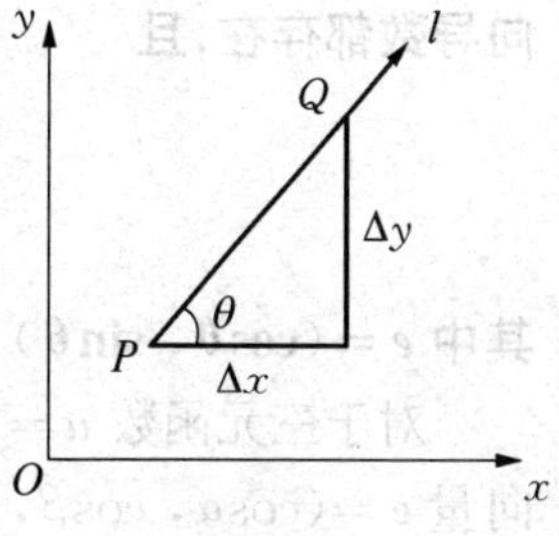

图 8-7

$$\frac{\partial f}{\partial l}=\lim_{\rho\to 0}\frac{\Delta z}{\rho}=\lim_{\rho\to 0}\frac{f(x_0+\Delta x, y_0+\Delta y)-f(x_0, y_0)}{\rho}.$$

若记 θ 为 x 轴正向到射线 l 的转角,则有 $\Delta x=\rho\cos\theta$, $\Delta y=\rho\sin\theta$,那么上式可改写为

$$\frac{\partial f}{\partial l}=\lim_{\rho\to 0}\frac{f(x_0+\rho\cos\theta, y_0+\rho\sin\theta)-f(x_0, y_0)}{\rho}.$$

并称 $\boldsymbol{e}=(\cos\theta, \sin\theta)$ 为射线 l 的方向向量.

类似于二元函数,对于三元函数 $u=f(x, y, z)$,它在空间一点 $P(x_0, y_0, z_0)$沿 l 方向的方向导数为

$$\frac{\partial f}{\partial l}=\lim_{\rho\to 0}\frac{f(x_0+\Delta x,\ y_0+\Delta y,\ z_0+\Delta z)-f(x_0,\ y_0,\ z_0)}{\rho},$$

其中 $\rho=\sqrt{(\Delta x)^2+(\Delta y)^2+(\Delta z)^2}$，若记 l 与 x 轴、y 轴及 z 轴正向的转角分别为 α、β 及 γ，则射线 l 的方向向量 $\boldsymbol{e}=(\cos\alpha,\ \cos\beta,\ \cos\gamma)$，于是

$$\frac{\partial f}{\partial l}=\lim_{\rho\to 0}\frac{f(x_0+\rho\cos\alpha,\ y_0+\rho\cos\beta,\ z_0+\rho\cos\gamma)-f(x_0,\ y_0,\ z_0)}{\rho}.$$

由方向导数的定义可知，当函数 $u=f(x,\ y,\ z)$ 在 $P(x_0,\ y_0,\ z_0)$存在偏导数 $f_x'(x_0,\ y_0,\ z_0)$时，函数在点 P 沿 x 轴正向 $\boldsymbol{e}_1=(1,\ 0,\ 0)$ 的方向导数为

$$\lim_{\Delta x\to 0^+}\frac{f(x_0+\Delta x,\ y_0,\ z_0)-f(x_0,\ y_0,\ z_0)}{\Delta x}=f'_z(x_0,\ y_0,\ z_0),$$

而沿 x 轴负向 $\boldsymbol{e}_2=(-1,\ 0,\ 0)$ 的方向导数为

$$\lim_{\Delta x\to 0^-}\frac{f(x_0+\Delta x,\ y_0,\ z_0)-f(x_0,\ y_0,\ z_0)}{-\Delta x}=-f'_x(x_0,\ y_0,\ z_0).$$

下面的定理给出了方向导数存在的一个充分条件及相应的计算公式.

定理 **如果函数 $\boldsymbol{z=f(x,\ y)}$ 在点 $\boldsymbol{P(x,\ y)}$ 可微分，则函数沿任一方向 $\boldsymbol{l}$ 的方向导数都存在，且**

$$\boldsymbol{\frac{\partial f}{\partial l}=\frac{\partial f}{\partial x}\cos\theta+\frac{\partial f}{\partial y}\sin\theta,}\tag{8-28}$$

其中 $\boldsymbol{e=(\cos\theta,\ \sin\theta)}$ 是 $\boldsymbol{l}$ 的方向向量.

对于三元函数 $u=f(x,\ y,\ z)$，如果函数在点 $P(x,\ y,\ z)$可微分且 l 的方向向量 $\boldsymbol{e}=(\cos\alpha,\ \cos\beta,\ \cos\gamma)$，则函数 $u=f(x,\ y,\ z)$ 在点 $P(x,\ y,\ z)$处沿 l 方向的方向导数为

$$\frac{\partial f}{\partial l}=\frac{\partial f}{\partial x}\cos\alpha+\frac{\partial f}{\partial y}\cos\beta+\frac{\partial f}{\partial z}\cos\gamma.\tag{8-29}$$

例 1 求函数 $z=x^2-y^2$ 在点 $P(1,1)$处沿从 $P(1,1)$到 $Q(2,\ 1+\sqrt{3})$的方向的方向导数.

解
$$\frac{\partial z}{\partial x}=2x,\quad \frac{\partial z}{\partial y}=-2y,$$

$$\left.\frac{\partial z}{\partial x}\right|_P=2,\quad \left.\frac{\partial z}{\partial y}\right|_P=-2.$$

方向 l 即为向量 $\overrightarrow{PQ}=(1,\ \sqrt{3})$，其方向余弦为

$$\cos\alpha=\frac{1}{\sqrt{1+(\sqrt{3})^2}}=\frac{1}{2},\quad \sin\beta=\frac{\sqrt{3}}{\sqrt{1+(\sqrt{3})^2}}=\frac{\sqrt{3}}{2},$$

故所求方向导数

$$\left.\frac{\partial z}{\partial l}\right|_P=\left.\frac{\partial z}{\partial l}\right|_P\cdot\cos\alpha+\left.\frac{\partial z}{\partial l}\right|_P\cdot\sin\alpha$$

$$=2\cdot\frac{1}{2}-2\cdot\frac{\sqrt{3}}{2}=1-\sqrt{3}.$$

例 2　设由原点到点$(x,\ y)$的向径为 $\boldsymbol{r}$，x 轴正向到 $\boldsymbol{r}$ 的转角为 φ，x 轴正向到射线 l 的转角为 θ，求 $\frac{\partial r}{\partial l}$，其中

$$r=|\boldsymbol{r}|=\sqrt{x^2+y^2}.$$

解

$$\frac{\partial r}{\partial x}=\frac{x}{\sqrt{x^2+y^2}}=\frac{x}{r}=\cos\varphi,$$

$$\frac{\partial r}{\partial y}=\frac{y}{\sqrt{x^2+y^2}}=\frac{y}{r}=\sin\varphi,$$

所以

$$\frac{\partial r}{\partial l}=\cos\varphi\cos\theta+\sin\varphi\sin\theta=\cos(\varphi-\theta).$$

例 3　设 $u=3x^2+z^2-2yz+2xz$，求 u 在点 $M(1,\ 2,\ 3)$沿 $l=(4,\ 3,\ 12)$ 的方向导数.

解　因为　$\frac{\partial u}{\partial x}=6x+2z,\quad \frac{\partial u}{\partial y}=-2z,\quad \frac{\partial u}{\partial z}=2z-2y+2x,$

在点 M 处　$\frac{\partial u}{\partial x}=12,\quad \frac{\partial u}{\partial y}=-6,\quad \frac{\partial u}{\partial z}=4.$

又 l 的方向向量 $\boldsymbol{e}=\left(\frac{4}{13},\ \frac{3}{13},\ \frac{12}{13}\right)$，因此

$$\frac{\partial u}{\partial l}=12\times\frac{4}{13}-6\times\frac{3}{13}+4\times\frac{12}{13}=6.$$

二、梯度

在例 2 中我们看到函数 $r=\sqrt{x^2+y^2}$ 当 $\theta=\varphi$ 时，方向导数 $\frac{\partial r}{\partial l}$ 达到最大值.

也就是函数 $r=\sqrt{x^2+y^2}$ 在此方向增长最快,下面论证这一问题.

假设函数 $z=f(x, y)$ 在点 $P(x, y)$处可微分,将公式(8-28)改写成两向量数量积的形式

$$\frac{\partial f}{\partial l}=\left(\frac{\partial f}{\partial x}, \frac{\partial f}{\partial y}\right)\cdot(\cos\theta, \sin\theta),$$

若记 $\boldsymbol{G}=\left(\frac{\partial f}{\partial x}, \frac{\partial f}{\partial y}\right)$,则 $\boldsymbol{G}$ 仅仅依赖于点 P. 考虑到 $\boldsymbol{e}=(\cos\theta, \sin\theta)$ 是 l 的方向向量,则上式为

$$\frac{\partial f}{\partial l}=\boldsymbol{G}\cdot\boldsymbol{e}=|\boldsymbol{G}|\cos(\widehat{\boldsymbol{G}, \boldsymbol{e}}). \tag{8-30}$$

容易看出,当且仅当 $\cos(\widehat{\boldsymbol{G}, \boldsymbol{e}})=1$, 即 l 与 $\boldsymbol{G}$ 方向相同时,方向导数达到最大值且其最大值为 $|\boldsymbol{G}|$.

设函数 $z=f(x, y)$ 在区域 D 内具有一阶连续偏导数,则对于每一点 $P(x, y)\in D$, 都有确定的向量

$$\left(\frac{\partial f}{\partial x}, \frac{\partial f}{\partial y}\right),$$

称这个向量为函数 $z=f(x, y)$ 在点 $P(x, y)$处的梯度,记作 $\operatorname{grad} f(x, y)$,即

$$\operatorname{grad} f(x, y)=\frac{\partial f}{\partial x}\boldsymbol{i}+\frac{\partial f}{\partial y}\boldsymbol{j}.$$

式(8-30)可以写成

$$\frac{\partial f}{\partial l}=|\operatorname{grad} f(x, y)|\cos\theta,$$

其中 θ 是梯度 $\operatorname{grad} f(x, y)$与 l 的夹角. 上式表明函数在一点的梯度与函数在这点的方向导数的关系. 当 $\theta=0$, 即沿梯度方向时,方向导数 $\frac{\partial f}{\partial l}$ 取得最大值,这个最大值就是梯度的模 $|\operatorname{grad} f(x, y)|$. 这就是说,函数沿梯度方向变化最快,梯度就是函数的方向导数取得最大值的方向.

由梯度的定义可知,梯度的模为

$$|\operatorname{grad} f|=\sqrt{\left(\frac{\partial f}{\partial x}\right)^2+\left(\frac{\partial f}{\partial y}\right)^2}, \tag{8-31}$$

当 $\frac{\partial f}{\partial x}\neq 0$ 时, x 轴到梯度的转角 φ 的正切为

$$\tan\varphi = \frac{\dfrac{\partial f}{\partial y}}{\dfrac{\partial f}{\partial x}}. \tag{8-32}$$

如果函数 $u=u(x, y)$, $v=v(x, y)$ 在点 $P(x, y)$可微分,按梯度的定义,可以证明如下性质:

(1) $\mathrm{grad}(C)=0$　(C 为常数);

(2) $\mathrm{grad}(u \pm v)=\mathrm{grad}\,u \pm \mathrm{grad}\,v$;

(3) $\mathrm{grad}(ku)=k\,\mathrm{grad}\,u$　(k 为常数);

(4) $\mathrm{grad}(uv)=u\,\mathrm{grad}\,v+v\,\mathrm{grad}\,u$;

(5) $\mathrm{grad}\left(\dfrac{u}{v}\right)=\dfrac{v\,\mathrm{grad}\,u-u\,\mathrm{grad}\,v}{v^2}$　($v \neq 0$);

(6) $\mathrm{grad}\,f(u)=f'(u)\,\mathrm{grad}\,u$.

我们知道,一般说来二元函数 $z=f(x, y)$ 的图形是一张曲面,设 c 为此函数值域中一点,用平面 $z=c$ 所截得的曲线 L 的方程为

$$\begin{cases} z=f(x, y), \\ z=c. \end{cases}$$

这条曲线在 xOy 面上的投影是一条平面曲线 L^*(见图 8-8),它在 xOy 平面直角坐标系中的方程为

$$f(x, y)=c.$$

对于平面曲线 L^* 上的一切点,已给函数的函数值都等于 c. 所以称平面曲线 L^* 为 $z=f(x, y)$ 的一条等高线.

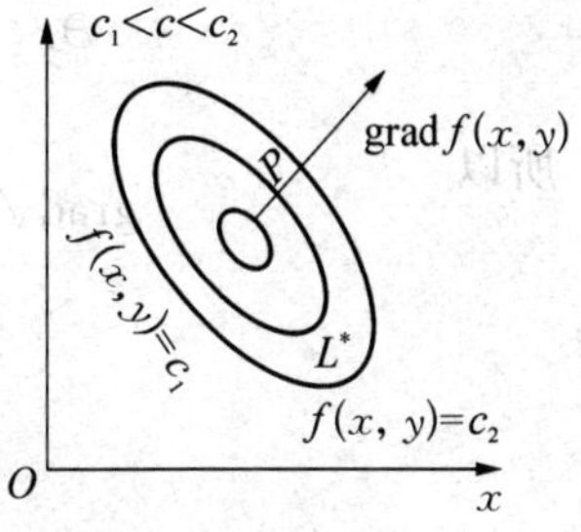

图 8-8

由于等高线 L^*: $f(x, y)=c$ 上任一点 $P(x, y)$处的法线的斜率为

$$-\frac{1}{\dfrac{dy}{dx}}=-\frac{1}{-\dfrac{f'_x}{f'_y}}=\frac{f'_y}{f'_x},$$

因此由式(8-32)知梯度 $\mathrm{grad}\,f$ 为等高线上点 P 处的一个法向量,由此可得梯度与等高线的下述关系.

函数 $z=f(x, y)$ 在点 $P(x, y)$的梯度方向与过该点的等高线 $f(x, y)=c$ 在该点的一个法向量的方向相同. 由于梯度的方向是函数在该点增长最快的方向,所以梯度是从数值较低的等高线指向数值较高的等高线的一个法向量(见图 8-8),而梯度的模等于函数在这个法线方向的方向导数.

梯度概念可以类似地推广到三元函数的情形.设函数 $u=f(x, y, z)$ 在空间区域 Ω 内具有一阶连续偏导数,则对于每一点 $P(x, y, z)\in\Omega$ 都可定出一个向量

$$\frac{\partial f}{\partial x}\boldsymbol{i}+\frac{\partial f}{\partial y}\boldsymbol{j}+\frac{\partial f}{\partial z}\boldsymbol{k},$$

这个向量称为函数 $u=f(x, y, z)$ 在点 P 处的梯度,记作 $\mathrm{grad}\, f(x, y, z)$,即

$$\mathrm{grad}\, f(x, y, z)=\frac{\partial f}{\partial x}\boldsymbol{i}+\frac{\partial f}{\partial y}\boldsymbol{j}+\frac{\partial f}{\partial z}\boldsymbol{k}.$$

与二元函数情形相类似,三元函数梯度的方向与取得最大方向导数的方向一致,而它的模即为方向导数的最大值.

例 4 求 $\mathrm{grad}\sqrt{x^2+y^2}$.

解 记 $f(x, y)=\sqrt{x^2+y^2}$,则

$$\frac{\partial f}{\partial x}=\frac{x}{\sqrt{x^2+y^2}},\quad \frac{\partial f}{\partial y}=\frac{y}{\sqrt{x^2+y^2}},$$

所以

$$\mathrm{grad}\sqrt{x^2+y^2}=\frac{x}{\sqrt{x^2+y^2}}\boldsymbol{i}+\frac{y}{\sqrt{x^2+y^2}}\boldsymbol{j}=\frac{1}{\sqrt{x^2+y^2}}(x\boldsymbol{i}+y\boldsymbol{j}).$$

例 5 设 $f(x, y, z)=x^2+2y^2+3z^2+2xy-4x+2y-4z$,求点(0, 0, 0)与(1, 1, 1)处的梯度.并问在哪一点的梯度为零向量.

解 因为 $\dfrac{\partial f}{\partial x}=2x+2y-4,\quad \dfrac{\partial f}{\partial y}=4y+2x+2,\quad \dfrac{\partial f}{\partial z}=6z-4,$

所以

$$\mathrm{grad}\, f(0, 0, 0)=(-4)\boldsymbol{i}+2\boldsymbol{j}+(-4)\boldsymbol{k}=(-4, 2, -4),$$
$$\mathrm{grad}\, f(1, 1, 1)=0\boldsymbol{i}+8\boldsymbol{j}+2\boldsymbol{k}=(0, 8, 2).$$

联立 $\begin{cases}2x+2y-4=0,\\2x+4y+2=0,\\6z-4=0,\end{cases}$ 得 $\begin{cases}x=5,\\y=-3,\\z=\dfrac{2}{3}.\end{cases}$

所以

$$\mathrm{grad}\, f\left(5, -3, \frac{2}{3}\right)=(0, 0, 0).$$

例 6　问函数 $f(x, y)=x^2\sin y+y^2\cos x$ 在点 $P\left(\frac{\pi}{2}, 0\right)$ 处沿什么方向的方向导数最大？并求此方向导数.

解　因为 $\frac{\partial f}{\partial x}=2x\sin y-y^2\sin x$，$\frac{\partial f}{\partial y}=x^2\cos y+2y\cos x$，

所以
$$\operatorname{grad} f\left(\frac{\pi}{2}, 0\right)=\frac{\pi^2}{4}\boldsymbol{j}=\left(0, \frac{\pi^2}{4}\right),$$

$$\left|\operatorname{grad} f\left(\frac{\pi}{2}, 0\right)\right|=\sqrt{0^2+\left(\frac{\pi^2}{4}\right)^2}=\frac{\pi^2}{4}.$$

因而在点 $P\left(\frac{\pi}{2}, 0\right)$ 处沿着方向 $\operatorname{grad} f\left(\frac{\pi}{2}, 0\right)=\left(0, \frac{\pi^2}{4}\right)$ 的方向导数最大. 此方向导数为 $\frac{\pi^2}{4}$.

三、数量场与向量场

如果对空间区域 Ω 内每一点，都对应着某物理量的一个确定量，则称在区域 Ω 上确定了这个物理量的一个场. 譬如，在电场中每一点处对应着一个电场强度值；在引力场中每一点处，单位质量的质点都对应着一个引力值；在温度场中每一点都对应着一个温度值.

当场中每一点对应的物理量是数量时，称为数量场；当对应的物理量为向量时，称为向量场. 不难知道，数量场可用一个多元函数

$$u=f(x, y, z), (x, y, z)\in\Omega$$

来表示；而向量场则要用一个向量函数

$$\boldsymbol{F}(x, y, z)=P(x, y, z)\boldsymbol{i}+Q(x, y, z)\boldsymbol{j}+R(x, y, z)\boldsymbol{k}$$

来表示，它实质上是用三个多元函数作为向量的坐标来表示.

利用场的概念，可以说函数 $u=f(x, y, z)$ 确定了一个数量场，而它的梯度 $\operatorname{grad} u$ 确定了一个向量场，称之为梯度场. 显然这个梯度场是由数量场 $f(x, y, z)$ 产生的. 通常称函数 $f(x, y, z)$ 为向量场 $\operatorname{grad} u$ 的势函数，简称势. 一个向量场若是某个函数的梯度场，则称为有势场. 当然，并非每个向量场都是有势的.

例 7　设质量为 m 的质点位于空间点 O 处，质量为 1 的质点位于空间任一点 M 处，试求数量场 $\frac{m}{r}$ 的梯度，其中 r 为 O 与 M 两点间的距离.

解　取点 O 为原点建立空间直角坐标系. 设点 M 的坐标为 (x, y, z)，则

$$\boldsymbol{r}=x\boldsymbol{i}+y\boldsymbol{j}+z\boldsymbol{k},\quad r=|\boldsymbol{r}|=\sqrt{x^2+y^2+z^2},$$

于是

$$\frac{\partial}{\partial x}\left(\frac{m}{r}\right)=-\frac{mx}{r^3},\quad \frac{\partial}{\partial y}\left(\frac{m}{r}\right)=-\frac{my}{r^3},\quad \frac{\partial}{\partial z}\left(\frac{m}{r}\right)=-\frac{mz}{r^3},$$

所以,函数的梯度为

$$\mathrm{grad}\left(\frac{m}{r}\right)=-\frac{m}{r^2}\cdot\frac{\boldsymbol{r}}{r}=-\frac{m}{r^2}\boldsymbol{r}^0,$$

其中 $\boldsymbol{r}^0$ 为 $\boldsymbol{r}$ 方向的单位向量.

上式右端在力学上可解释为,位于点 O 而质量为 m 的质点对位于点 M 而质量为 1 的质点的引力. 引力的大小与质点 O 的质量成正比;与两质点间距离的平方成反比. 引力的方向由点 M 指向点 O. 由牛顿万有引力定律知,这个有势场为引力场,而函数 $\frac{m}{r}$ 称为引力势.

习题 8 - 7

1. 求函数 $z=x^2+y^2$ 在点(1, 2)处沿从点(1, 2)到点$(2, 2+\sqrt{3})$的方向的方向导数.

2. 求函数 $z=\ln(x+y)$ 在抛物线 $y^2=4x$ 上点(1, 2)处,沿着这抛物线在该点处偏向 x 轴正向的切线方向的方向导数.

3. 求函数 $z=1-\left(\frac{x^2}{a^2}+\frac{y^2}{b^2}\right)$ 在点$\left(\frac{a}{\sqrt{2}}, \frac{b}{\sqrt{2}}\right)$处沿曲线 $\frac{x^2}{a^2}+\frac{y^2}{b^2}=1$ 在这点的内法线方向的方向导数.

4. 求函数 $u=2x^3y-3y^2z$ 在点 $P(1, 2, -1)$处的梯度及模.

5. 求函数 $z=\arctan\frac{x}{x+y}$ 在(1, 1)与(3, 4)两点处梯度间的夹角.

6. 设 $u=x^2+y^2+z^2$,求在点(1, 2, 3)处的$|\mathrm{grad}\,u|$与梯度方向.

7. 求函数 $u=xy^2z$ 在点 $P(1, -1, 2)$处方向导数的最大值及此方向的方向向量.

*第八节　二元函数的泰勒公式

在第三章中,我们已经知道:如果函数 $f(x)$在含有 x_0 的某个开区间(a, b)

内具有直到 $n+1$ 阶的导数,则当 x 在(a, b)内时,有下面的 n 阶泰勒公式

$$f(x)=f(x_0)+f'(x_0)(x-x_0)$$

$$+\frac{1}{2!}f''(x_0)(x-x_0)^2+\cdots+\frac{f^{(n)}(x_0)}{n!}(x-x_0)^n$$

$$+\frac{f^{(n+1)}(x_0+\theta(x-x_0))}{(n+1)!}(x-x_0)^{n+1}(0<\theta<1)$$

成立. 利用一元函数的泰勒公式,使我们可用 n 次多项式来近似表达函数 $f(x)$,且误差是当 $x\to x_0$ 时比$(x-x_0)^n$ 高阶的无穷小. 因此,无论是为了理论的需要还是实际计算的目的,考虑用多个变量的多项式去近似表达一个给定的多元函数,并且具体地估算出误差的大小来,也是十分必要的. 我们已经看到,在用全微分估计误差时,如果对精确度要求不算高,用全微分(一次多项式)代替增量确是一个简便而有效的方法. 但是如果要求更高的精确度,或者当全微分为零时,那么就要建立更高次的多项式来作为近似,这就需要导出多元函数的泰勒公式. 现以二元函数为例. 设 $z=f(x, y)$ 在点(x_0, y_0)的某一邻域内连续且有直到 $n+1$ 阶的连续偏导数,(x_0+h, y_0+k)为该邻域内任一点,我们的问题是要把函数 $f(x_0+h, y_0+k)$近似地表达为 h、k 的 n 次多项式,而由此所产生的误差当 $\rho=\sqrt{h^2+k^2}\to 0$ 时是比 ρ^n 高阶的无穷小. 虽然问题只涉及(x_0, y_0)和(x_0+h, y_0+k)两个点,但是如果用静止的观点看问题,这种表达式是不好求的,必须用动的观点. 令(x, y)沿着连接上述两点的直线段 l 移动来考察 $f(x, y)$的变化(见图 8-9). 如果取 l 的参数方程为

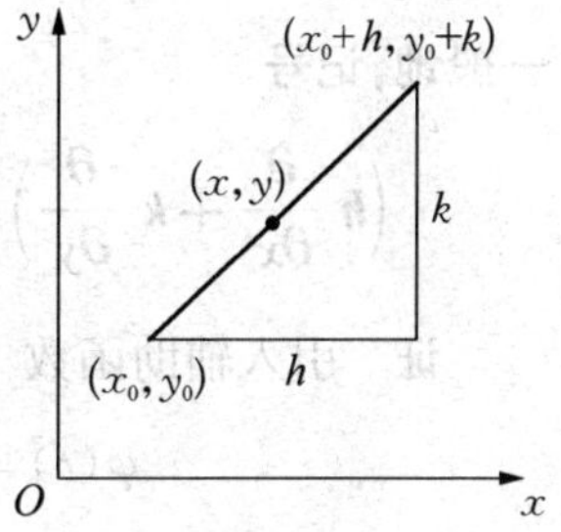

图 8-9

$$\begin{cases}x=x_0+ht\\ y=y_0+kt\end{cases}\quad(0\leqslant t\leqslant 1),$$

那么在 l 上看 $f(x, y)$,它就转化为 t 的(一元)函数

$$\varphi(t)=f(x_0+ht, y_0+kt),$$

而且恰有

$$\varphi(0)=f(x_0, y_0),\quad \varphi(1)=f(x_0+h, y_0+k).$$

因此,我们可借助一元泰勒公式来导出二元泰勒公式.

定理　设 $z=f(x, y)$ 在点(x_0, y_0)的某一邻域内连续且有直到 $n+1$ 阶的连续偏导数,(x_0+h, y_0+k)为此邻域内任一点,则在(x_0, y_0)处有 n 阶泰勒公式

$$f(x_0+h, y_0+k)=f(x_0, y_0)+\left(h\frac{\partial}{\partial x}+k\frac{\partial}{\partial y}\right)f(x_0, y_0)$$
$$+\frac{1}{2!}\left(h\frac{\partial}{\partial x}+k\frac{\partial}{\partial y}\right)^2 f(x_0, y_0)+\cdots$$
$$+\frac{1}{n!}\left(h\frac{\partial}{\partial x}+k\frac{\partial}{\partial y}\right)^n f(x_0, y_0)$$
$$+\frac{1}{(n+1)!}\left(h\frac{\partial}{\partial x}+k\frac{\partial}{\partial y}\right)^{n+1} f(x_0+\theta h, y_0+\theta k)$$
$$(0<\theta<1). \tag{8-33}$$

这里

$\left(h\frac{\partial}{\partial x}+k\frac{\partial}{\partial y}\right)f(x_0, y_0)$ 表示 $hf'_x(x_0, y_0)+kf'_y(x_0, y_0)$,

$\left(h\frac{\partial}{\partial x}+k\frac{\partial}{\partial y}\right)^2 f(x_0, y_0)$ 表示

$$h^2 f''_{xx}(x_0, y_0)+2hkf''_{xy}(x_0, y_0)+k^2 f''_{yy}(x_0, y_0),$$

一般地,记号

$$\left(h\frac{\partial}{\partial x}+k\frac{\partial}{\partial y}\right)^m f(x_0, y_0) \text{ 表示} \sum_{p=0}^{m} C_m^p h^p k^{m-p} \frac{\partial^m f}{\partial x^p \partial y^{m-p}}\Bigg|_{(x_0, y_0)}.$$

证 引入辅助函数

$$\varphi(t)=f(x_0+ht, y_0+kt) \quad (0\leqslant t\leqslant 1).$$

则 $\varphi(0)=f(x_0, y_0)$, $\varphi(1)=f(x_0+h, y_0+k)$,再由函数 $f(x, y)$ 在点 (x_0, y_0) 某邻域内的假设可知,一元函数 $\varphi(t)$ 在$[0, 1]$上具有直到 $n+1$ 阶的连续导数.将 $\varphi(t)$ 展成麦克劳林公式

$$\varphi(t)=\varphi(0)+\varphi'(0)t+\frac{\varphi''(0)}{2!}t^2+\cdots+\frac{\varphi^{(n)}(0)}{n!}t^n$$
$$+\frac{\varphi^{n+1}(\theta t)}{(n+1)!}t^{n+1}(0<\theta<1),$$

特别当 $t=1$ 时,便有

$$\varphi(1)=\varphi(0)+\varphi'(0)+\frac{\varphi''(0)}{2!}+\cdots+\frac{\varphi^{(n)}(0)}{n!} \tag{8-34}$$
$$+\frac{\varphi^{(n+1)}(\theta)}{(n+1)!}(0<\theta<1).$$

应用复合函数求导法则，得

$$\varphi'(t)=h\frac{\partial f}{\partial x}+k\frac{\partial f}{\partial y}=\left(h\frac{\partial}{\partial x}+k\frac{\partial}{\partial y}\right)f(x_0+ht,\ y_0+kt),$$

$$\varphi''(t)=h^2\frac{\partial^2 f}{\partial x^2}+2hk\frac{\partial^2 f}{\partial x\partial y}+k^2\frac{\partial^2 f}{\partial y^2}$$

$$=\left(h\frac{\partial}{\partial x}+k\frac{\partial}{\partial y}\right)^2 f(x_0+ht,\ y_0+kt),$$

……………………………………………………

$$\varphi^{(n)}(t)=\left(h\frac{\partial}{\partial x}+k\frac{\partial}{\partial y}\right)^n f(x_0+ht,\ y_0+kt),$$

$$\varphi^{(n+1)}(t)=\left(h\frac{\partial}{\partial x}+k\frac{\partial}{\partial y}\right)^{n+1} f(x_0+ht,\ y_0+kt).$$

将 $\varphi(0)$，$\varphi(1)$ 及 $\varphi'(0)$，$\varphi''(0)$，…，$\varphi^{(n)}(0)$，$\varphi^{(n+1)}(\theta)$ 一起代入式(8-34)，得

$$f(x_0+h,\ y_0+k)=f(x_0,\ y_0)+\left(h\frac{\partial}{\partial x}+k\frac{\partial}{\partial y}\right)f(x_0,\ y_0)$$

$$+\frac{1}{2!}\left(h\frac{\partial}{\partial x}+k\frac{\partial}{\partial y}\right)^2 f(x_0,\ y_0)+\cdots$$

$$+\frac{1}{n!}\left(h\frac{\partial}{\partial x}+k\frac{\partial}{\partial y}\right)^n f(x_0,\ y_0)+R_n,$$

其中

$$R_n=\frac{1}{(n+1)!}\left(h\frac{\partial}{\partial x}+k\frac{\partial}{\partial y}\right)^{n+1} f(x_0+\theta h,\ y_0+\theta k) \quad (0<\theta<1). \tag{8-35}$$

公式(8-33)称为二元函数 $f(x,\ y)$ 在点 $(x_0,\ y_0)$ 的 n 阶泰勒公式，而 R_n 的表达式(8-35)称为拉格朗日型余项. 还可证明 R_n 可表示成皮亚诺型余项，即

$$R_n=o(\rho^n)\left(\rho=\sqrt{h^2+k^2}\to 0\right).$$

由二元函数的泰勒公式可知，如果以式(8-33)右端的 n 次多项式近似地表达函数 $f(x_0+h,\ y_0+k)$，其误差为 $|R_n|$. 由题设，函数的各阶偏导数都连续，故它们的绝对值在点 $(x_0,\ y_0)$ 的某邻域内都不超过某一正数 M. 于是，有下面的误差估计式：

$$|R_n| \leqslant \frac{M}{(n+1)!}(|h|+|k|)^{n+1}$$

$$= \frac{M}{(n+1)!}\rho^{n+1}(|\cos\alpha|+|\sin\alpha|)^{n+1} \tag{8-36}$$

$$\leqslant \frac{(\sqrt{2})^{n+1}}{(n+1)!}M\rho^{n+1},$$

其中 $\rho=\sqrt{h^2+k^2}$(这里令 $h=\rho\cos\alpha$, $k=\rho\sin\alpha$).

由公式(8-36)可知,误差$|R_n|$是当 $\rho\to 0$ 时较 ρ^n 高阶的无穷小.

特别,当 $n=0$ 时,式(8-33)称为零阶泰勒公式,

$$f(x_0+h, y_0+k)=f(x_0, y_0)+hf'_x(x_0+\theta h, y_0+\theta k) + kf'_y(x_0+\theta h, y_0+\theta k)(0<\theta<1).$$

此式即为二元函数的拉格朗日中值公式.

在泰勒公式(8-33)中,如果取 $x_0=0$, $y_0=0$,则式(8-33)成为 n 阶麦克劳林公式.

$$\begin{aligned} f(x, y) = {} & f(0, 0)+\left(x\frac{\partial}{\partial x}+y\frac{\partial}{\partial y}\right)f(0, 0) \\ & +\frac{1}{2!}\left(x\frac{\partial}{\partial x}+y\frac{\partial}{\partial y}\right)^2 f(0, 0)+\cdots \\ & +\frac{1}{n!}\left(x\frac{\partial}{\partial x}+y\frac{\partial}{\partial y}\right)^n f(0, 0) \\ & +\frac{1}{(n+1)!}\left(x\frac{\partial}{\partial x}+y\frac{\partial}{\partial y}\right)^{n+1} f(\theta x, \theta y)(0<\theta<1). \end{aligned} \tag{8-37}$$

例 1 设函数 $f(x, y)=e^{x+y}$,试求其在(0, 0)处的 n 阶麦克劳林公式.

解 由 $f(x, y)=e^{x+y}$ 可得

$$\frac{\partial^k f}{\partial x^r \partial y^{k-r}}=e^{x+y} \quad (0\leqslant r\leqslant k\leqslant n+1)$$

所以
$$\left.\frac{\partial^k f}{\partial x^r \partial y^{k-r}}\right|_{(0, 0)}=1,$$

于是 $f(0, 0)=1$,

$$\left(x\frac{\partial}{\partial x}+y\frac{\partial}{\partial y}\right)f(0, 0)=xf'_x(0, 0)+yf'_y(0, 0)=x+y,$$

$$\left(x\frac{\partial}{\partial x}+y\frac{\partial}{\partial y}\right)^2 f(0,0)=x^2 f''_{xx}(0,0)+2xyf''_{xy}(0,0)$$

$$+y^2 f''_{yy}(0,0)$$

$$=(x+y)^2,$$

……………………………………………………

$$\left(x\frac{\partial}{\partial x}+y\frac{\partial}{\partial y}\right)^n f(0,0)=(x+y)^n,$$

$$\left(x\frac{\partial}{\partial x}+y\frac{\partial}{\partial y}\right)^{n+1} f(\theta x,\theta y)=(x+y)^{n+1}\mathrm{e}^{\theta(x+y)}\quad(0<\theta<1).$$

代入式(8-37),即得

$$\mathrm{e}^{x+y}=1+(x+y)+\frac{1}{2!}(x+y)^2+\cdots$$

$$+\frac{1}{n!}(x+y)^n+R_n,$$

其中
$$R_n=\frac{1}{(n+1)!}(x+y)^{n+1}\mathrm{e}^{\theta(x+y)}\quad(0<\theta<1).$$

例 2　求函数 $f(x,y)=\ln(1+x+y)$ 的三阶麦克劳林公式.

解　因为 $f'_x(x,y)=f'_y(x,y)=\dfrac{1}{1+x+y}$,

$$f''_{xx}(x,y)=f''_{xy}(x,y)=f''_{yy}(x,y)=-\frac{1}{(1+x+y)^2},$$

$$\frac{\partial^3 f}{\partial x^p\partial y^{3-p}}=\frac{2!}{(1+x+y)^3}\quad(p=0,1,2,3),$$

$$\frac{\partial^4 f}{\partial x^p\partial y^{4-p}}=-\frac{3!}{(1+x+y)^4}\quad(p=0,1,2,3,4),$$

所以
$$\left(x\frac{\partial}{\partial x}+y\frac{\partial}{\partial y}\right)f(0,0)=x+y,$$

$$\left(x\frac{\partial}{\partial x}+y\frac{\partial}{\partial y}\right)^2 f(0,0)=-(x+y)^2,$$

$$\left(x\frac{\partial}{\partial x}+y\frac{\partial}{\partial y}\right)^3 f(0,0)=2!(x+y)^3,$$

$$\left(x\frac{\partial}{\partial x}+y\frac{\partial}{\partial y}\right)^4 f(\theta x,\theta y)=-3!(x+y)^4\frac{1}{(1+\theta x+\theta y)^4}.$$

又 $f(0,0)=0$，所以

$$\ln(1+x+y)=(x+y)-\frac{1}{2}(x+y)^2+\frac{1}{3}(x+y)^3+R_3,$$

其中
$$R_3=-\frac{1}{4}\frac{(x+y)^4}{(1+\theta x+\theta y)^4}\quad(0<\theta<1).$$

*习题 8-8

1. 把函数 $f(x,y)=-x^2+2xy+3y^2-6x-2y-4$ 在点$(-2,1)$的邻域内展开成泰勒公式.

2. 试将函数 $z=\sin x\sin y$ 在点$\left(\frac{\pi}{4},\frac{\pi}{4}\right)$处展开成二阶泰勒公式.

3. 写出函数 $f(x,y)=e^x\sin y$ 的三阶麦克劳林公式.

4. 当$|x|$、$|y|$足够小时，试证下列近似公式：

(1) $\dfrac{\cos x}{\cos y}\approx 1-\dfrac{1}{2}(x^2-y^2)$；

(2) $\ln(1+x)\ln(1+y)\approx xy$，并由此求 $\ln 1.02\ln 0.97$ 的近似值.

5. 设 $z=z(x,y)$ 是由方程 $z^3-2xz+y=0$ 确定的隐函数且当 $x=1$，$y=1$ 时取 $z=1$. 写出函数 z 按 $x-1$ 和 $y-1$ 的升幂展开式的前三项.

第九节　多元函数的极值及其求法

在实际问题中，往往会遇到多元函数的最大值、最小值问题. 与一元函数相类似，多元函数的最大值、最小值与极大值、极小值有密切联系，因此我们以二元函数为例，先来讨论多元函数的极值问题.

一、多元函数的极值

定义　**设函数 $z=f(x,y)$ 在点 $P_0(x_0,y_0)$ 的某邻域 $U(P_0,\delta)$ 内有定义，如果对于该邻域内任何异于 (x_0,y_0) 的点 (x,y) 都有**

$$f(x,y)<f(x_0,y_0),$$

则称函数在点 P_0 取极大值 $f(x_0, y_0)$ 且 P_0 为极大值点；如恒有

$$f(x, y) > f(x_0, y_0),$$

则称函数在点 P_0 取极小值 $f(x_0, y_0)$ 且 P_0 为极小值点. 极大值与极小值统称为极值；极大值点与极小值点统称为极值点，即使函数取得极值的点.

譬如，点(0, 0)是函数 $f(x, y)=\sqrt{x^2+y^2}$ 的极小值点，极小值为 $f(0, 0)=0$；点(0, 0)是函数 $g(x, y)=\sqrt{2-x^2-y^2}$ 的极大值点，极大值为 $g(0, 0)=2$；点(0, 0)既不是函数 $h(x, y)=xy$ 的极大值点也不是极小值点.

将上述极值概念推广到 n 元函数 $u=f(P)$. 设 $u=f(P)$ 在点 P_0 的某一邻域内有定义，如果对于该邻域内任何异于 P_0 的点 P，都有

$$f(P) < f(P_0) \quad (f(P) > f(P_0)),$$

则称函数在点 P_0 取极大值(极小值) $f(P_0)$，且 P_0 为极大值点(极小值点).

关于二元函数的极值问题，可以利用偏导数来解决. 即有下面的定理.

定理 1　(极值的必要条件)若函数 $z=f(x, y)$ 在点 $P_0(x_0, y_0)$ 处具有偏导数且在点 $P_0(x_0, y_0)$ 取得极值，则它在该点的两个偏导数必同时为零，即

$$f'_x(x_0, y_0)=f'_y(x_0, y_0)=0.$$

仿照一元函数，凡是能使 $f'_x(x, y)=0$ 且 $f'_y(x, y)=0$ 的点 (x_0, y_0) 称为函数 $z=f(x, y)$ 的驻点. 由定理 1 我们可知，具有偏导数的极值点必定是驻点. 但函数的驻点不一定是极值点，例如，点(0, 0)是函数 $z=xy$ 的驻点，但此函数在该点处显然无极值. 那么，如何判定函数的驻点是否为函数的极值点呢？对此有下面的定理.

定理 2　(极值的充分条件)设 $P_0(x_0, y_0)$ 为函数 $z=f(x, y)$ 的一个驻点且在 P_0 的某个邻域内具有直到二阶的连续偏导数，记 $A=f''_{xx}(x_0, y_0)$，$B=f''_{xy}(x_0, y_0)$，$C=f''_{yy}(x_0, y_0)$，则

(1) $AC-B^2>0$ 时，点 P_0 为函数的极值点，且当 $A>0$ 时有极小值，当 $A<0$ 时有极大值；

(2) $AC-B^2<0$ 时，点 P_0 处没有极值；

(3) $AC-B^2=0$ 时，点 P_0 可能是极值点也可能不是极值点，还需另行确定.

综上可知，当二元函数 $z=f(x, y)$ 具有二阶连续偏导数时，可归纳求极值的步骤如下：

第一步　联立方程组 $f'_x(x, y)=0$，$f'_y(x, y)=0$，可得 $f(x, y)$ 的驻点.

第二步　求每个驻点处的二阶偏导数 A、B 和 C.

第三步　由 $AC-B^2$ 的符号按定理 2 来判定有无极值，是极大值还是极小值.

例 1　求函数 $f(x, y)=x^3+8y^3-6xy+5$ 的极值.

解 解方程组

$$\begin{cases} f'_x(x, y) = 3x^2 - 6y = 0, \\ f'_y(x, y) = 24y^2 - 6x = 0 \end{cases}$$

得驻点$(0, 0)$及$\left(1, \dfrac{1}{2}\right)$.

求函数$f(x, y)$的二阶偏导数:

$$f''_{xx}(x, y) = 6x, \quad f''_{xy}(x, y) = -6, \quad f''_{yy}(x, y) = 48y,$$

在$(0, 0)$点处，$A = 0$, $B = -6$, $C = 0$,

$$B^2 - AC = 36 > 0,$$

依极值存在的充分条件知，$f(0, 0) = 5$不是函数的极值.

在$\left(1, \dfrac{1}{2}\right)$处，$A = 6$, $B = -6$, $C = 24$,

$$B^2 - AC = -108 < 0,$$

而$A = 6 > 0$，依极值存在的充分条件知，$f\left(1, \dfrac{1}{2}\right) = 4$为函数的极小值.

例 2 求函数$f(x, y) = (2ax - x^2)(2by - y^2)$的极值(假定$ab \neq 0$).

解 解方程组

$$\begin{cases} f'_x(x, y) = (2a - 2x)(2by - y^2) = 0, \\ f'_y(x, y) = (2ax - x^2)(2b - 2y) = 0, \end{cases}$$

得驻点$(0, 0)$, $(0, 2b)$, $(2a, 0)$, $(2a, 2b)$, (a, b).

求出二阶偏导数为

$$A = f''_{xx} = -2(2by - y^2), \quad B = f''_{xy} = 4(a - x)(b - y),$$

$$C = f''_{yy} = -2(2ax - x^2).$$

在点$(0, 0)$, $(0, 2b)$, $(2a, 0)$, $(2a, 2b)$处均有

$$AC - B^2 = -16a^2b^2 < 0,$$

所以函数在这些点处均无极值;

在点(a, b)处

$$AC - B^2 = 4a^2b^2 > 0 \text{ 且 } A = -2b^2 < 0,$$

所以函数在点(a, b)处取得极大值$f(a, b) = a^2b^2$.

二、多元函数的最大值与最小值

在实际应用问题中我们常常要求多元函数的最大值或最小值(统称为最值).与一元函数相类似,我们可以利用极值来求函数的最值.在讨论多元函数连续性时曾指出：若函数 $z=f(x, y)$ 在有界闭区域 D 上连续,则函数在 D 上必定能取得最大值和最小值.不过,最值可能在 D 的内点达到,也可能在 D 的边界点达到.如果函数在 D 的内点取得最值,则最值必定是极值.于是,当函数在 D 内的偏导数存在,且只有有限多个驻点时,可以按下列方法求最值：将函数在所有驻点处的函数值与在 D 的边界上的最大值和最小值相比较,其中最大者即为函数在 D 上的最大值,最小者即为函数在 D 上的最小值.但这种做法,需求函数在 D 的边界上的最大值和最小值,有时还相当复杂.在通常的实际问题中,如果根据问题的实际意义可以判定函数一定在 D 的内部取得最大值或最小值,而函数在 D 内又只有一个驻点,则可以肯定该驻点处的函数值就是所要求的最值.

例 3　求函数 $z=x^2y(4-x-y)$ 在由直线 $x=0$, $y=0$ 及 $x+y=6$ 所围成的闭三角形区域 D 上的最大值和最小值.

解　函数 $z=x^2y(4-x-y)$ 的定义域为

$$D: 0 \leqslant x \leqslant 6,\ 0 \leqslant y \leqslant 6-x.$$

先考虑函数在 D 内驻点处的函数值,解方程组

$$\begin{cases} z'_x = xy(8-3x-2y)=0, \\ z'_y = x^2(4-x-2y)=0. \end{cases}$$

求得 D 内的唯一驻点(2, 1),且 $z|_{(2,1)}=4$.
再考虑在 D 的边界上函数的最大值与最小值.

在边界 $x=0\ (0 \leqslant y \leqslant 6)$ 上,$z \equiv 0$;

在边界 $y=0\ (0 \leqslant x \leqslant 6)$ 上,$z \equiv 0$;

在边界 $x+y=6\ (0 < x < 6)$ 上有 $z=2x^2(x-6)$,

令 $z'=6x(x-4)=0$ 得 $x=4$,而 $z|_{x=4}=-64$.所以函数在 D 的整个边界上有最大值 0 和最小值 -64.

综合上述两种情形,函数在 D 的内点(2, 1)取得最大值 4,在边界 $x+y=6$ 上的点(4, 2)处取得最小值 -64.

例 4　某厂要用铁板做成一个体积为 2 立方米的有盖长方体水箱.问当长、宽、高各取怎样的尺寸时,才能使用料最省?

解　设水箱的长为 x 米,宽为 y 米,则其高为 $\frac{2}{xy}$.所以水箱所用材料的面

积为

$$A(x, y)=2\left(xy+y\cdot\frac{2}{xy}+x\cdot\frac{2}{xy}\right)$$
$$=2\left(xy+\frac{2}{x}+\frac{2}{y}\right)\quad(x>0, y>0).$$

解方程组
$$\begin{cases}A'_x=2\left(y-\dfrac{2}{x^2}\right)=0,\\ A'_y=2\left(x-\dfrac{2}{y^2}=0\right)\end{cases}$$

得
$$x=y=\sqrt[3]{2}.$$

由题意可知,水箱所用材料面积的最小值一定存在,并在区域 $D=\{(x, y)\mid x>0, y>0\}$ 内取得. 又函数在 D 内有唯一的驻点 $(\sqrt[3]{2}, \sqrt[3]{2})$,因此可判定在该驻点处,$A(x, y)$取得最小值. 此时高亦为$\sqrt[3]{2}$,即把水箱做成边长为$\sqrt[3]{2}$米的立方体,所用材料最省.

三、条件极值　拉格朗日乘数法

上面所讨论的极值问题,对于函数的自变量,除了限制在函数的定义域以内,并无其他条件,所以通常称为无条件极值. 但在实际问题中,有时会遇到对函数的自变量还有附加条件的极值问题. 通常称为条件极值. 例如,前面的例 4,实际上是在条件 $xyz=2$ 之下,求函数 $A(x, y, z)=2(xy+yz+zx)$ 的极值. 在求解过程中,我们由条件 $xyz=2$ 解出 z 代入函数中,从而将条件极值问题转化为无条件极值问题. 这也是解决条件极值问题的一种方法. 但是,一般地讲,要从条件等式中解出某一变量,并非总是可能的. 为了避开这一困难,通常采用拉格朗日乘数法来解决条件极值问题.

现在来寻求函数

$$z=f(x, y) \tag{8-38}$$

在条件

$$\varphi(x, y)=0 \tag{8-39}$$

下取得极值的必要条件.

设点 $P_0(x_0, y_0)$为所求的条件极值点,函数 $f(x, y)$、$\varphi(x, y)$在点 P_0 的某个邻域内有连续偏导数,且 $\varphi'_x(x_0, y_0)$ 与 $\varphi'_y(x_0, y_0)$ 不同时为零,不妨设

$\varphi'_y(x_0, y_0) \neq 0$. 由隐函数存在定理可知，方程(8-39)在点 P_0 的某个邻域内确定了函数 $y=y(x)$，代入式(8-38)后，所求条件极值问题便转化为一元函数

$$z=f(x, y(x))$$

的无条件极值问题了.

由极值的必要条件，在 P_0 处有

$$\left.\frac{\mathrm{d}z}{\mathrm{d}x}\right|_{P_0}=f'_x(x_0, y_0)+f'_y(x_0, y_0)\cdot\left.\frac{\mathrm{d}y}{\mathrm{d}x}\right|_{P_0}=0. \quad (8-40)$$

但由

$$\varphi(x, y(x))=0$$

得

$$\left.\frac{\mathrm{d}y}{\mathrm{d}x}\right|_{P_0}=-\frac{\varphi'_x(x_0, y_0)}{\varphi'_y(x_0, y_0)}.$$

把上式代入式(8-40)，即得

$$f'_x(x_0, y_0)-f'_y(x_0, y_0)\frac{\varphi'_x(x_0, y_0)}{\varphi'_y(x_0, y_0)}=0,$$

若记

$$\frac{f'_y(x_0, y_0)}{\varphi'_y(x_0, y_0)}=-\lambda_0.$$

即得到极值点 P_0 要满足的方程为

$$\begin{cases} f'_x(x_0, y_0)+\lambda_0\varphi'_x(x_0, y_0)=0, \\ f'_y(x_0, y_0)+\lambda_0\varphi'_y(x_0, y_0)=0, \\ \varphi(x_0, y_0)=0. \end{cases} \quad (8-41)$$

若引进辅助函数

$$F(x, y)=f(x, y)+\lambda\varphi(x, y)$$

则不难看出式(8-41)中前两式就是

$$F_x(x_0, y_0)=0, \quad F_y(x_0, y_0)=0.$$

由以上讨论，我们得出以下结论.

要找函数 $z=f(x, y)$ 在条件 $\varphi(x, y)=0$ 下的可能极值点，可以先做拉格朗日函数

$$F(x, y)=f(x, y)+\lambda\varphi(x, y),$$

其中 λ 为参数. 求 $F(x, y)$ 对 x 与 y 的一阶偏导数，并使其为零，然后与条件 $\varphi(x, y)=0$ 联立起来，得方程组

$$\begin{cases} f_x(x, y)+\lambda\varphi_x(x, y)=0, \\ f_y(x, y)+\lambda\varphi_y(x, y)=0, \\ \varphi(x, y)=0. \end{cases} \tag{8-42}$$

由这个方程组解出 x、y 及 λ，这样得到的 (x, y) 就是函数 $f(x, y)$ 在条件 $\varphi(x, y)=0$ 下的可能极值点.

这种求条件极值的方法称作拉格朗日乘数法，其中 λ 称作拉格朗日乘数，$f(x, y)$ 称作目标函数；$\varphi(x, y)=0$ 称作约束条件.

拉格朗日乘数法也适用于自变量个数多于两个，而约束条件也多于一个的情形. 例如，求函数

$$u=f(x, y, z)$$

在条件

$$\varphi(x, y, z)=0, \quad \psi(x, y, z)=0 \tag{8-43}$$

下的极值，可以先做拉格朗日函数

$$F(x, y, z)=f(x, y, z)+\lambda\varphi(x, y, z)+\mu\psi(x, y, z),$$

其中 λ、μ 均为参数，求 $F(x, y, z)$ 的一阶偏导数，并使之为零，然后与式(8-43)中的两个方程联立起来求解，这样得到的 (x, y, z) 就是函数 $f(x, y, z)$ 在条件式(8-43)下的可能极值点.

至于如何确定所求的点是否为极值点，在实际问题中往往需根据问题本身的性质来确定.

现在我们用拉格朗日乘数法再解例 4. 即求函数 $A(x, y, z)=2(xy+xz+yz)$ 在条件 $xyz=2$ 下的极值.

作拉格朗日函数

$$F(x, y, z)=2(xy+xz+yz)+\lambda(xyz-2),$$

解方程组

$$\begin{cases} F'_x=2(y+z)+\lambda yz=0, \\ F'_y=2(x+z)+\lambda xz=0, \\ F'_z=2(x+y)+\lambda xy=0, \\ xyz-2=0. \end{cases}$$

由于 x、y、z 均大于零，所以由前三个方程得

$$x=y=z.$$

代入第四个方程即得

$$x=y=z=\sqrt[3]{2},$$

显然此结论与例 4 一致.

例 5　抛物面 $z=x^2+y^2$ 被平面 $x+y+z=1$ 所截，得到一个椭圆. 求此椭圆上的点与坐标原点的最长与最短距离.

解　此问题是求函数

$$f(x,\ y,\ z)=\sqrt{x^2+y^2+z^2}$$

在条件

$$x^2+y^2-z=0 \text{ 与 } x+y+z-1=0$$

下的最大值和最小值. 注意到$\sqrt{x^2+y^2+z^2}$与 $x^2+y^2+z^2$ 有相同的最值点，所以为了计算方便，作拉格朗日函数

$$\begin{aligned}F(x,\ y,\ z)=&x^2+y^2+z^2+\lambda(x^2+y^2-z)\\&+\mu(x+y+z-1)\end{aligned}$$

解方程组

$$\begin{cases}F'_x=2x+2\lambda x+\mu=0,\\F'_y=2y+2\lambda y+\mu=0,\\F'_z=2z-\lambda+\mu=0,\\x^2+y^2-z=0,\\x+y+z-1=0.\end{cases}$$

前两式相减，得

$$(x-y)(1+\lambda)=0.$$

不难验证 $1+\lambda\neq 0$(否则 $\lambda=-1$，由第一个方程得 $\mu=0$，代入第三个方程得 $z=-\dfrac{1}{2}$，这与第四个方程矛盾)，于是 $x=y$，分别代入第四、五个方程得

$$x=2x^2 \text{ 和 } 2x+z-1=0,$$

即 $$2x^2+2x-1=0.$$

解之，得 $$x=\frac{-1\pm\sqrt{3}}{2},$$

从而 $$y=\frac{-1\pm\sqrt{3}}{2},\quad z=2\mp\sqrt{3}.$$

于是

$$f\left(-\frac{1}{2}\pm\frac{\sqrt{3}}{2},-\frac{1}{2}\pm\frac{\sqrt{3}}{2},2\mp\sqrt{3}\right)=\sqrt{9\mp5\sqrt{3}},$$

由实际问题可知该椭圆到原点的最长距离为$\sqrt{9+5\sqrt{3}}$，最短距离为$\sqrt{9-5\sqrt{3}}$.

习题 8-9

1. 求下列函数的极值：

(1) $f(x,y)=4(x-y)-x^2-y^2$；

(2) $f(x,y)=(6x-x^2)(4y-y^2)$.

2. 求函数 $f(x,y)=1-x^2-y^2(x^2+y^2<1)$ 在条件

$$\varphi(x,y)=x^2+y^2-2(x+y)+1=0$$

下的极值.

3. 求函数 $f(x,y)=x^2+12xy+2y^2$ 在闭区域 $4x^2+y^2\leqslant 25$ 上的最大值.

4. 在 xOy 面上求一点，使它到 $x=0$，$y=0$ 及 $x+2y-16=0$ 三直线的距离平方之和为最小.

5. 求内接于半径为 a 的球且有最大体积的长方体.

6. 在第一卦限内作椭球面 $\dfrac{x^2}{a^2}+\dfrac{y^2}{b^2}+\dfrac{z^2}{c^2}=1$ 的切平面，使得切平面与三个坐标面所围成的四面体的体积最小，求切点坐标.

7. 做一个封闭的圆柱形容器，容积为 V，设此容器的上底、下底及侧面的厚度都是 d，问此容器的内半径应为多大时最省材料？

8. 设有三个正数 x、y、z 之和等于定数 a. 求其乘积的立方根的最大值.

*第十节 最小二乘法

许多工程或实际问题中，常常需要根据两个变量的几组实验数值——实验数据，来找出这两个变量的函数关系的近似表达式. 通常把这样得到的函数的近似表达式叫作经验公式. 经验公式建立以后，就可以把生产或实验中所积累的某些经验，提高到理论上加以分析. 下面以线性函数关系为例，来介绍一种建立经验公式的方法.

假设我们观察到 n 个数据点(x_1,y_1)，(x_2,y_2)，…，(x_n,y_n). 比方说，其中的 x 可能表示一片森林中树木某年生长的平均值，而 y 表示该年当地的日平均

温度;或者,x 可能表示一家商场某星期的销售量,而 y 表示该星期所得的利润,等等.问题是我们能否找到一条直线,它基本上可以认为是经过这 n 个数据点的.如果能够的话,如何确定 y 与 x 之间的线性关系.

由上可知,问题是找到"最好的"直线

$$y=f(x)=mx+b,$$

它经过或接近这些数据点(见图 8-10).点(x_i, y_i)为上述 n 个数据点中的一个,在直线 $y=mx+b$ 上,与 x_i 对应的 y 值为 $f(x_i)=mx_i+b$,ε_i 表示实际值 y_i 与它的近似值 $f(x_i)$之间的误差,即

$$\varepsilon_i=y_i-f(x_i)=y_i-mx_i-b. \quad (8-44)$$

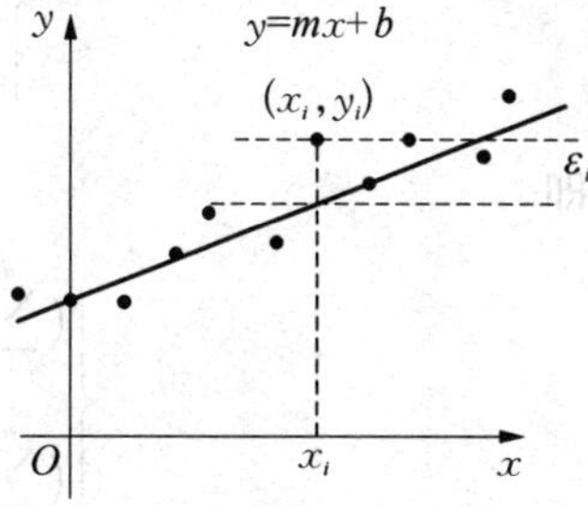

图 8-10

现在的问题是,如何确定常数 m 和 b 使得直线"最好"?因此我们只能要求选取这样的 m 和 b,使得上述实际值与近似值的误差 ε_i 都很小,那么如何达到这一要求呢?能否设法使得误差之和

$$\sum_{i=1}^{n}\varepsilon_i=\sum_{i=1}^{n}(y_i-mx_i-b)$$

很小来保证每个误差都很小呢?不能,因为误差可正可负,在求和时可能相互抵消.为了避免这种情形,可对误差取绝对值再求和,只要

$$\sum_{i=1}^{n}|\varepsilon_i|=\sum_{i=1}^{n}|y_i-mx_i-b|$$

很小,就可以保证每个误差都很小.但是这个式子中有绝对值记号,不便于进一步分析.由于任何实数的平方都是正数或零,因此我们可以考虑选取常数 m 和 b,使得

$$f(m, b)=\sum_{i=1}^{n}|\varepsilon_i|^2=\sum_{i=1}^{n}(y_i-mx_i-b)^2 \qquad (8-45)$$

最小来保证每个误差都很小.这种根据误差的平方和为最小的条件来确定常数 m 和 b 的方法叫作最小二乘法.通常都采用这种方法.

现在来确定 m 和 b 使得 $f(m, b)$最小.这样问题转化为求二元函数 $f(m, b)$的最小值点.

求解方程组

$$\begin{cases}f'_m=-2\sum\limits_{i=1}^{n}x_i(y_i-mx_i-b)=0,\\ f'_b=-2\sum\limits_{i=1}^{n}(y_i-mx_i-b)=0,\end{cases}$$

整理得

$$\begin{cases}\sum_{i=1}^{n}(x_iy_i-mx_i^2-bx_i)=0,\\ \sum_{i=1}^{n}(y_i-mx_i-b)=0,\end{cases}$$

即

$$\begin{cases}\left(\sum_{i=1}^{n}x_i^2\right)m+\left(\sum_{i=1}^{n}x_i\right)b=\sum_{i=1}^{n}x_iy_i,\\ \left(\sum_{i=1}^{n}x_i\right)m+nb=\sum_{i=1}^{n}y_i,\end{cases}$$

这是关于 m 和 b 的二元一次方程组. 解之,得

$$m=\frac{n\sum_{i=1}^{n}x_iy_i-\left(\sum_{i=1}^{n}x_i\right)\left(\sum_{i=1}^{n}y_i\right)}{n\sum_{i=1}^{n}x_i^2-\left(\sum_{i=1}^{n}x_i\right)^2},\tag{8-46}$$

$$b=\frac{\left(\sum_{i=1}^{n}x_i^2\right)\left(\sum_{i=1}^{n}y_i\right)-\left(\sum_{i=1}^{n}x_i\right)\left(\sum_{i=1}^{n}x_iy_i\right)}{n\sum_{i=1}^{n}x_i^2-\left(\sum_{i=1}^{n}x_i\right)^2}.\tag{8-47}$$

读者可自行验证,由式(8-46)和式(8-47)确定的 m 和 b 确实能使 $f(m, b)$ 取得最小值. 由式(8-46)和式(8-47)确定的直线 $y=f(x)=mx+b$ 称为这 n 个点的**回归直线**.

注 仅当 $n\sum_{i=1}^{n}x_i^2-\left(\sum_{i=1}^{n}x_i\right)^2\neq 0$ 时,式(8-46)和式(8-47)才有意义. 事实上不等式

$$n\sum_{i=1}^{n}x_i^2-\left(\sum_{i=1}^{n}x_i\right)^2\geqslant 0$$

仅当所有的 x_i 都相等时才会成为等式(此时,回归直线是铅垂线 $x=x_i$).

由此,我们可以利用式(8-46)和式(8-47)来求出一组点的回归直线或者说一组数据的经验公式. 为此,需先求出几个和式 $\sum_{i=1}^{n}x_i$, $\sum_{i=1}^{n}y_i$, $\sum_{i=1}^{n}x_i^2$, $\sum_{i=1}^{n}x_iy_i$.

由以上分析可知,$f(m, b)$表示实测值 y_i 与经验公式算出的值 $f(x_i)$之间误差 $y_i-f(x_i)$的平方和,称它的平方根$\sqrt{f(m, b)}$为均方误差,它的大小在一定程度上反映了用经验公式来近似表达实际函数关系的近似程度.

例 1 求点(1, 2), (2, 4), (5, 5)的回归直线.

解　所需数值如下表：

i	x_i	y_i	x_i^2	x_iy_i
1	1	2	1	2
2	2	4	4	8
3	5	5	25	25
$\sum$	8	11	30	35

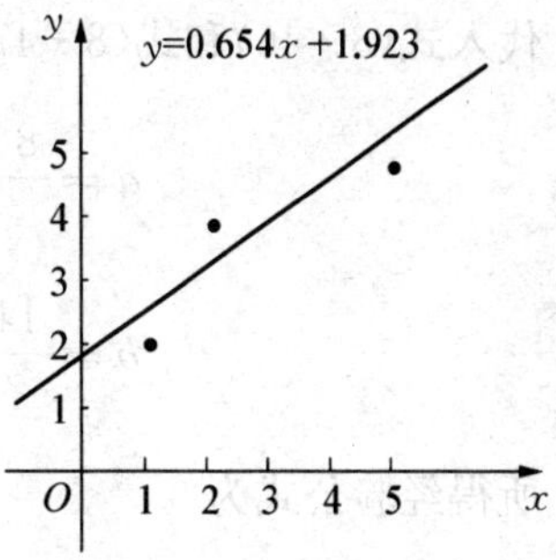

图 8-11

代入式(8-46)和式(8-47)可得

$$m=\frac{3\times 35-8\times 11}{3\times 30-8^2}\approx 0.654,$$

$$b=\frac{30\times 11-8\times 35}{3\times 30-8^2}\approx 1.923,$$

所以回归直线(见图 8-11)方程为

$$y=0.654x+1.923.$$

例 2　为了测量刀具的磨损速度,我们做这样的实验：经过一定时间(如每隔一小时)测一次刀具的厚度,得到一组实验数据：

顺序编号	0	1	2	3	4	5	6	7
时间 t_i(h)	0	1	2	3	4	5	6	7
刀具厚度 y_i(mm)	27.0	26.8	26.5	26.3	26.1	25.7	25.3	24.8

试根据上面的数据建立 y 与 t 之间的经验公式 $y=at+b$.

解　所需数值列表如下：

	t_i	t_i^2	y_i	y_it_i
	0	0	27.0	0
	1	1	26.8	26.8
	2	4	26.5	53.0
	3	9	26.3	78.9
	4	16	26.1	104.4
	5	25	25.7	128.5
	6	36	25.3	151.8
	7	49	24.8	173.6
$\sum$	28	140	208.5	717.0

代入式(8-46)和式(8-47)得

$$a=\frac{8\times 717.0-28\times 208.5}{8\times 140-28^2}=-0.3036,$$

$$b=\frac{140\times 208.5-28\times 717.0}{8\times 140-28^2}=27.125,$$

所得经验公式为

$$y=f(t)=-0.3036t+27.125. \tag{8-48}$$

由公式(8-48)算出的函数值 $f(t_i)$ 与实测值 y_i 有一定的误差,列表如下:

t_i	0	1	2	3	4	5	6	7
实测的 y_i	27.0	26.8	26.5	26.3	26.1	25.7	25.3	24.8
算得的 $f(t_i)$	27.125	26.821	26.518	26.214	25.911	25.607	26.303	25.000
偏　差	−0.125	−0.021	−0.018	−0.086	0.189	0.093	−0.003	−0.200

误差的平方和 $M=0.108165$,它的平方根也即均方误差为 $\sqrt{M}=0.329$.

在例 2 中,按实验数据描出的图形接近于一条直线. 在这种情形下,就可以认为函数关系是线性函数类型的,从而问题可化为求解一个二元一次方程组,计算比较方便. 还有一些实际问题,经验公式的类型不是线性的,但我们可以设法把它化成线性函数类型来讨论.

例 3 在研究单分子化学反应速度时,得到下列数据:

i	1	2	3	4	5	6	7	8
τ_i	3	6	9	12	15	18	21	24
y_i	57.6	41.9	31.0	22.7	16.6	12.2	8.9	6.5

其中 τ 表示从实验开始算起的时间,y 表示这时在反应混合物中物质的量. 试根据上述数据定出经验公式 $y=f(\tau)$.

解 由化学反应速度的理论知道,$y=f(\tau)$ 应是指数函数:$y=ke^{m\tau}$,其中 k 和 m 是待定常数. 我们先来验证这样一个结论. 在 $y=ke^{m\tau}$ 两边取常用对数,得

$$\lg y=(m\cdot\lg e)\tau+\lg k.$$

记 $m\lg e=0.4343m=a$,$\lg k=b$,则上式写为

$$\lg y=a\tau+b,$$

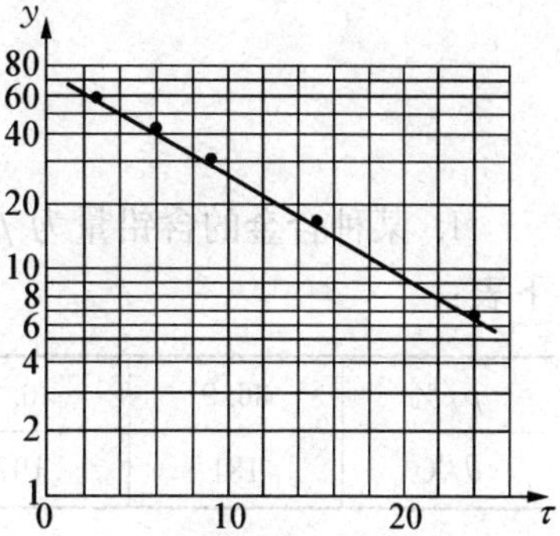

图 8－12

于是 $\lg y$ 就是 τ 的线性函数了. 所以，把表中各对数据 $(\tau_i,\ y_i)(i=1,\ 2,\ \cdots,\ 8)$ 所对应的点描述在半对数坐标纸上（半对数坐标纸的横轴上各点处所标明的数字与普通的直角坐标纸相同，而纵轴上各点处所标明的数字是这样的，它的常用对数就是该点到原点的距离），如图 8－12 所示. 从图上看出，这些点的连线非常接近于一条直线，这说明 $y=f(\tau)$ 确实可以认为是指数函数.

下面来具体定出 k 和 m 的值.

由于

$$\lg y=a\tau+b,$$

所以仿照例 2 的计算，通过求方程组

$$\begin{cases} a\sum\limits_{i=1}^{8}\tau_i^2+b\sum\limits_{i=1}^{8}\tau_i=\sum\limits_{i=1}^{8}\tau_i\lg y_i, \\ a\sum\limits_{i=1}^{8}\tau_i+8b=\sum\limits_{i=1}^{8}\lg y_i, \end{cases}$$

的解来确定 a 和 b. 所需数值列表如下

	τ_i	τ_i^2	y_i	$\lg y_i$	$\tau_i\lg y_i$
	3	9	57.6	1.760 4	5.281 2
	6	36	41.9	1.622 2	9.733 2
	9	81	31.0	1.491 4	13.422 6
	12	144	22.7	1.356 0	16.272 0
	15	225	16.6	1.220 1	18.301 5
	18	324	12.2	1.086 4	19.555 2
	21	441	8.9	0.949 4	19.937 4
	24	576	6.5	0.812 9	19.509 6
$\sum$	108	1 836		10.298 8	122.012 7

代入上述方程组得

$$\begin{cases} a=0.434\,3m=-0.045, \\ b=\lg k=1.896\,4, \end{cases}$$

所以
$$m=-0.103\,6,\quad k=78.78.$$

因此所求的经验公式为

$$y=78.78\mathrm{e}^{-0.103\,6\tau}.$$

*习题 8-10

1. 某种合金的含铅量为 $p\%$,其熔解温度为 θ℃,由实验测得 p 与 θ 的数据如下表:

$p/\%$	36.9	46.7	63.7	77.8	84.0	87.5
θ/℃	181	197	235	270	283	292

试用最小二乘法建立 θ 与 p 之间的经验公式 $\theta = ap + b$.

2. 已知一组实验数据为 (x_1, y_1), (x_2, y_2), …, (x_n, y_n). 现若假定经验公式是

$$y = ax^2 + bx + c,$$

试按最小二乘法建立 a、b、c 应满足的三元一次方程组.

自 测 题

一、填空题:

1. 已知 $f\left(x+y, \dfrac{x}{y}\right) = x^2 - y^2$, 则 $f(x, y) =$ ________;

2. 设 $u = \ln xy - \cos(x-y)$, 则 $\mathrm{d}u =$ ________;

3. 设函数 $z = f(u, v, w)$ 具有连续的一阶偏导数,其中 $u = x^2$, $v = \sin \mathrm{e}^y$, $w = \ln y$, 则 $\dfrac{\partial z}{\partial y} =$ ________;

4. 函数 $z = x^2 - xy + y^2$ 在点(1, 1)处最大的方向导数为________;

5. 原点到椭球面 $x^2 + y^2 + 2z^2 = 31$ 上一点(3, 2, 3)处的切平面的距离 $d =$ ________.

二、单项选择题:

1. 设 $z = f(x, y)$ 在点 (x_0, y_0) 处不连续,则 $f(x, y)$ 在该点处(　　).

(A) 必无定义;　　(B) 极限必不存在;

(C) 偏导数必不存在;　　(D) 全微分必不存在.

2. 设 $z = f(x, y)$ 且 $\mathrm{d}z = 0$, 则下列结论正确的是(　　).

(A) $\dfrac{\partial z}{\partial x} = \dfrac{\partial z}{\partial y} = 0$;　　(B) $\mathrm{d}x = \mathrm{d}y = 0$;

(C) $\mathrm{d}x = \dfrac{\partial z}{\partial y} = 0$;　　(D) $\mathrm{d}y = \dfrac{\partial z}{\partial x} = 0$.

3. 函数 $y=y(x,z)$ 由方程 $xyz=\mathrm{e}^{x+y}$ 所确定,则 $\dfrac{\partial y}{\partial x}$ 为(　　).

(A) $\dfrac{y(x-1)}{x(1-y)}$;　(B) $\dfrac{y}{x(1-y)}$;　(C) $\dfrac{yz}{1-y}$;　(D) $\dfrac{y(1-xz)}{x(1-y)}$.

4. 曲线 $x=t^2$, $y=\dfrac{8}{\sqrt{t}}$, $z=4\sqrt{t}$ 在点(16, 4, 8)处的法平面方程为(　　).

(A) $8x-y-2z=108$;　(B) $8x-y+2z=140$;

(C) $16x-y+2z=268$;　(D) $16x-y-2z=244$.

5. 函数 $u=xyz-2yz-3$ 在点(1, 1, 1)沿 $\boldsymbol{l}=2\boldsymbol{i}+2\boldsymbol{j}+\boldsymbol{k}$ 的方向导数为(　　).

(A) $\dfrac{1}{\sqrt{5}}$;　(B) $-\dfrac{1}{\sqrt{5}}$;　(C) $\dfrac{1}{3}$;　(D) $-\dfrac{1}{3}$.

三、设函数 $u=f(x,y,z)$ 具有连续的一阶偏导数,其中 $z=z(x,y)$ 由可微函数 $y=\varphi(x,t)$ 及 $t=\psi(x,z)$ 确定,且 $\varphi'_t\psi'_z\neq 0$,试求 $\dfrac{\partial u}{\partial x}$ 及 $\dfrac{\partial u}{\partial y}$.

四、求平面 $\dfrac{x}{3}+\dfrac{y}{4}+\dfrac{z}{5}=1$ 和柱面 $x^2+y^2=1$ 的交线上与 xOy 平面距离最短的点.

五、证明:曲面 $ax+by+cz=f(x^2+y^2+z^2)$ 在点 $M(x_0, y_0, z_0)$的法向量与向量(x_0, y_0, z_0)及(a, b, c)共面.其中 f 是可导函数.

第九章　二 重 积 分

本章内容属于多元函数积分学.在一元函数积分学中我们知道,定积分是某种确定形式的和式的极限.这种和式的极限概念推广到区域上多元函数的情形,便得到重积分的概念.本章将介绍二重积分的概念以及它们的计算法和在几何、静力学等方面的某些应用.

第一节　二重积分的概念与性质

正如曲边梯形的面积问题引出了定积分的概念一样,曲顶柱体的体积问题同样也引出了一种新的概念——二重积分.

一、引例

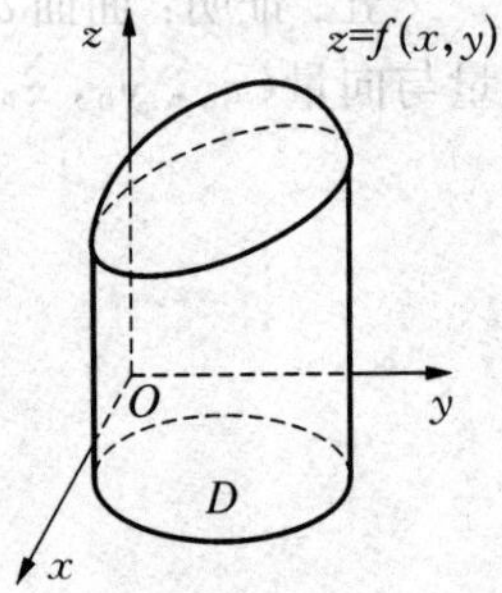

图 9-1

1. 曲顶柱体的体积

设 $z=f(x, y)$ 在有界闭区域 D 上为正的连续函数,其图形为曲面 Σ.我们考虑以曲面 Σ 为顶、以 D 为底、侧面是通过 D 的边界与 z 轴平行的柱面(见图 9-1),这样的立体称为曲顶柱体.所要解决的问题是:如何定义这个曲顶柱体的体积?如何计算这个体积?

首先,用一组曲线网把区域 D 任意分成 n 个小区域

$$\Delta\sigma_1, \Delta\sigma_2, \cdots, \Delta\sigma_n,$$

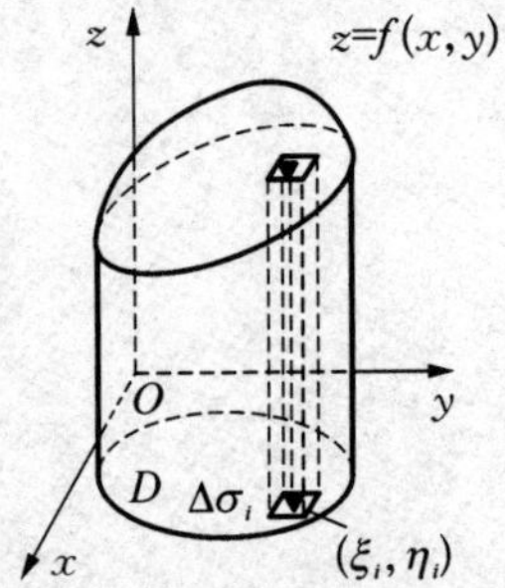

图 9-2

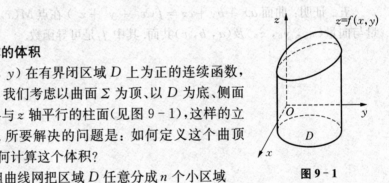

分别以这些小区域的边界曲线为准线作母线平行于 z 轴的柱面.这些柱面把原来的曲顶柱体分成 n 个小曲顶柱体,这里我们用 $\Delta\sigma_i(i=1, 2, \cdots, n)$ 表示这些小区域,同时也表示它们的面积.由函数 $z=f(x, y)$ 的连续性,当小区域 $\Delta\sigma_i$ 很小时,每个小曲顶柱体的体积可近似看作平顶柱体的体积(见图 9-2).在每个小区域 $\Delta\sigma_i$ 上任取一点 (ξ_i, η_i),则以 $\Delta\sigma_i$ 为底,$f(\xi_i, \eta_i)$ 为高的平顶柱体的体积

$$f(\xi_i, \eta_i)\cdot\Delta\sigma_i,$$

应是第 i 个小曲顶柱体体积的近似值,即

$$\Delta V_i \approx f(\xi_i, \eta_i)\Delta\sigma_i.$$

于是和式

$$\sum_{i=1}^{n} f(\xi_i, \eta_i)\Delta\sigma_i$$

就是原曲顶柱体体积的近似值. 显然,对区域 D 的划分越细,和式应该越接近于原曲顶柱体的体积. 当 n 个小区域的直径(区域上任意两点间距离的最大值)的最大值 $\lambda \to 0$ 时,这个和式的极限值

$$V=\lim_{\lambda\to 0}\sum_{i=1}^{n} f(\xi_i, \eta_i)\Delta\sigma_i$$

既不依赖于 D 的分法,也不依赖于每个小区域上点(ξ_i, η_i)的取法,我们称之为曲顶柱体的体积.

2. 非均匀薄片的质量

设平面薄片在 xOy 面上占有有界闭区域 D,D 上点(x, y)处的面密度为 $\rho(x, y)$, $\rho(x, y)>0$ 且在 D 上连续,求薄片的质量.

用一组曲线网将 D 任意分成 n 个小区域

$$\Delta\sigma_1, \Delta\sigma_2, \cdots, \Delta\sigma_n,$$

同样 $\Delta\sigma_i(i=1, 2, \cdots, n)$ 也表示其面积. 在 $\Delta\sigma_i$ 上任取点(ξ_i, η_i),则在 $\Delta\sigma_i$ 上的面密度 $\rho(x, y)$近似等于 $\rho(\xi_i, \eta_i)$(见图 9-3),即

$$\rho(x, y)\approx\rho(\xi_i, \eta_i), (x, y)\in\Delta\sigma_i.$$

第 i 块小薄片的质量近似等于

$$\rho(\xi_i, \eta_i)\cdot\Delta\sigma_i,$$

整个薄片的质量近似等于

$$\sum_{i=1}^{n}\rho(\xi_i, \eta_i)\Delta\sigma_i.$$

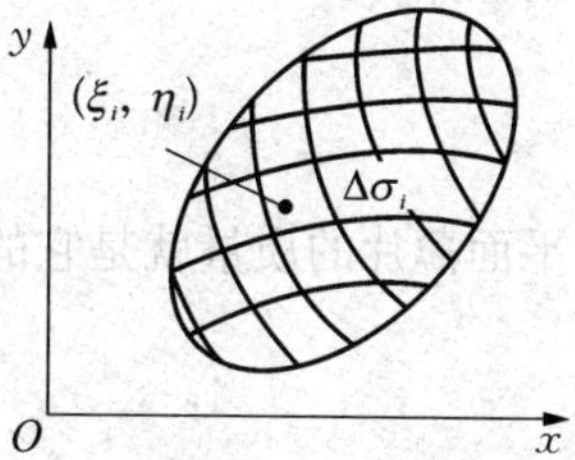

图 9-3

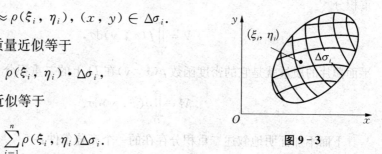

当划分越细,精确度越高,令 n 个小区域直径的最大值 $\lambda\to 0$,则和式的极限定义为薄片的质量 M,即

$$M=\lim_{\lambda\to 0}\sum_{i=1}^{n}\rho(\xi_i, \eta_i)\Delta\sigma_i.$$

上面两个问题的实际意义虽然不同,但解决问题的方法完全相同,都归结为一种

和式的极限,抽去 $f(x, y)$、$\rho(x, y)$的具体含义,即可抽象出如下二重积分的定义.

二、二重积分的定义

定义　设 $f(x, y)$是定义在有界闭区域 D 上的有界函数,将 D 任意分成 n 个互不重叠的小区域 $\Delta\sigma_1, \Delta\sigma_2, \cdots, \Delta\sigma_n$,且以 $\Delta\sigma_i$ 表示第 i 个小区域的面积 $(i=1, 2, \cdots, n)$. 在每个小区域 $\Delta\sigma_i$ 上任取一点(ξ_i, η_i),作和式

$$\sum_{i=1}^{n} f(\xi_i, \eta_i)\Delta\sigma_i.$$

如果当 n 个小区域直径的最大值 $\lambda \to 0$ 时,这个和式的极限存在,且极限值与 D 的分法和点(ξ_i, η_i)的取法都无关,那么称函数 $f(x, y)$在区域 D 上是可积的,此极限值称为 $f(x, y)$在区域 D 上的二重积分,并记为 $\iint\limits_D f(x, y)\mathrm{d}\sigma$,即

$$\iint\limits_D f(x, y)\mathrm{d}\sigma = \lim_{\lambda \to 0}\sum_{i=1}^{n} f(\xi_i, \eta_i)\Delta\sigma_i. \tag{9-1}$$

其中 $f(x, y)$称为被积函数,$f(x, y)\mathrm{d}\sigma$ 称为被积表达式,$\mathrm{d}\sigma$ 称为面积元素,D 称为积分区域.

由定义知,二重积分是一个确定的数值,它仅仅依赖于被积函数 $f(x, y)$和积分区域 D. 也就是说,无论 D 怎样划分,也无论在 $\Delta\sigma_i$ 上点(ξ_i, η_i)怎样取法,和式 $\sum\limits_{i=1}^{n} f(\xi_i, \eta_i)\Delta\sigma_i$,当 $\lambda \to 0$ 时,都有相同的极限值.

由二重积分的定义,曲顶柱体的体积就是曲顶函数 $f(x, y)$在区域 D 上的二重积分

$$V = \iint\limits_D f(x, y)\mathrm{d}\sigma,$$

平面薄片的质量就是它的密度函数 $\rho(x, y)$在 D 上的二重积分

$$M = \iint\limits_D \rho(x, y)\mathrm{d}\sigma.$$

下面不加证明地叙述二重积分存在的一个充分条件:

如果被积函数在积分区域上连续,那么和式的极限必存在,即二重积分必存在. 换言之,有界闭区域上的连续函数是可积的.

三、二重积分的性质与几何意义

二重积分有与定积分完全类似的性质,现叙述如下.

性质 1 如果在 D 上，$f(x, y) \equiv 1$，σ 是 D 的面积，那么

$$\sigma = \iint_D 1 \mathrm{d}\sigma = \iint_D \mathrm{d}\sigma.$$

它的几何意义很明显，因为高为 1 的平顶柱体的体积在数值上等于柱体的底面积.

性质 2 常数因子可以提到二重积分号外面，即

$$\iint_D k f(x, y) \mathrm{d}\sigma = k \iint_D f(x, y) \mathrm{d}\sigma \quad (k \text{ 为常数}).$$

性质 3 函数和的积分等于各函数积分的和，即

$$\iint_D [f(x, y) + g(x, y)] \mathrm{d}\sigma = \iint_D f(x, y) \mathrm{d}\sigma + \iint_D g(x, y) \mathrm{d}\sigma.$$

性质 4 如果积分区域 D 由有限条曲线分为有限个部分区域，那么在 D 上的积分等于在各部分区域上积分的和. 例如 D 分为两个区域 D_1 和 D_2，那么

$$\iint_D f(x, y) \mathrm{d}\sigma = \iint_{D_1} f(x, y) \mathrm{d}\sigma + \iint_{D_2} f(x, y) \mathrm{d}\sigma.$$

性质 5 如果在 D 上，$f(x, y) \leqslant g(x, y)$，那么有下列不等式

$$\iint_D f(x, y) \mathrm{d}\sigma \leqslant \iint_D g(x, y) \mathrm{d}\sigma.$$

特别地，由于 $\quad -|f(x, y)| \leqslant f(x, y) \leqslant |f(x, y)|,$

便有不等式

$$\left| \iint_D f(x, y) \mathrm{d}\sigma \right| \leqslant \iint_D |f(x, y)| \mathrm{d}\sigma.$$

性质 6 设 M、m 是 $f(x, y)$ 在 D 上的最大值和最小值，σ 是 D 的面积，则有二重积分的下列估值不等式

$$m\sigma \leqslant \iint_D f(x, y) \mathrm{d}\sigma \leqslant M\sigma.$$

事实上，由于 $m \leqslant f(x, y) \leqslant M$，所以由性质 5 有

$$\iint_D m \mathrm{d}\sigma \leqslant \iint_D f(x, y) \mathrm{d}\sigma \leqslant \iint_D M \mathrm{d}\sigma,$$

再应用性质 1、2，即得所证的不等式.

性质 7 （二重积分中值定理）设 $f(x, y)$ 在有界闭区域 D 上连续，σ 是 D 的

面积,则在 D 上至少存在一点(ξ, η),使得下式成立:

$$\iint_D f(x, y)\mathrm{d}\sigma = f(\xi, \eta)\sigma.$$

二重积分的几何意义:

一般地,如果 $f(x, y)$是正的,我们总可以把被积函数 $f(x, y)$解释为曲顶柱体的曲顶函数,所以二重积分的几何意义就是曲顶柱体的体积;如果 $f(x, y)$是负的,曲顶柱体就在 xOy 平面下方,二重积分的绝对值仍旧等于曲顶柱体的体积,但二重积分值是负的;如果 $f(x, y)$在 D 的部分区域上是正的,而在其余的部分区域上是负的,那么我们可以把在 xOy 面上方的柱体体积取正,xOy 面下方的柱体体积取负,$f(x, y)$在 D 上的二重积分 $\iint_D f(x, y)\mathrm{d}\sigma$ 就等于这些曲顶柱体体积的代数和.

习题 9-1

1. 用二重积分表示下列立体的体积:

(1) 上半球体:$\{(x, y, z) \mid x^2+y^2+z^2 \leqslant R^2;\ z \geqslant 0\}$;

(2) 由抛物面 $z=2-x^2-y^2$,柱面 $x^2+y^2=1$ 及 xOy 平面所围成的空间立体.

2. 利用二重积分的性质,求下列积分的值:

(1) 设 D 是由 $\{(x, y) \mid x^2+y^2 \leqslant 2\}$ 所确定的闭区域,计算 $\iint_D \mathrm{d}\sigma$;

(2) 设 D 是由直线 $y=1$, $y=0$, $x=1$ 及 $x=0$ 所围成的闭区域,计算 $\iint_D 2\mathrm{d}\sigma$.

3. 根据二重积分的几何意义,确定下列积分的值:

(1) $\iint_D \sqrt{a^2-x^2-y^2}\,\mathrm{d}\sigma$,其中 D 为 $x^2+y^2 \leqslant a^2$;

(2) $\iint_D (b-\sqrt{x^2+y^2})\mathrm{d}\sigma$,其中 D 为 $x^2+y^2 \leqslant a^2$, $b>a>0$.

4. 根据二重积分的性质,比较下列积分的大小:

(1) $\iint_D (x+y)^2\mathrm{d}\sigma$ 与 $\iint_D (x+y)^3\mathrm{d}\sigma$,其中积分区域 D 是由 x 轴、y 轴与直线 $x+y=1$ 所围成;

(2) $\iint_D \ln(x+y)\mathrm{d}\sigma$ 与 $\iint_D [\ln(x+y)]^2\mathrm{d}\sigma$,其中 D 是矩形闭区域:$3 \leqslant x \leqslant 5$,

$0 \leqslant y \leqslant 1$.

5. 确定下列积分的符号：

(1) $\iint\limits_{|x|+|y|\leqslant 1} \ln(x^2+y^2)\mathrm{d}\sigma$；

(2) $\iint\limits_{1\leqslant x^2+y^2\leqslant 4} \sqrt{x^2+y^2-1}\,\mathrm{d}\sigma$.

6. 利用二重积分的性质估计下列积分的值：

(1) $I=\iint\limits_{D} x(x+y)\mathrm{d}\sigma$，其中 D 是矩形区域：$0\leqslant x\leqslant 2,\ 0\leqslant y\leqslant 1$；

(2) $I=\iint\limits_{D} \mathrm{e}^{x^2+y^2}\mathrm{d}\sigma$，其中 D 是圆环域：$1\leqslant x^2+y^2\leqslant 4$；

(3) $I=\iint\limits_{D} (2x^2+3y^2+9)\mathrm{d}\sigma$，其中 D 是圆域：$x^2+y^2\leqslant 4$；

(4) $I=\iint\limits_{D} (x+2y+3)\mathrm{d}\sigma$，其中 D 是矩形区域：$0\leqslant x\leqslant 2,\ 0\leqslant y\leqslant 1$.

7. 设 $f(x,y)$ 是连续函数，试求极限：$\lim\limits_{r\to 0^+}\dfrac{1}{\pi r^2}\iint\limits_{x^2+y^2\leqslant r^2} f(x,y)\mathrm{d}\sigma$.

第二节　二重积分的计算

二重积分定义的本身给出了一种计算方法，但这样的计算是极其繁杂的，实际上很难实现.本节将给出二重积分的计算法则，化二重积分为二次积分，下面分两种情形加以介绍.

一、直角坐标情形

因为二重积分的存在与小区域 $\Delta\sigma_i$ 的形状是无关的，我们可以取两边平行于坐标轴的矩形作为这种小区域(见图 9-4).矩形 $\Delta\sigma$ 的两边长度各记为 Δx 和 Δy，这时

$$\Delta\sigma=\Delta x\cdot\Delta y,\quad \mathrm{d}\sigma=\mathrm{d}x\,\mathrm{d}y,$$

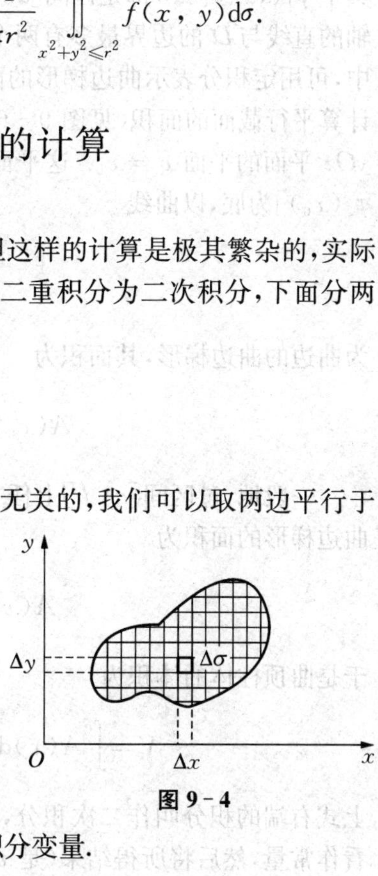

图 9-4

并且

$$\iint\limits_{D} f(x,y)\mathrm{d}\sigma=\iint\limits_{D} f(x,y)\mathrm{d}x\,\mathrm{d}y.$$

其中 $\mathrm{d}x\mathrm{d}y$ 是直角坐标系中的面积元素，x、y 是积分变量.

下面我们借助二重积分的几何意义导出直角坐标系下化二重积分为二次积分的公式.

(1) 假定定义在有界闭区域 D 上的连续函数 $f(x, y) \geqslant 0$，D 由曲线 $y=\varphi_1(x)$，$y=\varphi_2(x)$ 和直线 $x=a$，$x=b$ 所围成(见图 9－5)，即

$$D: \varphi_1(x) \leqslant y \leqslant \varphi_2(x), a \leqslant x \leqslant b.$$

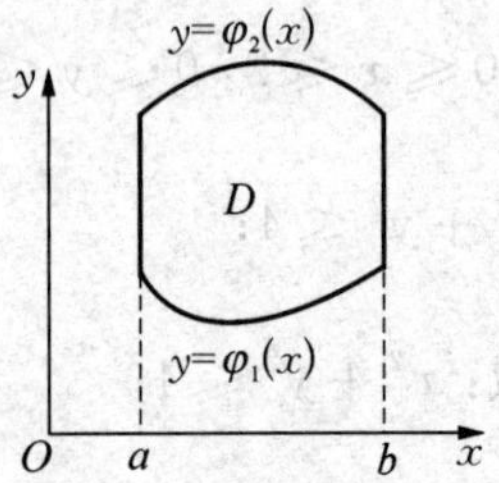

图 9－5

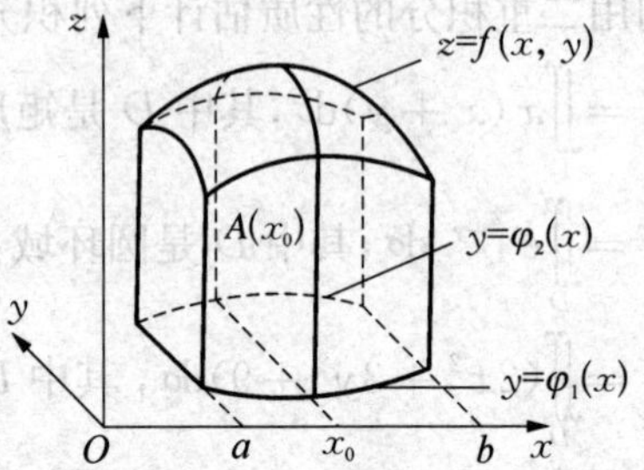

图 9－6

其中 $\varphi_1(x)$、$\varphi_2(x)$都是区间$[a, b]$上的连续函数. 此时穿过 D 的内部且平行于 y 轴的直线与 D 的边界最多有两个交点，这样的区域称为 X－型区域. 在定积分应用中，可用定积分表示曲边梯形的面积和平行截面面积为已知的立体的体积. 为此先计算平行截面的面积(见图 9－6)，在区间$[a, b]$上任取一点 x_0，过 x_0 作平行于 yOz 平面的平面 $x=x_0$. 这平面截曲顶柱体所得的截面是一个以区间$[\varphi_1(x_0), \varphi_2(x_0)]$为底，以曲线

$$\begin{cases} z=f(x, y) \\ x=x_0 \end{cases}$$

为曲边的曲边梯形，其面积为

$$A(x_0)=\int_{\varphi_1(x_0)}^{\varphi_2(x_0)} f(x_0, y)\mathrm{d}y.$$

一般地，过区间$[a, b]$上任一点 x 且平行于 yOz 平面的平面截曲顶柱体所得曲边梯形的面积为

$$A(x)=\int_{\varphi_1(x)}^{\varphi_2(x)} f(x, y)\mathrm{d}y,$$

于是曲顶柱体的体积为

$$V=\int_a^b A(x)\mathrm{d}x=\int_a^b\left[\int_{\varphi_1(x)}^{\varphi_2(x)} f(x, y)\mathrm{d}y\right]\mathrm{d}x.$$

上式右端的积分叫作二次积分，它是先对 y 后对 x 的二次积分. 先对 y 积分时，x 看作常量，然后将所得结果(是 x 的函数)再在区间$[a, b]$上对 x 积分，这个积分可

以简记为

$$\int_a^b \mathrm{d}x \int_{\varphi_1(x)}^{\varphi_2(x)} f(x,\ y)\mathrm{d}y,$$

而由二重积分的几何意义

$$V = \iint_D f(x,\ y)\mathrm{d}x\mathrm{d}y,$$

所以

$$\iint_D f(x,\ y)\mathrm{d}x\mathrm{d}y = \int_a^b \mathrm{d}x \int_{\varphi_1(x)}^{\varphi_2(x)} f(x,\ y)\mathrm{d}y. \tag{9-2}$$

(2) 如果积分区域 D 可以表示为(见图 9-7)

$$D:\psi_1(y) \leqslant x \leqslant \psi_2(y),\ c \leqslant y \leqslant d.$$

其中 $\psi_1(y)$、$\psi_2(y)$ 都是闭区间$[c,\ d]$上的连续函数,此时穿过 D 的内部且平行于 x 轴的直线与 D 的边界的交点不多于两个,这样的区域称为 Y-型区域,那么可同样推得

$$\iint_D f(x,\ y)\mathrm{d}x\mathrm{d}y = \int_c^d \mathrm{d}y \int_{\psi_1(y)}^{\psi_2(y)} f(x,\ y)\mathrm{d}x. \tag{9-3}$$

上式右端是先对 x(此时 y 看作常量)后对 y 的二次积分.

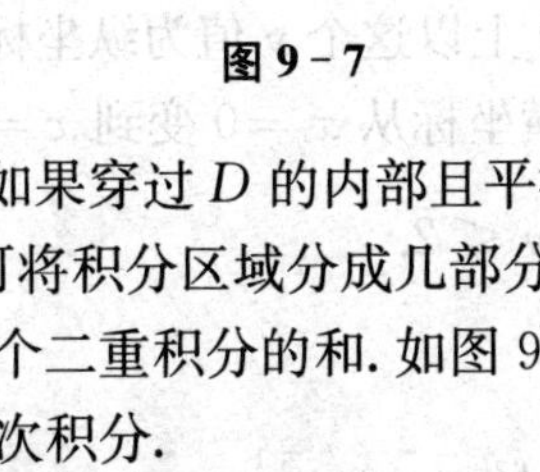

图 9-7

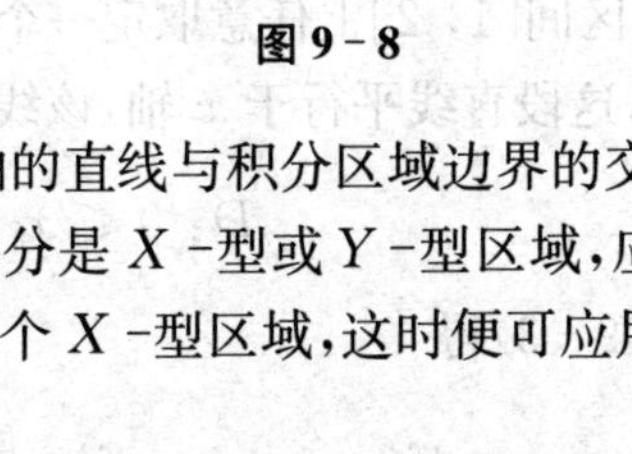

图 9-8

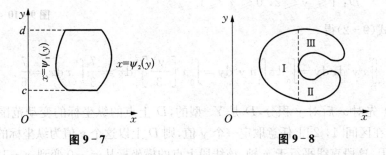

(3) 如果穿过 D 的内部且平行于坐标轴的直线与积分区域边界的交点多于两点,此时可将积分区域分成几部分,使每个部分是 X-型或 Y-型区域,应用性质 4 可化为几个二重积分的和. 如图 9-8 分成 3 个 X-型区域,这时便可应用公式(9-2)计算二次积分.

我们从几何直观得到了 $f(x,\ y) \geqslant 0$ 的条件下二重积分化为二次积分的公式(9-2)或式(9-3). 实际上由性质 2 和性质 4,公式(9-2)或式(9-3)中 $f(x,\ y) \geqslant 0$ 的条件可以去掉.

计算一个二重积分,首先是画出积分区域,其次是选择适当的积分次序化二重

积分为二次积分. 而化二重积分为二次积分，关键在于确定积分限. 如果积分区域是 X-型的，先对 y 积分，那么在区间 $[a, b]$ 上任取一个 x 值，积分区域上以这个 x 值为横坐标的点在一段直线上，这段直线平行于 y 轴，该线段上点的纵坐标从 $\varphi_1(x)$ 变到 $\varphi_2(x)$（见图 9-9），即积分变量 y 的变化区间是 $\varphi_1(x) \leqslant y \leqslant \varphi_2(x)$，积分变量 x 的变化区间是 $a \leqslant x \leqslant b$，即

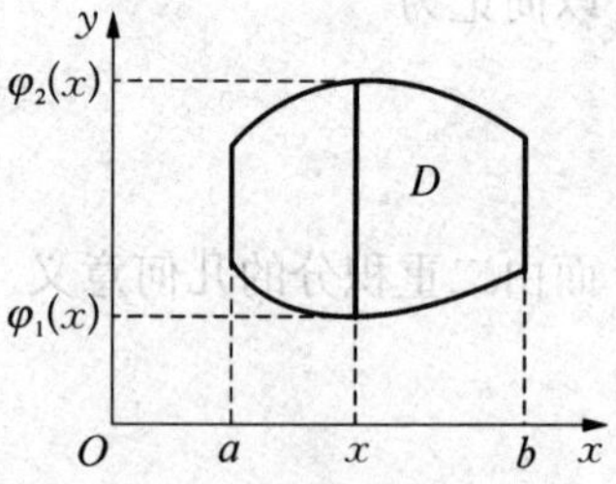

图 9-9

$$D: \varphi_1(x) \leqslant y \leqslant \varphi_2(x),\ a \leqslant x \leqslant b.$$

如果是 Y-型区域，同样的方法可以确定 x、y 的变化区间.

例 1 计算二重积分 $\iint\limits_D xy^2 \mathrm{d}x\mathrm{d}y$，其中 D 由直线 $x=0$, $x=1$, $y=1$ 和 $y=2$ 围成.

解 区域 D 如图 9-10 所示，下面分别利用公式(9-2)和公式(9-3)求解.

(1) 先对 y 后对 x 积分，D 是 X-型的，D 上点的横坐标的变动范围是区间 $[0, 1]$. 在区间 $[0, 1]$ 上任意取定一个 x 值，则 D 上以这个 x 值为横坐标的点在一段直线上，这段直线平行于 y 轴，该线段上点的纵坐标从 $y=1$ 变到 $y=2$. 此时

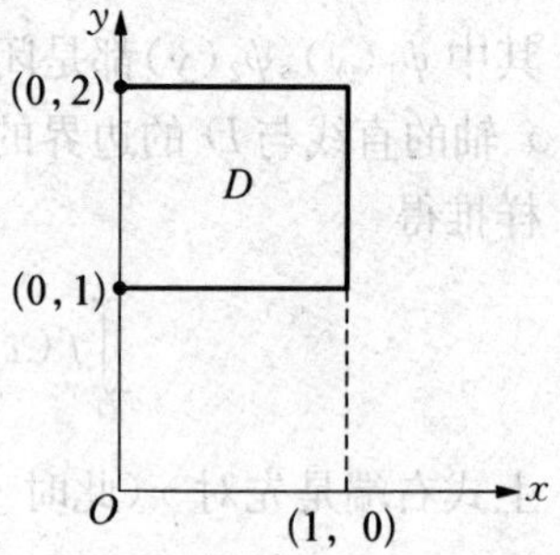

图 9-10

$$D: 1 \leqslant y \leqslant 2,\ 0 \leqslant x \leqslant 1.$$

利用公式(9-2)得

$$\iint\limits_D xy^2 \mathrm{d}x\mathrm{d}y = \int_0^1 \mathrm{d}x \int_1^2 xy^2 \mathrm{d}y = \int_0^1 x\left[\frac{y^3}{3}\right]_1^2 \mathrm{d}x = \frac{7}{3}\int_0^1 x\,\mathrm{d}x = \frac{7}{6}.$$

(2) 先对 x 后对 y 积分，D 是 Y-型的，D 上点的纵坐标的变动范围是区间 $[1, 2]$. 在区间 $[1, 2]$ 上任意取定一个 y 值，则 D 上以这个 y 值为纵坐标的点在一段直线上，这段直线平行于 x 轴，该线段上点的横坐标从 $x=0$ 变到 $x=1$. 此时

$$D: 0 \leqslant x \leqslant 1,\ 1 \leqslant y \leqslant 2.$$

利用公式(9-3)得

$$\iint\limits_D xy^2 \mathrm{d}x\mathrm{d}y = \int_1^2 \mathrm{d}y \int_0^1 xy^2 \mathrm{d}x = \int_1^2 y^2\left[\frac{x^2}{2}\right]_0^1 \mathrm{d}y$$

$$= \frac{1}{2}\int_1^2 y^2 \mathrm{d}y = \frac{1}{2}\left[\frac{y^3}{3}\right]_1^2 = \frac{7}{6}.$$

例 2 计算$\iint\limits_{D} xy\mathrm{d}\sigma$，其中 D 是由直线 $y=1$，$x=2$ 及 $y=x$ 所围闭区域.

解 区域 D 如图 9-11 所示，下面分别用两种方法求解.

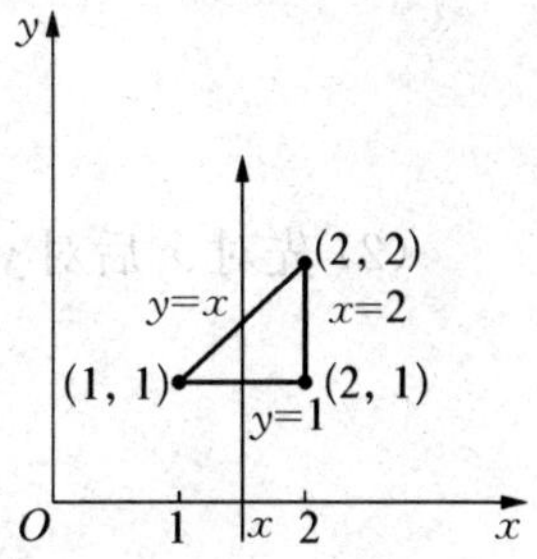

图 9-11

(1) 先对 y 后对 x 积分，D 是 X-型的，D 上点的横坐标的变动范围是区间$[1, 2]$. 在区间$[1, 2]$上任取定一个 x 值，则 D 上以这个 x 值为横坐标的点在一段直线上，这段直线平行于 y 轴，该线段上点的纵坐标从 $y=1$ 变到 $y=x$. 此时

$$D: 1\leqslant y\leqslant x, 1\leqslant x\leqslant 2.$$

于是：

$$\iint\limits_{D} xy\mathrm{d}\sigma=\int_{1}^{2}\left[\int_{1}^{x} xy\mathrm{d}y\right]\mathrm{d}x=\int_{1}^{2}\left[x\cdot\frac{y^{2}}{2}\right]_{1}^{x}\mathrm{d}x$$

$$=\int_{1}^{2}\left(\frac{x^{3}}{2}-\frac{x}{2}\right)\mathrm{d}x=\left[\frac{x^{4}}{8}-\frac{x^{2}}{4}\right]_{1}^{2}=\frac{9}{8}.$$

(2) 先对 x 后对 y 积分，D 是 Y-型的，D 上的点的纵坐标的变化范围是区间$[1, 2]$. 在区间$[1, 2]$上任取定一个 y 值，则 D 上以这个 y 值为纵坐标的点在一段直线上，这段直线平行于 x 轴，该线段上点的横坐标从 $x=y$ 变到 $x=2$. 于是，得

$$\iint\limits_{D} xy\mathrm{d}\sigma=\int_{1}^{2}\left[\int_{y}^{2} xy\mathrm{d}x\right]\mathrm{d}y=\int_{1}^{2}\left[y\cdot\frac{x^{2}}{2}\right]_{y}^{2}\mathrm{d}y$$

$$=\int_{1}^{2}\left(2y-\frac{y^{3}}{2}\right)\mathrm{d}y=\left[y^{2}-\frac{y^{4}}{8}\right]_{1}^{2}=\frac{9}{8}.$$

从本题来看，两种方法无显著差异.

例 3 计算二重积分$\iint\limits_{D}\frac{x^{2}}{y^{2}}\mathrm{d}x\mathrm{d}y$，其中 D 由直线 $x=2$，$y=x$ 及双曲线 $xy=1$ 所围成.

解 区域 D 如图 9-12 所示.

(1) 先对 y 后对 x 积分，则

$$D: \frac{1}{x}\leqslant y\leqslant x, 1\leqslant x\leqslant 2.$$

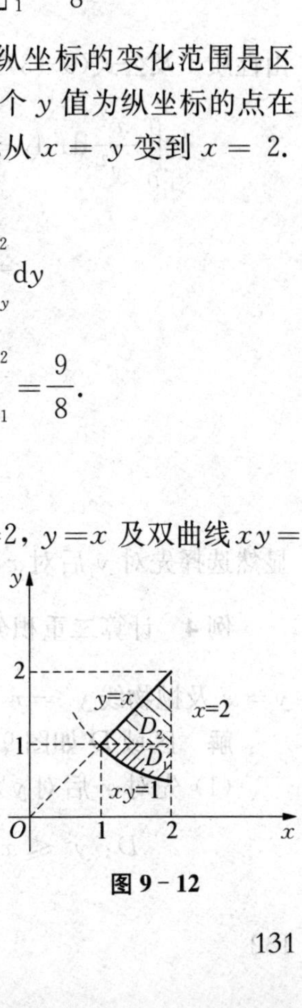

图 9-12

于是利用公式(9-2)得

$$\iint_D \frac{x^2}{y^2}\mathrm{d}x\,\mathrm{d}y=\int_1^2\mathrm{d}x\int_{\frac{1}{x}}^{x}\frac{x^2}{y^2}\mathrm{d}y=\int_1^2 x^2\left[-\frac{1}{y}\right]_{\frac{1}{x}}^{x}\mathrm{d}x$$

$$=\int_1^2(x^3-x)\mathrm{d}x=\left[\frac{x^4}{4}-\frac{x^2}{2}\right]_1^2=\frac{9}{4}.$$

(2) 先对 x 后对 y 积分,则

$$D:\phi_1(y)\leqslant x\leqslant 2,\ \frac{1}{2}\leqslant y\leqslant 2.$$

$$\phi_1(y)=\begin{cases}\dfrac{1}{y}, & \dfrac{1}{2}\leqslant y\leqslant 1,\\ y, & 1\leqslant y\leqslant 2.\end{cases}$$

由于 $\phi_1(y)$是分段函数,所以 D 应分为 D_1 和 D_2.

$$D_1:\frac{1}{y}\leqslant x\leqslant 2,\ \frac{1}{2}\leqslant y\leqslant 1.$$

$$D_2:y\leqslant x\leqslant 2,\ 1\leqslant y\leqslant 2.$$

由性质 4 及公式(9-3)得

$$\iint_D \frac{x^2}{y^2}\mathrm{d}x\,\mathrm{d}y=\iint_{D_1}\frac{x^2}{y^2}\mathrm{d}x\,\mathrm{d}y+\iint_{D_2}\frac{x^2}{y^2}\mathrm{d}x\,\mathrm{d}y$$

$$=\int_{\frac{1}{2}}^{1}\mathrm{d}y\int_{\frac{1}{y}}^{2}\frac{x^2}{y^2}\mathrm{d}x+\int_1^2\mathrm{d}y\int_y^2\frac{x^2}{y^2}\mathrm{d}x$$

$$=\int_{\frac{1}{2}}^{1}\frac{1}{3y^2}\left(8-\frac{1}{y^3}\right)\mathrm{d}y+\int_1^2\frac{1}{3y^2}(8-y^3)\mathrm{d}y$$

$$=\frac{8}{3}\int_{\frac{1}{2}}^{2}\frac{1}{y^2}\mathrm{d}y-\frac{1}{3}\int_{\frac{1}{2}}^{1}\frac{1}{y^5}\mathrm{d}y-\frac{1}{3}\int_1^2 y\,\mathrm{d}y=\frac{9}{4}.$$

显然选择先对 y 后对 x 的积分次序简单.

例 4 计算二重积分$\iint_D \frac{\sin y}{y}\mathrm{d}x\,\mathrm{d}y$,其中 D 由直线 $y=x$ 及抛物线 $y^2=x$ 围成.

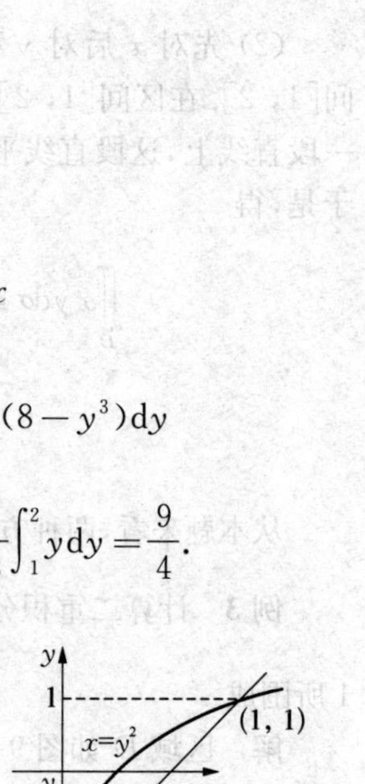

图 9-13

解 区域 D 如图 9-13 所示.

(1) 先对 x 后对 y 积分,则

$$D:y^2\leqslant x\leqslant y,\ 0\leqslant y\leqslant 1.$$

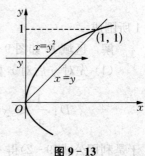

于是由公式(9-3)得

$$\iint_D \frac{\sin y}{y}\mathrm{d}x\,\mathrm{d}y=\int_0^1 \mathrm{d}y\int_{y^2}^{y}\frac{\sin y}{y}\mathrm{d}x$$

$$=\int_0^1(\sin y-y\sin y)\mathrm{d}y$$

$$=[-\cos y+y\cos y-\sin y]_0^1$$

$$=1-\sin 1.$$

(2) 先对 y 后对 x 积分,则

$$D: x\leqslant y\leqslant \sqrt{x}, 0\leqslant x\leqslant 1.$$

于是由公式(9-2)得

$$\iint_D \frac{\sin y}{y}\mathrm{d}x\,\mathrm{d}y=\int_0^1 \mathrm{d}x\int_x^{\sqrt{x}}\frac{\sin y}{y}\mathrm{d}y.$$

但 $\int \frac{\sin y}{y}\mathrm{d}y$ 不能用初等函数表示,因此不能计算定积分的值. 此例说明,选择适当的积分次序,不只是简与繁的问题,而是算出与算不出的问题.

由以上例子可知,积分次序的选择要根据积分区域 D 的形状和被积函数的形式. 因此,在选择二次积分时,必须认真分析积分区域的形状及被积函数的特点,达到事半功倍的效果.

例 5 计算二次积分 $\int_0^1 \mathrm{d}y\int_y^1 x^2\sin(xy)\mathrm{d}x$.

解 由公式(9-3), $\int_0^1 \mathrm{d}y\int_y^1 x^2\sin(xy)\mathrm{d}x=\iint_D x^2\sin(xy)\mathrm{d}x\,\mathrm{d}y$,而 D 由直线 $y=0$, $x=1$ 及 $x=y$ 围成(见图 9-14),因为被积函数

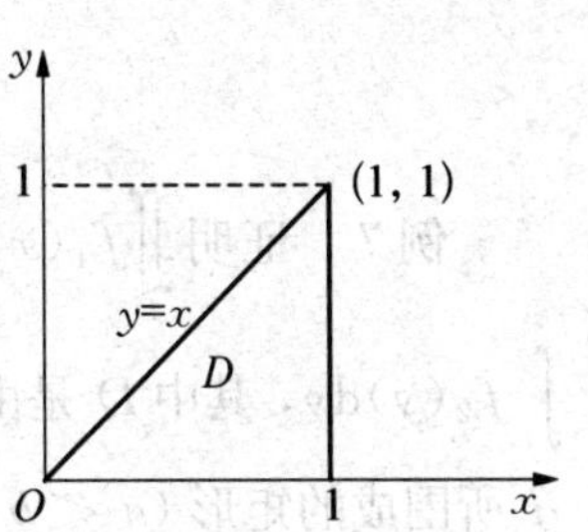

图 9-14

$$f(x, y)=x^2\sin(xy),$$

先对 y 积分简单,所以改变积分次序,此时 D 为

$$D: 0\leqslant y\leqslant x, 0\leqslant x\leqslant 1.$$

故

$$\int_0^1 \mathrm{d}y\int_y^1 x^2\sin(xy)\mathrm{d}x$$

$$=\int_0^1 \mathrm{d}x\int_0^x x^2\sin(xy)\mathrm{d}y$$

$$=\int_0^1[-x\cos(xy)]_0^x\mathrm{d}x$$

$$=\int_0^1[x-x\cos(x^2)]\mathrm{d}x$$

$$=\left[\frac{x^2}{2}-\frac{1}{2}\sin(x^2)\right]_0^1$$

$$=\frac{1}{2}(1-\sin 1).$$

例 6 计算$\iint\limits_D |y-x^2|\mathrm{d}x\mathrm{d}y$，其中 D 为 $-1\leqslant x\leqslant 1,\ 0\leqslant y\leqslant 1$.

解 区域 D 如图 9-15 所示. 对这种含有绝对值的二重积分先要根据区域的特点去掉绝对值符号. 区域 D 分成 D_1 和 D_2，在 D_1 上 $y\leqslant x^2$，在 D_2 上 $y\geqslant x^2$，

$$D_1:-1\leqslant x\leqslant 1,\ 0\leqslant y\leqslant x^2,$$

$$D_2:-1\leqslant x\leqslant 1,\ x^2\leqslant y\leqslant 1.$$

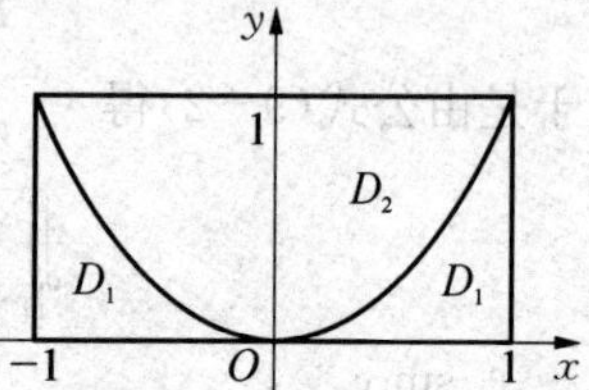

图 9-15

所以

$$\iint\limits_D |y-x^2|\mathrm{d}x\mathrm{d}y=\iint\limits_{D_1}(x^2-y)\mathrm{d}x\mathrm{d}y+\iint\limits_{D_2}(y-x^2)\mathrm{d}x\mathrm{d}y$$

$$=\int_{-1}^1\mathrm{d}x\int_0^{x^2}(x^2-y)\mathrm{d}y+\int_{-1}^1\mathrm{d}x\int_{x^2}^1(y-x^2)\mathrm{d}y$$

$$=\int_{-1}^1\frac{1}{2}x^4\mathrm{d}x+\int_{-1}^1\left(\frac{1}{2}-x^2+\frac{1}{2}x^4\right)\mathrm{d}x=-\frac{11}{15}.$$

例 7 证明$\iint\limits_D f_1(x)f_2(y)\mathrm{d}x\mathrm{d}y=\int_a^b f_1(x)\mathrm{d}x\cdot\int_c^d f_2(y)\mathrm{d}y$，其中 D 是由直线 $x=a$，$x=b$，$y=c$，$y=d$ 所围成的矩形 ($a<b$，$c<d$)（见图 9-16).

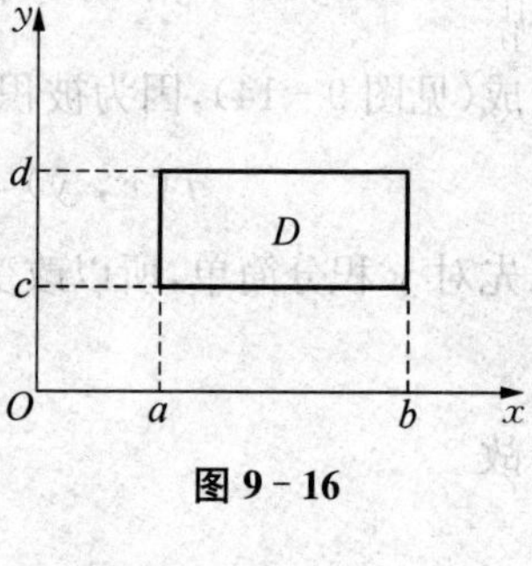

图 9-16

证 因为此时

$$D:a\leqslant x\leqslant b,\ c\leqslant y\leqslant d.$$

所以

$$\iint\limits_D f_1(x)f_2(y)\mathrm{d}x\mathrm{d}y$$

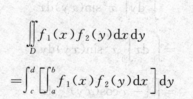

$$=\int_c^d\left[\int_a^b f_1(x)f_2(y)\mathrm{d}x\right]\mathrm{d}y$$

$$=\int_c^d\left[f_2(y)\int_a^b f_1(x)\mathrm{d}x\right]\mathrm{d}y$$

$$=\int_a^b f_1(x)\mathrm{d}x\cdot\int_c^d f_2(y)\mathrm{d}y.$$

与定积分类似，对于二重积分也有相应的关于积分区域的对称性和被积函数奇偶性的性质：

(1) 如果被积函数 $f(x, y)$ 是关于变量 x(y 看作常量)的奇函数或偶函数，积分区域 D 关于 y 轴对称，那么二重积分

$$\iint_D f(x, y)\mathrm{d}\sigma=\begin{cases}0, & f(x, y)\text{ 是 } x \text{ 的奇函数},\\ 2\iint_{D_1} f(x, y)\mathrm{d}\sigma, & f(x, y)\text{ 是 } x \text{ 的偶函数}.\end{cases} \tag{9-4}$$

其中 D_1 为 D 在 y 轴右方的部分.

事实上，只要将二重积分化为先对 x 后对 y 的二次积分，再利用奇偶函数的定积分在对称区间上的性质即得.

(2) 如果被积函数 $f(x, y)$ 是关于变量 y 的奇函数或偶函数，积分区域 D 关于 x 轴对称，那么二重积分

$$\iint_D f(x, y)\mathrm{d}\sigma=\begin{cases}0, & f(x, y)\text{ 是 } y \text{ 的奇函数},\\ 2\iint_{D_1} f(x, y)\mathrm{d}\sigma, & f(x, y)\text{ 是 } y \text{ 的偶函数}.\end{cases} \tag{9-5}$$

其中 D_1 为 D 在 x 轴上方的部分.

例 8 求两个底面半径相同的直交圆柱所围立体的体积.

解 设圆柱底面半径为 R，两个圆柱面的方程分别为 $x^2+y^2=R^2$，$x^2+z^2=R^2$，利用对称性，只要求出在第一卦限部分的体积再乘以 8 即可(见图 9-17(a))，而第一卦限部分是以 $z=\sqrt{R^2-x^2}$ 为顶、以 D(见图 9-17(b))为底的曲顶柱体，其中 D 由 x 轴、y 轴及 $y=\sqrt{R^2-x^2}$ 围成. 故

$$\frac{1}{8}V=\iint_D\sqrt{R^2-x^2}\,\mathrm{d}x\mathrm{d}y.$$

由 $f(x, y)$ 的形式，选择先对 y 后对 x 的积分次序简单，此时

$$D: 0\leqslant y\leqslant\sqrt{R^2-x^2},\ 0\leqslant x\leqslant R.$$

故

$$V=8\int_0^R \mathrm{d}x\int_0^{\sqrt{R^2-x^2}}\sqrt{R^2-x^2}\,\mathrm{d}y$$

$$=8\int_0^R\left[\sqrt{R^2-x^2}\cdot y\right]_0^{\sqrt{R^2-x^2}}\mathrm{d}x$$

$$=8\int_0^R(R^2-x^2)\mathrm{d}x$$

$$=8\left[R^2x-\frac{1}{3}x^3\right]_0^R=\frac{16}{3}R^3.$$

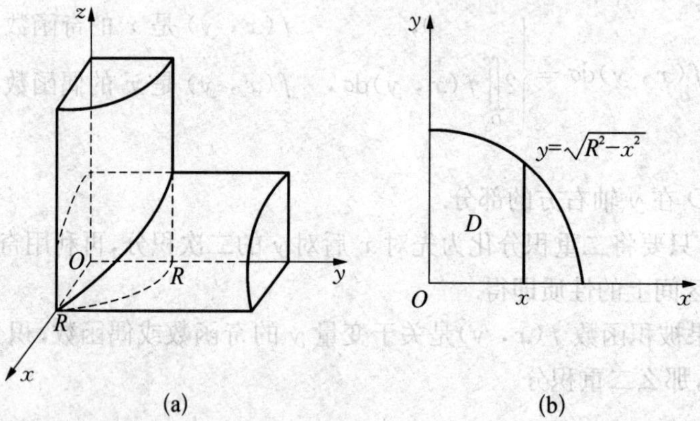

图 9-17

例 9 计算二重积分 $\iint\limits_D f(x, y)\mathrm{d}\sigma$，其中 D 由直线 $|x|=1$，$|y|=1$ 围成.

(1) $f(x, y)=x^2+y^2$，(2) $f(x, y)=x^2y$.

解 (1) 因为被积函数 $f(x, y)=x^2+y^2$ 关于变量 x、y 均为偶函数，积分区域 D 关于 x 轴、y 轴都对称，记 D_1 为 D 在第一象限的部分，则由公式(9-4)和式(9-5)得

$$\iint\limits_D(x^2+y^2)\mathrm{d}\sigma=4\iint\limits_{D_1}(x^2+y^2)\mathrm{d}\sigma$$

$$=4\int_0^1\mathrm{d}x\int_0^1(x^2+y^2)\mathrm{d}y$$

$$=4\int_0^1\left(x^2+\frac{1}{3}\right)\mathrm{d}x=\frac{8}{3}.$$

(2) 因为被积函数 $f(x, y)=x^2y$ 是关于变量 y 的奇函数，积分区域 D 关于 x 轴对称，所以由公式(9-5)即得

$$\iint\limits_D x^2y\,\mathrm{d}\sigma=0.$$

例 10 计算$\iint\limits_D y[1+xf(x^2-y^2)]\mathrm{d}x\,\mathrm{d}y$，其中 D 由 $y=x^2$ 与直线 $y=1$ 所围成.

解 因为 D 关于 y 轴对称，且被积函数中 $xyf(x^2-y^2)$ 为 x 的奇函数，所以

$$\begin{aligned}
&\iint\limits_D y[1+xf(x^2-y^2)]\mathrm{d}x\,\mathrm{d}y \\
&=\iint\limits_D [y+xyf(x^2-y^2)]\mathrm{d}x\,\mathrm{d}y \\
&=\iint\limits_D y\,\mathrm{d}x\,\mathrm{d}y+\iint\limits_D xyf(x^2-y^2)\mathrm{d}x\,\mathrm{d}y \\
&=\iint\limits_D y\,\mathrm{d}x\,\mathrm{d}y=2\iint\limits_{D_1} y\,\mathrm{d}x\,\mathrm{d}y=2\int_0^1\mathrm{d}x\int_{x^2}^1 y\,\mathrm{d}y=\frac{4}{5},
\end{aligned}$$

其中 D_1 为 D 在 y 轴右方的部分.

二、极坐标情形

直角坐标与极坐标的关系式为

$$\begin{cases} x=r\cos\theta \\ y=r\sin\theta \end{cases}$$

这里 $0\leqslant r<+\infty$，$0\leqslant\theta\leqslant 2\pi$.

根据二重积分的定义

$$\iint\limits_D f(x,\ y)\mathrm{d}\sigma=\lim_{\lambda\to 0}\sum_{i=1}^{n} f(\xi_i,\ \eta_i)\Delta\sigma_i.$$

下面我们讨论这个和式的极限在极坐标系中的形式.

假设穿过 D 的内部且从极点 O 出发的射线与闭区域 D 的边界曲线的交点不多于两点. 我们用一组同心圆 $r=$常数及从极点 O 出发的一组射线 $\theta=$常数把闭区域 D 分成 n 个小区域（见图 9－18）. 除了包含边界点的一些小区域外（求和的极限时，这些小闭区域所对应的项的和的极限为零，因此这些小闭区域可以忽略不计），小闭区域 $\Delta\sigma_i$ 的面积 $\Delta\sigma_i$ 可如下计算：

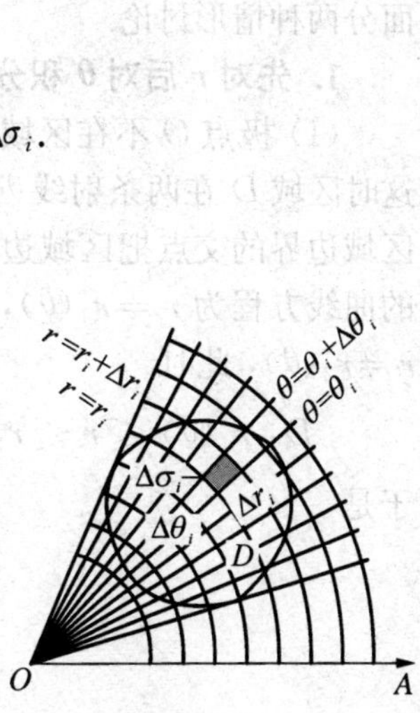

图 9－18

$$\Delta\sigma_i=\frac{1}{2}(r_i+\Delta r_i)^2\cdot\Delta\theta_i-\frac{1}{2}r_i^2\cdot\Delta\theta_i$$
$$=\frac{1}{2}(2r_i+\Delta r_i)\Delta r_i\cdot\Delta\theta_i$$
$$=\frac{r_i+(r_i+\Delta r_i)}{2}\Delta r_i\cdot\Delta\theta_i$$
$$=\bar{r}_i\cdot\Delta r_i\cdot\Delta\theta_i.$$

其中 $\bar{r}_i$ 表示相邻两圆弧半径的平均值，在这小闭区域 $\Delta\sigma_i$ 内取点 $(\bar{r}_i,\ \bar{\theta}_i)$，该点的直角坐标设为 $(\xi_i,\ \eta_i)$，则 $\xi_i=\bar{r}_i\cos\bar{\theta}_i$，$\eta_i=\bar{r}_i\sin\bar{\theta}_i$，

$$\sum_{i=1}^{n}f(\xi_i,\ \eta_i)\Delta\sigma_i=\sum_{i=1}^{n}f[\bar{r}_i\cos\bar{\theta}_i,\ \bar{r}_i\sin\bar{\theta}_i]\bar{r}_i\cdot\Delta r_i\cdot\Delta\theta_i.$$

令 $\lambda\to 0$，由二重积分的定义又得

$$\iint_D f(x,\ y)\mathrm{d}\sigma=\iint_D f(r\cos\theta,\ r\sin\theta)r\mathrm{d}r\mathrm{d}\theta.$$

由于在直角坐标系中，$\iint_D f(x,\ y)\mathrm{d}\sigma$ 记作 $\iint_D f(x,\ y)\mathrm{d}x\mathrm{d}y$，所以上式又可写成

$$\iint_D f(x,\ y)\mathrm{d}x\mathrm{d}y=\iint_D f(r\cos\theta,\ r\sin\theta)r\mathrm{d}r\mathrm{d}\theta.\tag{9-6}$$

这就是二重积分的变量从直角坐标变换为极坐标的变换公式，其中 $r\mathrm{d}r\mathrm{d}\theta$ 为极坐标中的面积元素，$f(r\cos\theta,\ r\sin\theta)$ 为被积函数，r、θ 为积分变量.

同直角坐标系下一样，在极坐标系下计算二重积分同样也可化为二次积分，下面分两种情形讨论.

1. 先对 r 后对 θ 积分

(1) 极点 O 不在区域 D 的内部（见图 9-19），这时区域 D 在两条射线 $\theta=\alpha$ 和 $\theta=\beta$ 之间，射线和区域边界的交点把区域边界分为两部分，靠近极点的曲线方程为 $r=r_1(\theta)$，远离极点的曲线方程为 $r=r_2(\theta)$，此时

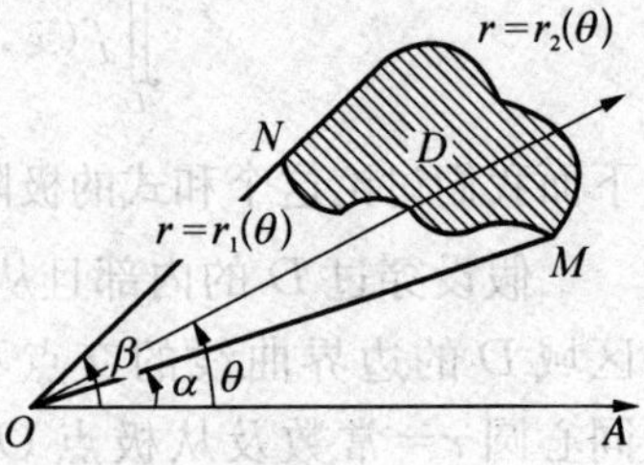

图 9-19

$$D:\ r_1(\theta)\leqslant r\leqslant r_2(\theta),\ \alpha\leqslant\theta\leqslant\beta.$$

于是

$$\iint_D f(r\cos\theta,\ r\sin\theta)r\mathrm{d}r\mathrm{d}\theta$$
$$=\int_\alpha^\beta\mathrm{d}\theta\int_{r_1(\theta)}^{r_2(\theta)}f(r\cos\theta,\ r\sin\theta)r\mathrm{d}r.$$

特别地

$$\sigma=\iint_D d\sigma=\iint_D r\,dr\,d\theta$$

$$=\int_\alpha^\beta d\theta\int_{r_1(\theta)}^{r_2(\theta)} r\,dr$$

$$=\frac{1}{2}\int_\alpha^\beta[r_2^2(\theta)-r_1^2(\theta)]d\theta.$$

若 $r_1(\theta)=0$(此时极点在区域 D 的边界上),令 $r_2(\theta)=r(\theta)$,则

$$\sigma=\frac{1}{2}\int_\alpha^\beta r^2(\theta)d\theta.$$

这正是在定积分应用中得到的极坐标系下平面图形面积的计算公式.

(2) 极点在区域 D 的内部(见图 9-20).

如果区域 D 的边界方程为 $r=r(\theta)$,这时

$$D: 0\leqslant r\leqslant r(\theta),\ 0\leqslant\theta\leqslant 2\pi.$$

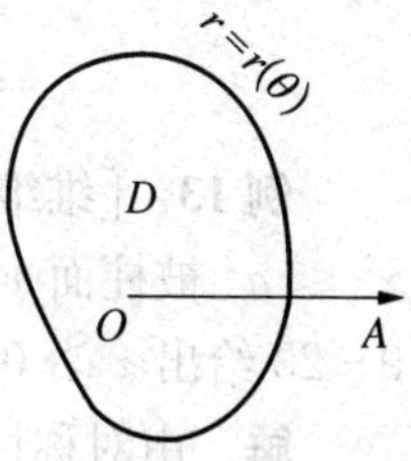

图 9-20

于是

$$\iint_D f(r\cos\theta, r\sin\theta)r\,dr\,d\theta$$

$$=\int_0^{2\pi}d\theta\int_0^{r(\theta)} f(r\cos\theta, r\sin\theta)r\,dr.$$

例 11 计算 $\iint_D y\,dx\,dy$,其中 D: $x^2+y^2=2ax$ 与 x 轴围成的上半圆.

解 由于圆周 $x^2+y^2=2ax$,在极坐标系下的方程为:

$$\rho=2a\cos\theta$$

如图 9-21 所示,D 可以表示为 $0\leqslant\theta\leqslant\frac{\pi}{2}$, $0\leqslant\rho\leqslant 2a\cos\theta$,因此

$$\iint_D y\,dx\,dy=\int_0^{\frac{\pi}{2}}d\theta\int_0^{2a\cos\theta}\rho\sin\theta\cdot\rho\,d\rho$$

$$=\frac{1}{3}\int_0^{\frac{\pi}{2}}\rho^3\Big|_0^{2a\cos\theta}\cdot\sin\theta\,d\theta$$

$$=\frac{8a^3}{3}\int_0^{\frac{\pi}{2}}\cos^3\theta\cdot\sin\theta\,d\theta$$

$$=-\frac{2}{3}a^3\cdot\cos^4\theta\Big|_0^{\frac{\pi}{2}}=\frac{1}{3}\pi a^3.$$

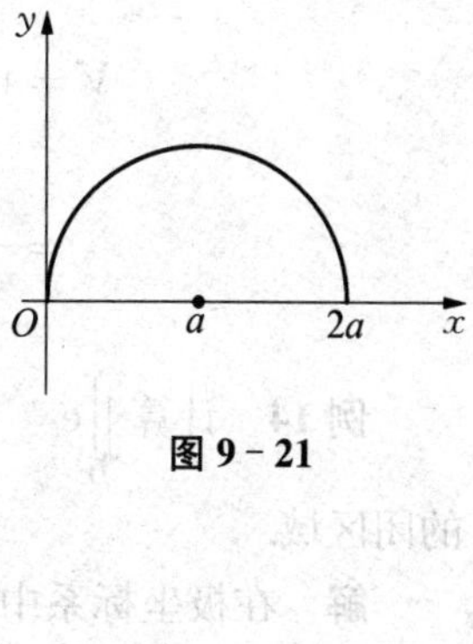

图 9-21

例 12 计算二重积分 $\iint\limits_D \sin\sqrt{x^2+y^2}\,\mathrm{d}x\,\mathrm{d}y$，其中 D：$\pi^2 \leqslant x^2+y^2 \leqslant 4\pi^2$(见图 9-22).

解 极坐标系下

$$D:\pi \leqslant r \leqslant 2\pi,\ 0 \leqslant \theta \leqslant 2\pi.$$

于是

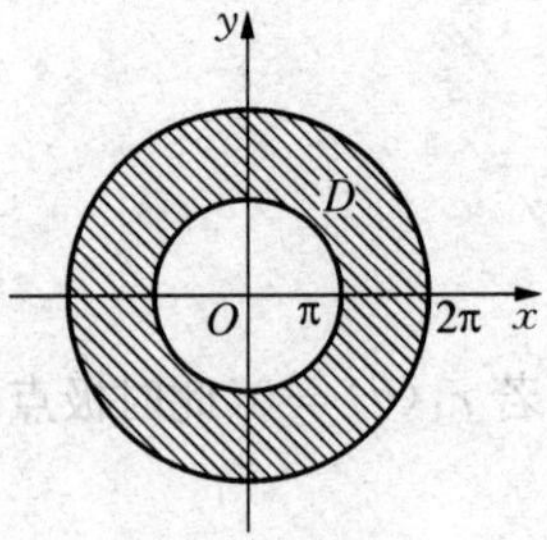

图 9-22

$$\begin{aligned}&\iint\limits_D \sin\sqrt{x^2+y^2}\,\mathrm{d}x\,\mathrm{d}y\\&=\int_0^{2\pi}\mathrm{d}\theta\int_\pi^{2\pi}\sin r\cdot r\mathrm{d}r\\&=\int_0^{2\pi}\mathrm{d}\theta\cdot\int_\pi^{2\pi}\sin r\cdot r\mathrm{d}r\\&=2\pi\cdot(-3\pi)=-6\pi^2.\end{aligned}$$

例 13 ［维维安尼难题］计算由球体 $x^2+y^2+z^2 \leqslant a^2$ 被柱面 $x^2+y^2=ax$ 所截部分的体积(见图 9-23 给出 $z \geqslant 0$ 的部分).

解 由对称性可知

$$V=4\iint\limits_D\sqrt{a^2-x^2-y^2}\,\mathrm{d}x\,\mathrm{d}y,$$

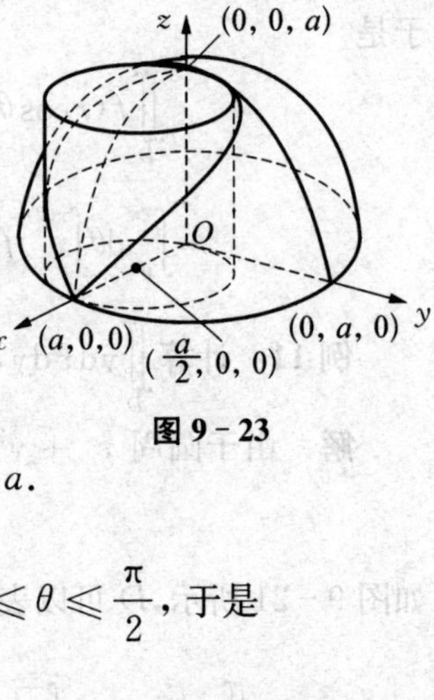

图 9-23

其中区域 D 是第 Ⅰ 象限内的半圆域

$$0 \leqslant y \leqslant \sqrt{ax-x^2},\ 0 \leqslant x \leqslant a.$$

化为极坐标,区域 D 可表示为 $0 \leqslant r \leqslant a\cos\theta,\ 0 \leqslant \theta \leqslant \frac{\pi}{2}$，于是

$$\begin{aligned}V&=4\int_0^{\frac{\pi}{2}}\mathrm{d}\theta\int_0^{a\cos\theta}\sqrt{a^2-r^2}\,r\mathrm{d}r\\&=\frac{4a^3}{3}\int_0^{\frac{\pi}{2}}(1-\sin^3\theta)\mathrm{d}\theta=\frac{4a^3}{3}\left(\frac{\pi}{2}-\frac{2}{3}\right).\end{aligned}$$

例 14 计算 $\iint\limits_D \mathrm{e}^{-x^2-y^2}\,\mathrm{d}x\,\mathrm{d}y$，其中 D 是由中心在原点、半径为 a 的圆周所围成的闭区域.

解 在极坐标系中,闭区域 D 可表示为

$$D: 0 \leqslant r \leqslant a, 0 \leqslant \theta \leqslant 2\pi.$$

于是

$$\begin{aligned}\iint_D e^{-x^2-y^2}\,dx\,dy &= \iint_D e^{-r^2} r\,dr\,d\theta \\ &= \int_0^{2\pi} d\theta \cdot \int_0^a e^{-r^2} r\,dr \\ &= 2\pi \cdot \left[-\frac{1}{2}e^{-r^2}\right]_0^a \\ &= \pi(1-e^{-a^2}).\end{aligned}$$

本题如果用直角坐标计算，由于积分 $\int e^{-x^2}dx$ 不能用初等函数表示，所以算不出来. 现在我们利用上面的结果来计算工程上常用的概率积分，即广义积分 $\int_0^{+\infty} e^{-x^2}dx$.

设

$$D_1 = \{(x, y); x^2+y^2 \leqslant R^2, x \geqslant 0, y \geqslant 0\},$$

$$D_2 = \{(x, y); x^2+y^2 \leqslant 2R^2, x \geqslant 0, y \geqslant 0\},$$

$$S = \{(x, y); 0 \leqslant x \leqslant R, 0 \leqslant y \leqslant R\}.$$

显然 $D_1 \subset S \subset D_2$（见图 9-24）. 由于 $e^{-x^2-y^2} > 0$，从而在这些闭区域上的二重积分之间有不等式

$$\iint_{D_1} e^{-x^2-y^2}\,dx\,dy < \iint_S e^{-x^2-y^2}\,dx\,dy < \iint_{D_2} e^{-x^2-y^2}\,dx\,dy.$$

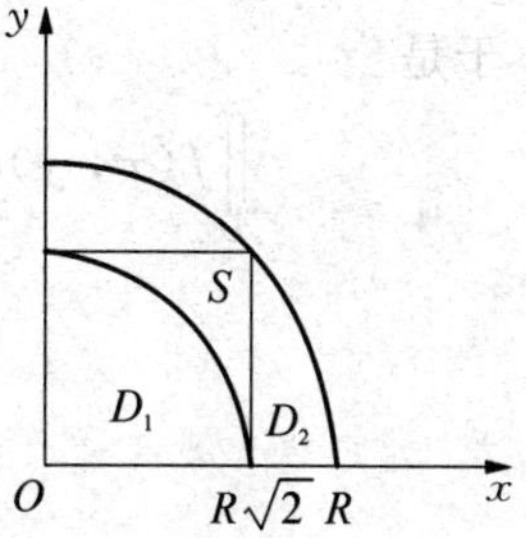

图 9-24

因为

$$\begin{aligned}\iint_S e^{-x^2-y^2}\,dx\,dy &= \int_0^R e^{-x^2}dx \cdot \int_0^R e^{-y^2}dy \\ &= \left(\int_0^R e^{-x^2}dx\right)^2,\end{aligned}$$

又应用上面已得的结果有

$$\iint_{D_1} e^{-x^2-y^2}\,dx\,dy = \frac{\pi}{4}(1-e^{-R^2}),$$

$$\iint_{D_2} e^{-x^2-y^2}\,dx\,dy = \frac{\pi}{4}(1-e^{-2R^2}),$$

于是上面的不等式可写成

$$\frac{\pi}{4}(1-e^{-R^2})<\left(\int_0^R e^{-x^2}dx\right)^2<\frac{\pi}{4}(1-e^{-2R^2}).$$

令 $R\to+\infty$，上式两端趋于同一极限$\frac{\pi}{4}$，从而

$$\int_0^{+\infty}e^{-x^2}dx=\frac{\sqrt{\pi}}{2}.$$

例 15 将二重积分 $\iint\limits_D f(x,y)dxdy$ 在极坐标系下表示为二次积分，其中 D 由抛物线 $x=y^2$ 和直线 $x=1$ 围成(见图 9-25).

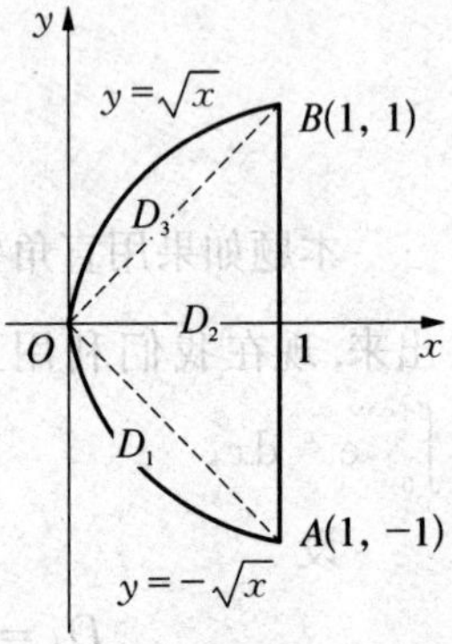

图 9-25

解 在极坐标系下，抛物线 $x=y^2$ 的方程可写为

$$r=\cot\theta\cdot\csc\theta,$$

直线 $x=1$ 的方程可写为 $r=\sec\theta$. 用直线 $y=x$ 和 $y=-x$ 将 D 分为三部分(见图 9-25)，则

$$D_1:0\leqslant r\leqslant\cot\theta\cdot\csc\theta,-\frac{\pi}{2}\leqslant\theta\leqslant-\frac{\pi}{4};$$

$$D_2:0\leqslant r\leqslant\sec\theta,-\frac{\pi}{4}\leqslant\theta\leqslant\frac{\pi}{4};$$

$$D_3:0\leqslant r\leqslant\cot\theta\cdot\csc\theta,\frac{\pi}{4}\leqslant\theta\leqslant\frac{\pi}{2}.$$

于是

$$\begin{aligned}\iint\limits_D f(x,y)dxdy&=\iint\limits_{D_1}f(x,y)dxdy+\iint\limits_{D_2}f(x,y)dxdy\\&\quad+\iint\limits_{D_3}f(x,y)dxdy\\&=\int_{-\frac{\pi}{2}}^{-\frac{\pi}{4}}d\theta\int_0^{\cot\theta\cdot\csc\theta}f(r\cos\theta,r\sin\theta)\cdot rdr\\&\quad+\int_{-\frac{\pi}{4}}^{\frac{\pi}{4}}d\theta\int_0^{\sec\theta}f(r\cos\theta,r\sin\theta)\cdot rdr\\&\quad+\int_{\frac{\pi}{4}}^{\frac{\pi}{2}}d\theta\int_0^{\cot\theta\cdot\csc\theta}f(r\cos\theta,r\sin\theta)\cdot rdr.\end{aligned}$$

*2. 先对 θ 后对 r 积分

这时区域 D 在两同心圆弧 $r=r_1$、$r=r_2$ 之间，圆弧和区域边界的交点把区域边界分为两部分（见图 9－26）：

$$\theta=\theta_1(r),\ \theta=\theta_2(r).$$

此时

$$D:\ \theta_1(r)\leqslant\theta\leqslant\theta_2(r),\ r_1\leqslant r\leqslant r_2.$$

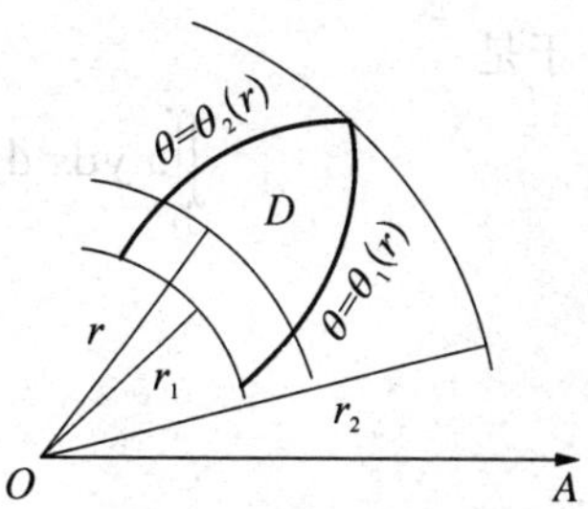

图 9－26

于是

$$\iint\limits_D f(r\cos\theta,\ r\sin\theta)r\,\mathrm{d}r\,\mathrm{d}\theta=\int_{r_1}^{r_2}r\,\mathrm{d}r\int_{\theta_1(r)}^{\theta_2(r)}f(r\cos\theta,\ r\sin\theta)\mathrm{d}\theta. \tag{9-7}$$

例 16 计算 $\iint\limits_D y\,\mathrm{d}x\,\mathrm{d}y$，其中 D 是由曲线 $y=\sqrt{1-x^2}$，$y=\sqrt{2x-x^2}$ 及 $y=0$ 围成的第一象限内靠近 y 轴的部分（见图 9－27）.

解 两圆的极坐标方程分别为 $r=1$ 和 $r=2\cos\theta$ 即 $\theta=\arccos\dfrac{r}{2}$，此时 D 在圆 $r\leqslant1$ 内，即

$$D:\ 0\leqslant\theta\leqslant\arccos\frac{r}{2},\ 0\leqslant r\leqslant1.$$

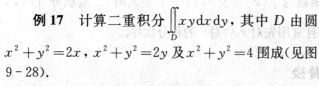

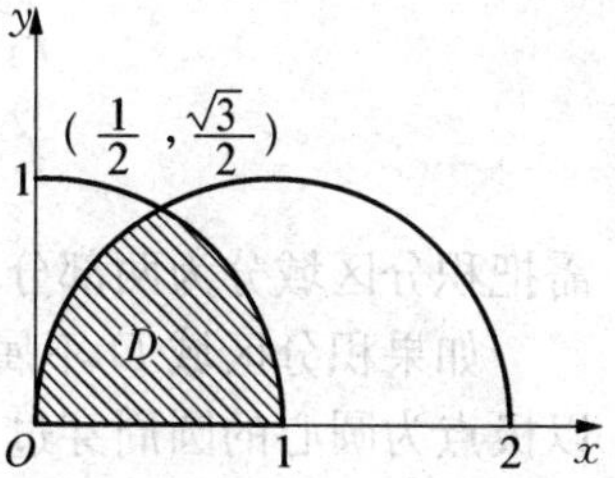

图 9－27

于是

$$\iint\limits_D y\,\mathrm{d}x\,\mathrm{d}y=\iint\limits_D r\sin\theta\cdot r\,\mathrm{d}r\,\mathrm{d}\theta$$

$$=\int_0^1 r^2\mathrm{d}r\int_0^{\arccos\frac{r}{2}}\sin\theta\,\mathrm{d}\theta$$

$$=\int_0^1 r^2\left(1-\frac{r}{2}\right)\mathrm{d}r=\frac{5}{24}.$$

例 17 计算二重积分 $\iint\limits_D xy\,\mathrm{d}x\,\mathrm{d}y$，其中 D 由圆 $x^2+y^2=2x$，$x^2+y^2=2y$ 及 $x^2+y^2=4$ 围成（见图 9－28）.

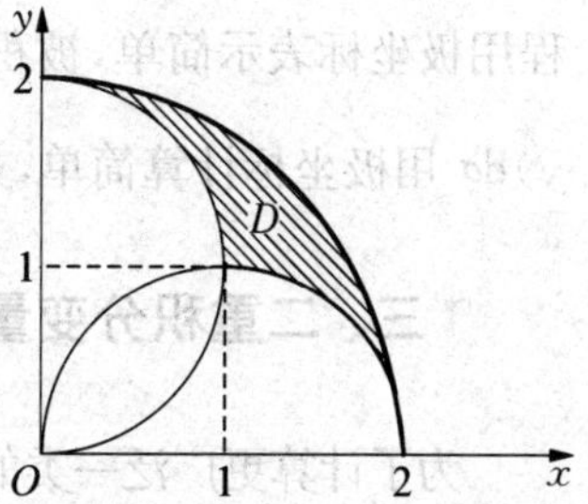

图 9－28

解 三圆的极坐标方程分别为 $r=2\cos\theta$，$r=2\sin\theta$ 及 $r=2$，此时 D：$\arccos\dfrac{r}{2}\leqslant\theta\leqslant\arcsin\dfrac{r}{2}$，

$\sqrt{2} \leqslant r \leqslant 2$,

于是

$$\begin{aligned}\iint_D xy\,dx\,dy &= \iint_D r^2\sin\theta\cos\theta\cdot r\,dr\,d\theta \\ &= \int_{\sqrt{2}}^{2} r^3 dr\int_{\arccos\frac{r}{2}}^{\arcsin\frac{r}{2}}\sin\theta\cos\theta\,d\theta \\ &= \int_{\sqrt{2}}^{2} r^3\cdot\left[\frac{1}{2}\sin^2\theta\right]_{\arccos\frac{r}{2}}^{\arcsin\frac{r}{2}} dr \\ &= \frac{1}{2}\int_{\sqrt{2}}^{2} r^3\left\{\left(\frac{r}{2}\right)^2-\left[1-\left(\frac{r}{2}\right)^2\right]\right\}dr \\ &= \frac{1}{2}\int_{\sqrt{2}}^{2}\left(\frac{1}{2}r^5-r^3\right)dr \\ &= \frac{1}{2}\left[\frac{1}{12}r^6-\frac{1}{4}r^4\right]_{\sqrt{2}}^{2}=\frac{5}{6}.\end{aligned}$$

本题若用先对 r 后对 θ 的积分次序,因为 $r_1(\theta)$是分段函数

$$r_1(\theta)=\begin{cases}2\cos\theta, & 0\leqslant\theta\leqslant\dfrac{\pi}{4}, \\ 2\sin\theta, & \dfrac{\pi}{4}\leqslant\theta\leqslant\dfrac{\pi}{2}.\end{cases}$$

需把积分区域分为两部分.

如果积分区域 D 不属于上述两种情形,即从极点出发的射线穿过 D 的内部或以极点为圆心的圆周穿过 D 的内部与 D 的边界曲线的交点多于两点.这种情形,我们可以用射线或圆周将 D 分成几部分,使每一部分属于上述两种情形之一,然后计算各部分上的二重积分,最后求和即可.

一般来说,当积分区域 D 是圆域、圆环域或它们的一部分,区域边界的曲线方程用极坐标表示简单,被积函数为 $f(x^2+y^2)$、$f\left(\dfrac{x}{y}\right)$ 形式时,二重积分 $\iint_D f(x,y)d\sigma$ 用极坐标计算简单,并且常用先对 r 后对 θ 的积分次序.

*三、二重积分变量替换

为了计算更广泛一类的二重积分,我们需要引进二重积分的一般的变量替换公式,选取变量替换的目的是使积分限易定或被积函数变得简单,用定理叙述如下:

定理 设 $f(x, y)$ 在 xOy 平面上的有界闭区域 D 上连续，$x=x(u, v)$，$y=y(u, v)$ 在 uOv 平面上的有界闭区域 D' 上有连续的一阶偏导数,且将 uOv 平面上的 D' 变为 xOy 平面上的 D，$J(u, v)=\begin{vmatrix} \dfrac{\partial x}{\partial u} & \dfrac{\partial x}{\partial v} \\ \dfrac{\partial y}{\partial u} & \dfrac{\partial y}{\partial v} \end{vmatrix}$ 在 D' 上除个别点或一条曲线外不为零,则有下列二重积分替换公式

$$\iint_D f(x, y)\mathrm{d}x\mathrm{d}y=\iint_{D'} f[x(u, v), y(u, v)]\,|J(u, v)|\,\mathrm{d}u\mathrm{d}v \qquad (9-8)$$

例如,直角坐标与极坐标互换为 $x=r\cos\theta$，$y=r\sin\theta$，$|J(r, \theta)|=r$ 只有一点为零,所以有

$$\iint_D f(x, y)\mathrm{d}x\mathrm{d}y=\iint_D f(r\cos\theta, r\sin\theta)r\mathrm{d}r\mathrm{d}\theta.$$

正是直角坐标与极坐标的变量替换公式,因为两坐标放在一个坐标系中,故 D' 仍用 D 表示.

例 18 求曲线 $xy=2$，$xy=4$，$xy^2=3$，$xy^2=6$ 所围图形的面积 A.

解 令 $\begin{cases} xy=u, \\ xy^2=v. \end{cases}$ 则 $\begin{cases} x=\dfrac{u^2}{v}, \\ y=\dfrac{v}{u}. \end{cases}$

$$J(u, v)=\begin{vmatrix} \dfrac{2u}{v} & -\dfrac{u^2}{v^2} \\ -\dfrac{v}{u^2} & \dfrac{1}{u} \end{vmatrix}=\frac{1}{v}.$$

四条曲线在 uOv 平面上的方程分别为

$$u=2,\ u=4,\ v=3,\ v=6.$$

故

$$D':\ 2\leqslant u\leqslant 4,\ 3\leqslant v\leqslant 6.$$

于是

$$A=\iint_D \mathrm{d}x\mathrm{d}y=\iint_{D'} |J(u, v)|\,\mathrm{d}u\mathrm{d}v$$

$$=\iint_{D'} \frac{1}{v}\mathrm{d}u\mathrm{d}v=\int_2^4 \mathrm{d}u\int_3^6 \frac{1}{v}\mathrm{d}v$$

$$=\int_2^4 \mathrm{d}u \cdot \int_3^6 \frac{1}{v}\mathrm{d}v=2\ln 2.$$

例 19 计算$\iint\limits_{D} e^{\frac{y-x}{y+x}}\,dx\,dy$，其中$D$是由$x$轴、$y$轴和直线$x+y=2$所围成的闭区域.

解 令$\begin{cases} y-x=u, \\ y+x=v. \end{cases}$ 则$\begin{cases} x=\dfrac{v-u}{2}, \\ y=\dfrac{v+u}{2}. \end{cases}$

作变换$x=\dfrac{v-u}{2}$，$y=\dfrac{v+u}{2}$，则xOy平面上的闭区域D和它在uOv平面上的对应区域D'如图 9-29 所示.

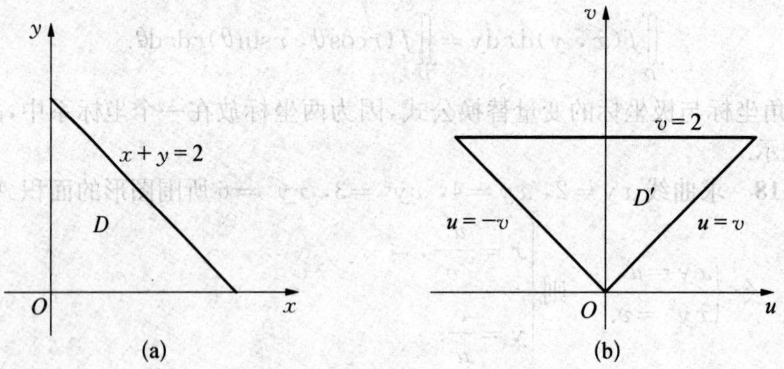

图 9-29

$$J=\frac{\partial(x,y)}{\partial(u,v)}=\begin{vmatrix} -\dfrac{1}{2} & \dfrac{1}{2} \\ \dfrac{1}{2} & \dfrac{1}{2} \end{vmatrix}=-\frac{1}{2}.$$

于是

$$\begin{aligned}\iint\limits_{D} e^{\frac{y-x}{y+x}}\,dx\,dy &=\iint\limits_{D'} e^{\frac{u}{v}}\left|-\frac{1}{2}\right|du\,dv \\ &=\frac{1}{2}\int_0^2 dv\int_{-v}^{v} e^{\frac{u}{v}}\,du \\ &=\frac{1}{2}\int_0^2 (e-e^{-1})v\,dv \\ &=e-e^{-1}.\end{aligned}$$

例 20 求椭球体 $\frac{x^2}{a^2}+\frac{y^2}{b^2}+\frac{z^2}{c^2}\leqslant 1$ 的体积.

解 由对称性

$$V=8c\iint_D\sqrt{1-\frac{x^2}{a^2}-\frac{y^2}{b^2}}\,\mathrm{d}x\,\mathrm{d}y.$$

其中 D 为椭球体在第一卦限部分在 xOy 面上的投影.

令 $x=ra\cos\theta$，$y=rb\sin\theta$，则

$$D'：0\leqslant r\leqslant 1,\ 0\leqslant\theta\leqslant\frac{\pi}{2}.\ J(r,\theta)=rab.$$

于是

$$\begin{aligned}V&=8c\iint_{D'}\sqrt{1-r^2}\,rab\,\mathrm{d}r\,\mathrm{d}\theta\\&=8abc\iint_{D'}\sqrt{1-r^2}\,r\,\mathrm{d}r\,\mathrm{d}\theta\\&=8abc\int_0^{\frac{\pi}{2}}\mathrm{d}\theta\cdot\int_0^1\sqrt{1-r^2}\,r\,\mathrm{d}r\\&=8abc\cdot\frac{\pi}{2}\cdot\left[-\frac{1}{3}(1-r^2)^{\frac{3}{2}}\right]_0^1\\&=\frac{4}{3}\pi abc.\end{aligned}$$

* 四、广义二重积分

本部分中出现的函数 $f(x,y)$ 均为非负函数.

1. 无界区域

设积分区域 D 为无界区域，$f(x,y)$ 在 D 上连续. 取一列有界闭区域 $D_1\subset D_2\subset\cdots$，且 $\lim\limits_{n\to\infty}D_n=D$，则广义二重积分

$$\iint_D f(x,y)\mathrm{d}\sigma=\lim_{n\to\infty}\iint_{D_n}f(x,y)\mathrm{d}\sigma.\tag{9-9}$$

例 21 求广义二重积分 $\iint\limits_D \mathrm{e}^{-(x^2+y^2)}\mathrm{d}\sigma$，其中 D 为 xOy 平面.

解 取 $D_n=\{(x,y);x^2+y^2\leqslant n^2\}$, $n=1,2,3,\cdots$,则 $D_1\subset D_2\subset\cdots$,且 $\lim\limits_{n\to\infty}D_n=D$. 在极坐标系中,闭区域 D_n 可表示为

$$D_n: 0\leqslant\theta\leqslant 2\pi,\ 0\leqslant r\leqslant n.$$

故

$$\begin{aligned}\iint\limits_{D_n}\mathrm{e}^{-(x^2+y^2)}\,\mathrm{d}\sigma&=\iint\limits_{D}\mathrm{e}^{-r^2}r\,\mathrm{d}r\,\mathrm{d}\theta\\&=\int_0^{2\pi}\mathrm{d}\theta\cdot\int_0^n\mathrm{e}^{-r^2}r\,\mathrm{d}r\\&=\pi(1-\mathrm{e}^{-n^2}).\end{aligned}$$

于是

$$\begin{aligned}\iint\limits_{D}\mathrm{e}^{-(x^2+y^2)}\,\mathrm{d}\sigma&=\lim_{n\to\infty}\iint\limits_{D_n}\mathrm{e}^{-(x^2+y^2)}\,\mathrm{d}\sigma\\&=\lim_{n\to\infty}\pi(1-\mathrm{e}^{-n^2})=\pi.\end{aligned}$$

例 22 计算广义二重积分 $\iint\limits_D\dfrac{1}{(x^2+y^2+1)^p}\mathrm{d}\sigma\ (p>1)$,其中 D 为 xOy 平面.

解 取 $D_n=\{(x,y);x^2+y^2\leqslant n^2\}$, $n=1,2,3,\cdots$,则 $D_1\subset D_2\subset\cdots$,且 $\lim\limits_{n\to\infty}D_n=D$,极坐标系下

$$D_n: 0\leqslant\theta\leqslant 2\pi,\ 0\leqslant r\leqslant n.$$

于是 $p>1$ 时

$$\begin{aligned}&\iint\limits_D\frac{1}{(x^2+y^2+1)^p}\mathrm{d}\sigma\\&=\iint\limits_{D_n}\frac{r}{(r^2+1)^p}\mathrm{d}r\,\mathrm{d}\theta\\&=\int_0^{2\pi}\mathrm{d}\theta\cdot\int_0^n\frac{r}{(r^2+1)^p}\mathrm{d}r\\&=\frac{\pi}{p-1}\left[1-\frac{1}{(1+n^2)^{p-1}}\right].\end{aligned}$$

故

$$\lim_{n\to\infty}\iint_{D_n}\frac{1}{(x^2+y^2+1)^p}\mathrm{d}\sigma=\frac{\pi}{p-1},$$

即

$$\iint_D\frac{1}{(x^2+y^2+1)^p}\mathrm{d}\sigma=\frac{\pi}{p-1}.$$

2. 无界函数

设积分区域 D 为有界闭区域，被积函数 $f(x, y)$ 为无界函数，且 $f(x, y)$ 在 D 上有有限个间断点或在有限条曲线上不连续. 用 D_0 表示从 D 中去掉它们后剩余的区域(不一定为闭区域)，以一列单增的有界闭区域 $D_n\subset D_0$，$n=1, 2, \cdots$，且 $\lim\limits_{n\to\infty}D_n=D$. 则广义二重积分

$$\iint_D f(x, y)\mathrm{d}\sigma=\lim_{n\to\infty}\iint_{D_n}f(x, y)\mathrm{d}\sigma.$$

例 23 计算广义二重积分 $\iint\limits_D\ln\frac{1}{\sqrt{x^2+y^2}}\mathrm{d}\sigma$，其中 D 由 $x^2+y^2=1$ 围成.

解 $D_0=\{(x, y);\ 0<x^2+y^2\leqslant 1\}$.

令 $D_n=\{(x, y);\ \frac{1}{n^2}\leqslant x^2+y^2\leqslant 1\}$，则 $D_1\subset D_2\subset\cdots$，且 $\lim\limits_{n\to\infty}D_n=D_0$，于是

$$\begin{aligned}&\iint_{D_n}\ln\frac{1}{\sqrt{x^2+y^2}}\mathrm{d}\sigma\\&=\int_0^{2\pi}\mathrm{d}\theta\int_{\frac{1}{n}}^1\left(\ln\frac{1}{r}\right)\cdot r\mathrm{d}r\\&=\int_0^{2\pi}\mathrm{d}\theta\cdot\int_{\frac{1}{n}}^1-\ln r\cdot r\mathrm{d}r\\&=-2\pi\left[\frac{r^2}{2}\ln r-\frac{r^2}{4}\right]_{\frac{1}{n}}^1\\&=\frac{\pi}{2}\left(1-\frac{1+2\ln n}{n^2}\right).\end{aligned}$$

故

$$\iint_D\ln\frac{1}{\sqrt{x^2+y^2}}\mathrm{d}\sigma=\lim_{n\to\infty}\iint_{D_n}\ln\frac{1}{\sqrt{x^2+y^2}}\mathrm{d}\sigma=\frac{\pi}{2}.$$

例 24 计算广义二重积分 $\iint\limits_D \frac{y}{\sqrt{x}}\mathrm{d}\sigma$，其中 D：$0\leqslant x\leqslant 1$，$0\leqslant y\leqslant 1$.

解 因 $x=0$，$0\leqslant y\leqslant 1$ 为间断线，故 $D_0=\{(x,y);0<x\leqslant 1,0\leqslant y\leqslant 1\}$，令 $D_n=\{(x,y);\frac{1}{n}\leqslant x\leqslant 1,0\leqslant y\leqslant 1\}$，$n=1,2,\cdots$，且 $D_1\subset D_2\subset\cdots$，则 $\lim\limits_{n\to\infty}D_n=D_0$.

而

$$\iint\limits_{D_n}\frac{y}{\sqrt{x}}\mathrm{d}\sigma=\int_0^1\mathrm{d}y\int_{\frac{1}{n}}^1\frac{y}{\sqrt{x}}\mathrm{d}x$$

$$=\int_0^1 y\mathrm{d}y\cdot\int_{\frac{1}{n}}^1\frac{1}{\sqrt{x}}\mathrm{d}x$$

$$=1-\frac{1}{\sqrt{n}}.$$

所以

$$\lim_{n\to\infty}\iint\limits_{D_n}\frac{y}{\sqrt{x}}\mathrm{d}x\mathrm{d}y=1.$$

即

$$\iint\limits_D\frac{y}{\sqrt{x}}\mathrm{d}x\mathrm{d}y=1.$$

习题 9-2

1. 将二重积分 $\iint\limits_D f(x,y)\mathrm{d}x\mathrm{d}y$ 在直角坐标系下分别化为两种顺序的二次积分：

(1) D 由 $y=x^2$ 和 $y=x$ 围成；

(2) D 由 $x+y=2$，$y=x$ 及 x 轴围成；

(3) D 由 $y=\sqrt{2a^2-x^2}$ 及 $ay=x^2(a>0)$ 围成；

(4) D 由 $x^2+y^2=1$，$x^2+y^2=4$ 及 $y=0$ 围成；

(5) D 由 $y=x$，$y=3x$，$x=1$ 及 $x=3$ 围成；

(6) D 由 $x+y=1$，$x-y=1$ 及 $x=0$ 围成；

(7) D 由 $y=2x$，$y=\frac{x}{2}$，$xy=2$ 围成的第一象限部分.

2. 改变下列二次积分的积分次序(设 $f(x, y)$ 在 D 上是连续的)：

(1) $\int_0^1 \mathrm{d}x \int_x^1 f(x, y)\mathrm{d}y$；

(2) $\int_0^1 \mathrm{d}y \int_{y^2}^y f(x, y)\mathrm{d}x$；

(3) $\int_1^2 \mathrm{d}y \int_1^y f(x, y)\mathrm{d}x + \int_2^4 \mathrm{d}y \int_{\frac{y}{2}}^2 f(x, y)\mathrm{d}x$；

(4) $\int_0^{2a} \mathrm{d}x \int_{\sqrt{2ax-x^2}}^{\sqrt{2ax}} f(x, y)\mathrm{d}y$；

(5) $\int_{-6}^2 \mathrm{d}x \int_{\frac{x^2}{4}-1}^{2-x} f(x, y)\mathrm{d}y$.

3. 利用直角坐标计算下列二重积分或二次积分：

(1) $\iint\limits_D x\mathrm{e}^{xy}\mathrm{d}x\mathrm{d}y$，$D$：$0 \leqslant x \leqslant 1$，$0 \leqslant y \leqslant 1$；

(2) $\iint\limits_D (x+2y)\mathrm{d}x\mathrm{d}y$，$D$ 由直线 $y=x$，$y=1-x$ 及 $x=0$ 围成；

(3) $\iint\limits_D xy\mathrm{d}x\mathrm{d}y$，其中 D 是由 $y=x^2+1$，$y=2x$ 及 $x=0$ 围成；

(4) $\iint\limits_D \sin(x+y)\mathrm{d}x\mathrm{d}y$，$D$ 是顶点分别为 $O(0, 0)$，$A(0, \pi)$ 和 $B(\pi, \pi)$ 的三角形闭区域；

(5) $\iint\limits_D \frac{1}{\sqrt{2a-x}}\mathrm{d}x\mathrm{d}y\ (a>0)$，$D$ 由 $(x-a)^2+(y-a)^2=a^2$，$x=0$，$y=0$ 围成；

(6) $\iint\limits_D (|x|+|y|)\mathrm{d}x\mathrm{d}y$，$D$：$|x|+|y| \leqslant 1$；

(7) $\iint\limits_D x^2\mathrm{e}^{-y^2}\mathrm{d}x\mathrm{d}y$，$D$ 由直线 $y=x$，$x=0$，$y=1$ 围成；

(8) $\iint\limits_D (x^2+y^2)\mathrm{d}x\mathrm{d}y$，$D$ 由直线 $y=x$，$y=3x$，$x=1$ 围成；

(9) $\int_1^2 \mathrm{d}x \int_{\sqrt{x}}^x \sin\frac{\pi x}{2y}\mathrm{d}y + \int_2^4 \mathrm{d}x \int_{\sqrt{x}}^2 \sin\frac{\pi x}{2y}\mathrm{d}y$；

(10) $\int_0^1 \mathrm{d}x \int_x^1 \mathrm{e}^{-y^2}\mathrm{d}y$.

4. 证明：

(1) $\int_a^b \mathrm{d}x \int_a^x f(x, y)\mathrm{d}y = \int_a^b \mathrm{d}y \int_y^b f(x, y)\mathrm{d}x$；

(2) $\iint\limits_D x^m y^n \mathrm{d}x\mathrm{d}y=0$，其中 D 关于 x 轴、y 轴都对称，m，n 为正整数，且至少有一个为奇数.

5. 利用极坐标计算下列二重积分：

(1) $\iint\limits_D \mathrm{e}^{x^2+y^2}\mathrm{d}\sigma$，$D$：$x^2+y^2\leqslant 4$；

(2) $\iint\limits_D \sqrt{R^2-x^2-y^2}\,\mathrm{d}\sigma$，$D$ 由 $x^2+y^2=Rx$ 围成；

(3) $\iint\limits_D y\mathrm{d}\sigma$，$D$：$x^2+y^2\leqslant a^2$，$x\geqslant 0$，$y\geqslant 0$；

(4) $\iint\limits_D (4-x-y)\mathrm{d}\sigma$，$D$ 由圆 $x^2+y^2+2y=0$ 围成；

(5) $\iint\limits_D \sqrt{x^2+y^2}\,\mathrm{d}\sigma$，$D$ 由 $y=x^2$ 与 $y=x$ 围成.

6. 选用适当的坐标系计算下列二重积分：

(1) $\iint\limits_D (x+y)\mathrm{d}\sigma$，$D$ 由 $x^2+y^2=x+y$ 围成；

(2) $\iint\limits_D \sqrt{\dfrac{1-x^2-y^2}{1+x^2+y^2}}\,\mathrm{d}\sigma$，$D$ 由 $x^2+y^2=1$ 围成；

(3) $\iint\limits_D (x^2+y^2)\mathrm{d}\sigma$，$D$ 由 $y=x+a$，$y=a$，$y=3a\ (a>0)$，$y=x$ 围成；

(4) $\iint\limits_D x^2\mathrm{d}\sigma$，其中 D 为圆 $x^2+y^2=1$ 及 $x^2+y^2=4$ 围成的环形区域.

7. 设有曲顶柱体，以曲面 $z=x^2+y^2$ 为顶，以 xOy 平面为底，以 $x^2+y^2=ax\ (a>0)$ 为侧面，试求其体积.

8. 作适当的变量替换，计算下列二重积分：

(1) $\iint\limits_D \sqrt{1-\dfrac{x^2}{a^2}-\dfrac{y^2}{b^2}}\,\mathrm{d}\sigma$，$D$ 由椭圆 $\dfrac{x^2}{a^2}+\dfrac{y^2}{b^2}=1$ 围成；

(2) $\iint\limits_D (x^2+y^2)\mathrm{d}\sigma$，$D$ 由 $(y-x)^2+x^2=1$ 围成；

(3) $\iint\limits_D x^2y^2\mathrm{d}\sigma$，$D$ 由 $xy=1$，$xy=2$，$y=x$，$y=2x$ 围成；

(4) $\iint\limits_D (x-y)^2\sin^2(x+y)\mathrm{d}\sigma$，$D$ 是平行四边形闭区域，它的四个顶点是 $(\pi,0)$，$(2\pi,\pi)$，$(\pi,2\pi)$ 和 $(0,\pi)$；

(5) $\iint\limits_D (\sqrt{x}+\sqrt{y})\mathrm{d}\sigma$，$D$ 由 $x=0$，$y=0$，$\sqrt{x}+\sqrt{y}=1$ 围成.

9. 计算下列广义二重积分：

(1) $\iint\limits_D \frac{1}{(x+y+1)^3}\mathrm{d}x\mathrm{d}y$，$D$：$0\leqslant x<+\infty$，$0\leqslant y<+\infty$；

(2) $\iint\limits_D \frac{1}{(x^2+y^2)^a}\mathrm{d}x\mathrm{d}y\ (a>1)$，$D$：$x^2+y^2\geqslant 1$；

(3) $\iint\limits_D \mathrm{e}^{\frac{x}{y}}\mathrm{d}x\mathrm{d}y$，$D$ 由 $x=0$，$y=1$ 及 $x=y^2$ 围成；

(4) $\iint\limits_D \frac{1}{\sqrt{1-x^2-y^2}}\mathrm{d}x\mathrm{d}y$，$D$ 由 $x^2+y^2=1$ 围成.

10. 求下列曲线所围成区域 D 的面积：

(1) D 由 $x+y=1$，$x+y=2$，$y=x$，$y=2x$ 围成；

(2) D 由 $y^2=2x$，$y^2=4x$，$x^2=4y$ 和 $x^2=6y$ 围成；

(3) D 由椭圆 $(a_1x+b_1y+c_1)^2+(a_2x+b_2y+c_2)^2=1$ 围成(其中 $\delta=a_1b_2-a_2b_1\neq 0$).

11. 进行适当的变量替换，化下列二重积分为定积分：

(1) $\iint\limits_{|y|\leqslant|x|\leqslant 1} f(\sqrt{x^2+y^2})\mathrm{d}x\mathrm{d}y$；

(2) $\iint\limits_{|x|+|y|\leqslant 1} f(x+y)\mathrm{d}x\mathrm{d}y$；

(3) $\iint\limits_D f(xy)\mathrm{d}x\mathrm{d}y$，$D$ 由 $xy=1$，$xy=2$，$y=x$ 及 $y=4x\ (x>0,\ y>0)$ 围成.

第三节　二重积分的应用

本节介绍二重积分在几何和静力学中的某些应用，像定积分应用那样，我们也采用微元法. 如果所要计算的某个量 U 对于闭区域 D 具有可加性，即当闭区域 D 分成许多小闭区域时，所求量 U 相应地分成许多部分量，且 U 等于部分量之和，并且在闭区域 D 内任取一个直径很小的闭区域 $\mathrm{d}\sigma$ 时，相应的部分量可近似地表示为 $f(x,y)\mathrm{d}\sigma$ 的形式，其中(x,y)在 $\mathrm{d}\sigma$ 内，$f(x,y)$在 D 上连续，则这个 $f(x,y)\mathrm{d}\sigma$ 就是所求量 U 的元素 $\mathrm{d}U$，所求量 U 就是它在闭区域 D 上的二重积分，即

$$U=\iint\limits_D f(x,y)\mathrm{d}\sigma.$$

一、几何应用—曲面的面积

设曲面 Σ 的方程为

$$z=f(x, y),$$

它在 xOy 面上的投影区域为 D_{xy}，函数 $f(x, y)$ 在 D_{xy} 上具有一阶连续偏导数 $f'_x(x, y)$、$f'_y(x, y)$，我们要计算曲面 Σ 的面积 S.

在闭区域 D_{xy} 上任取一直径很小的闭区域 $\mathrm{d}\sigma$（其面积也记作 $\mathrm{d}\sigma$），在 $\mathrm{d}\sigma$ 上任取一点 $P(x, y)$，曲面 Σ 在点 $M(x, y, f(x, y))$ 的切平面设为 T（见图 9－30）. 以 $\mathrm{d}\sigma$ 的边界曲线为准线，作母线平行于 z 轴的柱面，这柱面在曲面 Σ 上截下一小片曲面（面积记作 ΔS），在切平面 T 上截下一小片平面（面积记作 $\mathrm{d}A$），于是有

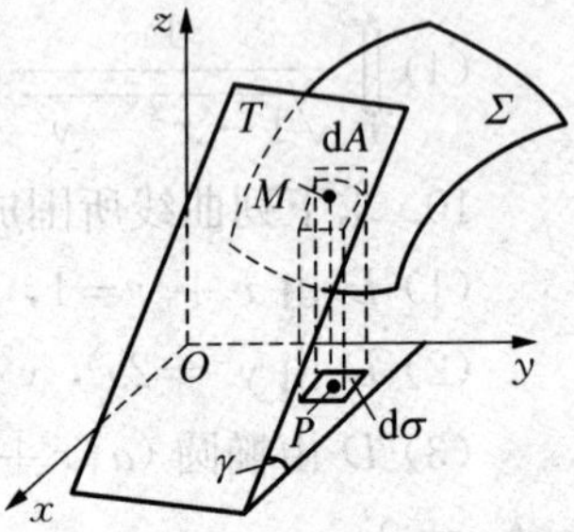

图 9－30

$$\mathrm{d}\sigma=\mathrm{d}A\cdot\cos\gamma.$$

其中 γ 是曲面 Σ 在点 M 处的法向量 $\boldsymbol{n}$（指向朝上）与 z 轴正向所成的角，由第八章知，$\boldsymbol{n}=(-f'_x, -f'_y, 1)$，而 z 轴正向的单位向量 $\boldsymbol{k}=(0, 0, 1)$，所以

$$\cos\gamma=\frac{1}{\sqrt{1+f'^2_x+f'^2_y}}.$$

于是

$$\mathrm{d}A=\frac{\mathrm{d}\sigma}{\cos\gamma}=\sqrt{1+f'^2_x+f'^2_y}\,\mathrm{d}\sigma.$$

当 $\mathrm{d}\sigma$ 很小时，

$$\Delta S\approx\mathrm{d}A，即\ \mathrm{d}S=\mathrm{d}A,$$

因此

$$\mathrm{d}S=\sqrt{1+f'^2_x+f'^2_y}\,\mathrm{d}\sigma,$$

$$S=\iint_{D_{xy}}\sqrt{1+f'^2_x+f'^2_y}\,\mathrm{d}\sigma \tag{9-10}$$

$$=\iint_{D_{xy}}\sqrt{1+f'^2_x+f'^2_y}\,\mathrm{d}x\,\mathrm{d}y.$$

同理，设曲面Σ的方程为：$y=g(z, x)$，在zOx面上的投影区域为D_{zx}，则

$$S=\iint_{D_{zx}}\sqrt{1+g_z'^2+g_x'^2}\,\mathrm{d}z\mathrm{d}x \tag{9-11}$$

设曲面Σ的方程为：$x=h(y, z)$，在yOz面上的投影区域为D_{yz}，则

$$S=\iint_{D_{yz}}\sqrt{1+h_y'^2+h_z'^2}\,\mathrm{d}y\mathrm{d}z \tag{9-12}$$

例1 求抛物面$z=x^2+y^2$被平面$z=2$所截的那部分曲面(见图9-31(a))的面积.

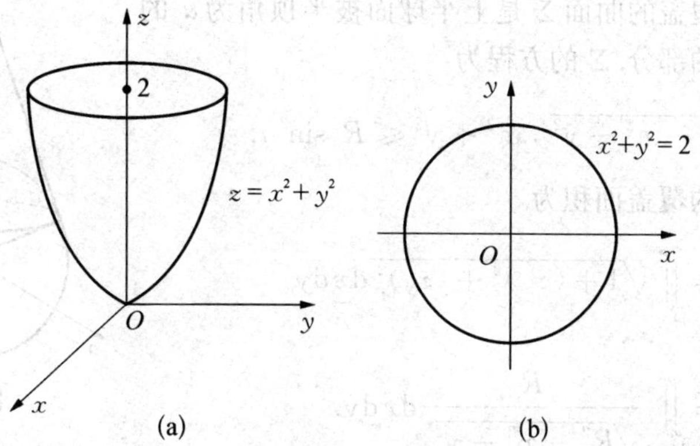

图9-31

解 曲面在xOy面的投影为D：$x^2+y^2\leqslant a$ (见图9-31(b)). 又$z_x=2x$，$z_y=2y$，故所求曲面的面积为

$$A=\iint_D\sqrt{1+(z_x)^2+(z_y)^2}\,\mathrm{d}x\,\mathrm{d}y$$

$$=\iint_D\sqrt{1+4x^2+4y^2}\,\mathrm{d}x\,\mathrm{d}y$$

利用极坐标计算，得

$$A=\iint_D\sqrt{1+4\rho^2}\,\rho\,\mathrm{d}\rho\,\mathrm{d}\theta$$

$$=\int_0^{2\pi}\mathrm{d}\theta\int_0^{\sqrt{2}}\sqrt{1+4\rho^2}\,\rho\,\mathrm{d}\rho$$

$$=\int_0^{2\pi}\left[\frac{1}{12}(1+4\rho^2)^{\frac{3}{2}}\right]_0^{\sqrt{2}}\mathrm{d}\theta$$

$$=\int_0^{2\pi}\frac{13}{6}\mathrm{d}\theta=\frac{13}{6}[\theta]_0^{2\pi}$$

$$=\frac{13}{3}\pi.$$

例 2 设有一颗地球同步轨道通信卫星,距地面的高度为 $h=36\,000\,\mathrm{km}$,运行的角速度与地球自转的角速度相同.试计算该通信卫星的覆盖面积与地球表面积的比值(地球半径 $R=6\,400\,\mathrm{km}$).

解 取地心为坐标原点,地心到通信卫星中心的连线为 z 轴,建立坐标系,如图 9-32 所示.

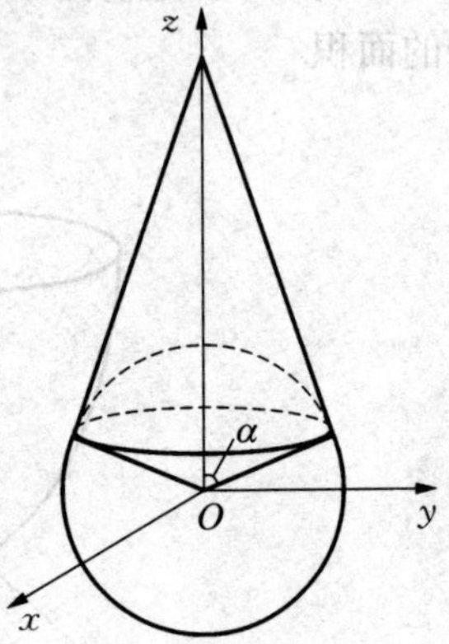

图 9-32

通信卫星覆盖的曲面 Σ 是上半球面被半顶角为 α 的圆锥面所截得的部分. Σ 的方程为

$$z=\sqrt{R^2-x^2-y^2},\ x^2+y^2\leqslant R^2\sin^2\alpha.$$

于是通信卫星的覆盖面积为

$$A=\iint_{D_{xy}}\sqrt{1+(z_x)^2+(z_y)^2}\,\mathrm{d}x\,\mathrm{d}y$$

$$=\iint_{D_{xy}}\frac{R}{\sqrt{R^2-x^2-y^2}}\mathrm{d}x\,\mathrm{d}y.$$

其中 D_{xy} 是曲面 Σ 在 xOy 面上的投影区域,

$$D_{xy}=\{(x,y)\mid x^2+y^2\leqslant R^2\sin^2\alpha\}.$$

利用极坐标,得

$$A=\int_0^{2\pi}\mathrm{d}\theta\int_0^{R\sin\alpha}\frac{R}{\sqrt{R^2-\rho^2}}\rho\,\mathrm{d}\rho$$

$$=2\pi R\int_0^{R\sin\alpha}\frac{\rho}{\sqrt{R^2-\rho^2}}\mathrm{d}\rho$$

$$=2\pi R^2(1-\cos\alpha).$$

由于 $\cos\alpha=\dfrac{R}{R+h}$,代入上式得

$$A=2\pi R^2\left(1-\frac{R}{R+h}\right)=2\pi R^2\cdot\frac{h}{R+h}.$$

由此得这颗通信卫星的覆盖面积与地球表面积之比为

$$\frac{A}{4\pi R^2}=\frac{h}{2(R+h)}=\frac{36\cdot 10^6}{2(36+6.4)\cdot 10^6}\approx 42.5\%.$$

由以上结果可知,卫星覆盖了全球三分之一以上的面积,故使用三颗相隔$\frac{2}{3}\pi$角度的通信卫星就可以覆盖几乎地球全部表面.

例 3 求半径为 a 的球的表面积.

解 设球面方程为:$x^2+y^2+z^2=a^2$.

由对称性,所求表面积为上半球面面积的 2 倍.

上半球面 Σ 的方程为:$z=\sqrt{a^2-x^2-y^2}$,它在 xOy 面上的投影区域 D_{xy} 为 $x^2+y^2\leqslant a^2$.

由 Σ: $z=\sqrt{a^2-x^2-y^2}$,

得

$$z'_x=\frac{-x}{\sqrt{a^2-x^2-y^2}},\ z'_y=\frac{-y}{\sqrt{a^2-x^2-y^2}},$$

$$\sqrt{1+z'^2_x+z'^2_y}=\frac{a}{\sqrt{a^2-x^2-y^2}}.$$

由于被积函数 $\frac{a}{\sqrt{a^2-x^2-y^2}}$ 在有界闭区域 D_{xy} 上为无界函数,我们不能直接应用曲面面积公式. 所以先取 $D_b=\{(x,y);\ x^2+y^2\leqslant b^2\}\ (0<b<a)$ 为积分区域,算出相应于 D_b 上的球面面积后,令 $b\to a$ 取极限,就得上半球面的面积.

而

$$\begin{aligned}S_b&=\iint_{D_b}\frac{a}{\sqrt{a^2-x^2-y^2}}\mathrm{d}x\,\mathrm{d}y\\&=\int_0^{2\pi}\mathrm{d}\theta\int_0^b\frac{a}{\sqrt{a^2-r^2}}r\,\mathrm{d}r\\&=2\pi\cdot\left[-a\sqrt{a^2-r^2}\right]_0^b\\&=2\pi a\left(a-\sqrt{a^2-b^2}\right).\end{aligned}$$

所以

$$S=\lim_{b\to a}S_b=2\pi a^2.$$

因此整个球面的面积为

$$S_{球}=2S=4\pi a^2.$$

二、平面薄片的质心 、转动惯量

由力学知识知道,平面上质量为 m_i,坐标为 (x_i, y_i) $(i=1, 2, \cdots, n)$ 的 n 个质点系的质心坐标$(\bar{x}, \bar{y})$为

$$\bar{x}=\frac{M_y}{M}=\frac{\sum_{i=1}^{n} m_i x_i}{\sum_{i=1}^{n} m_i}, \quad \bar{y}=\frac{M_x}{M}=\frac{\sum_{i=1}^{n} m_i y_i}{\sum_{i=1}^{n} m_i}.$$

其中 $M=\sum_{i=1}^{n} m_i$ 为质点系的总质量,

$$M_y=\sum_{i=1}^{n} m_i x_i, \quad M_x=\sum_{i=1}^{n} m_i y_i$$

分别是质点系对 y 轴、x 轴的静矩.

质点系对 x 轴、y 轴和原点的转动惯量依次为

$$I_x=\sum_{i=1}^{n} y_i^2 m_i, \quad I_y=\sum_{i=1}^{n} x_i^2 m_i,$$

$$I_o=\sum_{i=1}^{n} (x_i^2+y_i^2) m_i.$$

下面求平面薄片的质心和转动惯量. 设薄片在 xOy 平面上用有界闭区域 D 表示,面密度 $\rho(x, y)$为 D 上的连续函数.

在区域 D 上任取一小区域 $\mathrm{d}\sigma$(面积也记作 $\mathrm{d}\sigma$),则质量元素 $\mathrm{d}M=\rho(x, y)\mathrm{d}\sigma$, $(x, y)\in \mathrm{d}\sigma$,它对 y 轴、x 轴的静矩(即静矩元素)分别为

$$\mathrm{d}M_y=x\,\mathrm{d}M=x\rho(x, y)\mathrm{d}\sigma, \quad \mathrm{d}M_x=y\,\mathrm{d}M=y\rho(x, y)\mathrm{d}\sigma,$$

它对 x 轴、y 轴和原点的转动惯量(即转动惯量元素)分别为

$$\mathrm{d}I_x=y^2\mathrm{d}M=y^2\rho(x, y)\mathrm{d}\sigma,$$

$$\mathrm{d}I_y=x^2\mathrm{d}M=x^2\rho(x, y)\mathrm{d}\sigma,$$

$$\mathrm{d}I_o=(x^2+y^2)\mathrm{d}M=(x^2+y^2)\rho(x, y)\mathrm{d}\sigma.$$

于是

$$M_y=\iint\limits_D x\rho(x,y)\mathrm{d}\sigma,\quad M_x=\iint\limits_D y\rho(x,y)\mathrm{d}\sigma,$$

$$M=\iint\limits_D \rho(x,y)\mathrm{d}\sigma.$$

质心坐标为

$$\bar{x}=\frac{M_y}{M}=\frac{\iint\limits_D x\rho(x,y)\mathrm{d}\sigma}{\iint\limits_D \rho(x,y)\mathrm{d}\sigma},\quad \bar{y}=\frac{M_x}{M}=\frac{\iint\limits_D y\rho(x,y)\mathrm{d}\sigma}{\iint\limits_D \rho(x,y)\mathrm{d}\sigma}.$$

如果薄片是均匀的，即面密度为常量时，由上面二式知，薄片的质心坐标为

$$\bar{x}=\frac{1}{A}\iint\limits_D x\,\mathrm{d}\sigma,\quad \bar{y}=\frac{1}{A}\iint\limits_D y\,\mathrm{d}\sigma.$$

其中 $A=\iint\limits_D \mathrm{d}\sigma$ 为闭区域 D 的面积，这时薄片的质心完全由闭区域 D 的形状所决定. 我们把均匀薄片的质心称为这平面薄片所占区域 D 的形心.

转动惯量分别为

$$I_x=\iint\limits_D y^2\rho(x,y)\mathrm{d}\sigma,\quad I_y=\iint\limits_D x^2\rho(x,y)\mathrm{d}\sigma,$$

$$I_0=\iint\limits_D (x^2+y^2)\rho(x,y)\mathrm{d}\sigma.$$

显然有 $$I_o=I_x+I_y.$$

例 4 设半径为 a 的半圆形薄片上各点的面密度为该点到圆心的距离，求此半圆的质心坐标及关于直径边的转动惯量.

解 取坐标系如图 9-33 所示，则薄片所占闭区域 D 可表示为

$$x^2+y^2\leqslant a^2,\ y\geqslant 0,$$

且面密度 $\rho(x,y)=\sqrt{x^2+y^2}$.

因 D 关于 y 轴对称，$\rho(x,y)$ 关于 x 为偶函数知 $\bar{x}=0$，而

$$\begin{aligned}M&=\iint\limits_D \rho(x,y)\mathrm{d}\sigma\\&=\iint\limits_D \sqrt{x^2+y^2}\,\mathrm{d}\sigma\\&=\int_0^{\pi}\mathrm{d}\theta\int_0^a r\cdot r\mathrm{d}r=\frac{\pi}{3}a^3.\end{aligned}$$

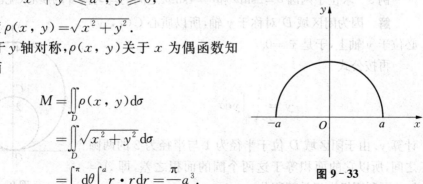

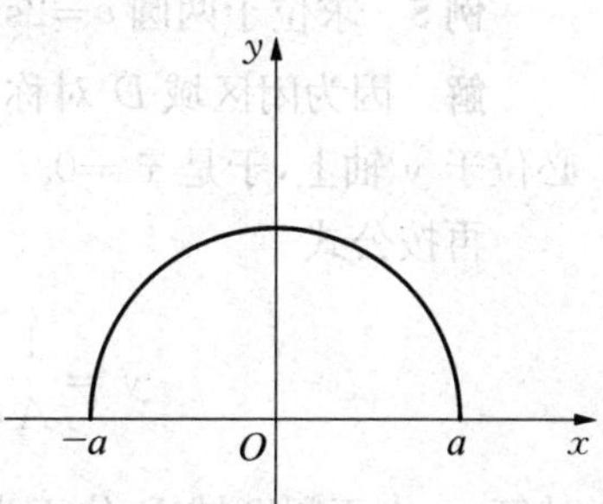

图 9-33

$$M_x=\iint_D y\rho(x,\ y)\mathrm{d}\sigma$$

$$=\iint_D y\sqrt{x^2+y^2}\,\mathrm{d}\sigma$$

$$=\int_0^{\pi}\mathrm{d}\theta\int_0^a r^2\sin\theta\cdot r\mathrm{d}r$$

$$=\int_0^{\pi}\sin\theta\mathrm{d}\theta\cdot\int_0^a r^3\mathrm{d}r=\frac{1}{2}a^4.$$

所以
$$\bar{y}=\frac{M_x}{M}=\frac{3}{2\pi}a.$$

因此质心坐标为$\left(0,\ \dfrac{3}{2\pi}a\right)$.

直径边为 x 轴,故

$$I_x=\iint_D y^2\rho(x,\ y)\mathrm{d}\sigma$$

$$=\iint_D y^2\sqrt{x^2+y^2}\,\mathrm{d}\sigma$$

$$=\int_0^{\pi}\mathrm{d}\theta\int_0^a r^2\sin^2\theta\cdot r\cdot r\mathrm{d}r$$

$$=\int_0^{\pi}\sin^2\theta\mathrm{d}\theta\cdot\int_0^a r^4\mathrm{d}r$$

$$=\frac{\pi}{2}\cdot\frac{1}{5}a^5=\frac{\pi}{10}a^5.$$

例 5 求位于两圆 $\rho=2\sin\theta$ 和 $\rho=4\sin\theta$ 之间的均匀薄片的质心(见图 9-34).

解 因为闭区域 D 对称于 y 轴,所以质心 $C(\bar{x},\ \bar{y})$ 必位于 y 轴上,于是 $\bar{x}=0$.

再按公式

$$\bar{y}=\frac{1}{A}\iint_D y\mathrm{d}\sigma$$

计算 $\bar{y}$. 由于闭区域 D 位于半径为 1 与半径为 2 的两圆之间,所以它的面积等于这两个圆的面积之差,即 $A=3\pi$. 再利用极坐标计算积分:

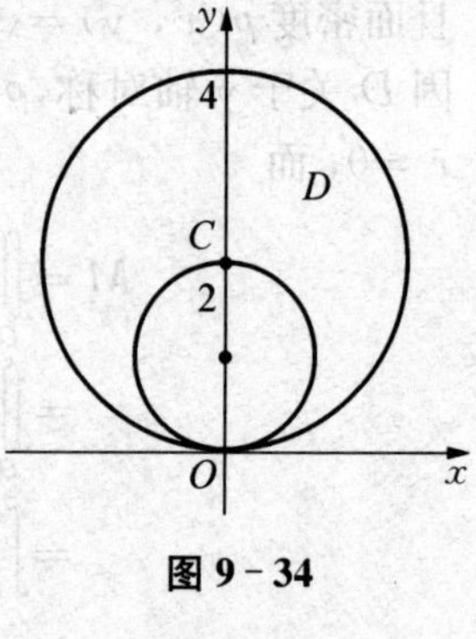

图 9-34

$$\iint_D y\,\mathrm{d}\sigma=\iint_D \rho^2\sin\theta\,\mathrm{d}\rho\,\mathrm{d}\theta=\int_0^{\pi}\sin\theta\,\mathrm{d}\theta\int_{2\sin\theta}^{4\sin\theta}\rho^2\,\mathrm{d}\rho=\frac{56}{3}\int_0^{\pi}\sin^4\theta\,\mathrm{d}\theta=7\pi.$$

因此
$$\bar{y}=\frac{7\pi}{3\pi}=\frac{7}{3},$$

所求质心是 $C\left(0,\ \frac{7}{3}\right)$.

三、平面薄片对质点的引力

设有一平面薄片，占有 xOy 平面上的有界闭区域 D，在点 $(x,\ y)$ 处的面密度函数为 $\rho(x,\ y)$，$\rho(x,\ y)$ 在 D 上连续，计算该薄片对位于 z 轴上点 $M_0(0,\ 0,\ c)(c>0)$ 处单位质量的质点的引力 $\boldsymbol{F}$.

我们应用微元法来求引力 $\boldsymbol{F}=(F_x,\ F_y,\ F_z)$. 在 D 上任取一直径很小的闭区域 $\mathrm{d}\sigma$（其面积也记作 $\mathrm{d}\sigma$），$(x,\ y)$ 是 $\mathrm{d}\sigma$ 上的一个点，薄片中相应于 $\mathrm{d}\sigma$ 的部分的质量近似等于 $\rho(x,\ y)\mathrm{d}\sigma$，这部分的质量可近似看作集中在点 $(x,\ y)$ 处，于是，按两质点间的引力公式可得出薄片中相应于 $\mathrm{d}\sigma$ 的部分对该质点的引力大小近似等于 $f\,\frac{\rho(x,\ y)\mathrm{d}\sigma}{r^2}$，方向与 $(x,\ y,\ 0-c)$ 一致，其中 $r=\sqrt{x^2+y^2+c^2}$，f 为引力常数，于是薄片对该点的引力在三坐标轴上的投影 F_x、F_y、F_z 的元素分别为

$$\mathrm{d}F_x=\frac{x}{r}\cdot f\,\frac{\rho(x,\ y)\mathrm{d}\sigma}{r^2}=f\,\frac{x\rho(x,\ y)\mathrm{d}\sigma}{r^3},$$

$$\mathrm{d}F_y=\frac{y}{r}\cdot f\,\frac{\rho(x,\ y)\mathrm{d}\sigma}{r^2}=f\,\frac{y\rho(x,\ y)\mathrm{d}\sigma}{r^3},$$

$$\mathrm{d}F_z=\frac{0-c}{r}\cdot f\,\frac{\rho(x,\ y)\mathrm{d}\sigma}{r^2}=-cf\,\frac{\rho(x,\ y)\mathrm{d}\sigma}{r^3}.$$

于是

$$F_x=f\iint_D\frac{x\rho(x,\ y)}{(x^2+y^2+c^2)^{\frac{3}{2}}}\mathrm{d}\sigma,$$

$$F_y=f\iint_D\frac{y\rho(x,\ y)}{(x^2+y^2+c^2)^{\frac{3}{2}}}\mathrm{d}\sigma,$$

$$F_z=-cf\iint_D\frac{\rho(x,\ y)}{(x^2+y^2+c^2)^{\frac{3}{2}}}\mathrm{d}\sigma.$$

例 6 求面密度为常量、半径为 R 的匀质圆形薄片：$x^2+y^2\leqslant R^2$，$z=0$ 对位于 z 轴上的点 $M_0(0, 0, c)(c>0)$ 处单位质量的质点的引力 $\boldsymbol{F}$.

解 由积分区域 D 的对称性易知 $F_x=F_y=0$，采用极坐标

$$F_z=-cf\rho\iint\limits_D\frac{\mathrm{d}\sigma}{(x^2+y^2+c^2)^{\frac{3}{2}}}$$

$$=-cf\rho\int_0^{2\pi}\mathrm{d}\theta\cdot\int_0^R\frac{r\,\mathrm{d}r}{(r^2+c^2)^{\frac{3}{2}}}$$

$$=cf\rho\cdot 2\pi\cdot\left[(r^2+c^2)^{-\frac{1}{2}}\right]_0^R$$

$$=2\pi cf\rho\left(\frac{1}{\sqrt{R^2+c^2}}-\frac{1}{c}\right),$$

故所求引力为 $\left(0, 0, 2\pi cf\rho\left(\frac{1}{\sqrt{R^2+c^2}}-\frac{1}{c}\right)\right)$.

习题 9-3

1. 计算下列曲面的面积：

(1) 求曲面 $x^2+y^2=a^2$ 被平面 $x+z=0$，$x-z=0$ $(x>0, y>0)$ 所截下的那部分的面积；

(2) 求球面 $x^2+y^2+z^2=a^2$ 含在圆柱 $x^2+y^2=ax$ $(a>0)$ 内部的那部分的面积；

(3) 求底圆半径相等的两个直交圆柱面 $x^2+y^2=R^2$ 及 $x^2+z^2=R^2$ 所围立体的表面积；

(4) 求抛物面 $2z=x^2+y^2$ 含在圆柱 $x^2+y^2=a^2$ 内的那部分的面积；

(5) 求圆柱面 $x^2+y^2=ax$ $(a>0)$ 被球面 $x^2+y^2+z^2=a^2$ 截下的那部分的面积；

(6) 求圆锥面 $z=\sqrt{x^2+y^2}$ 被柱面 $z^2=2x$ 截下的那部分的面积.

2. 计算边长为 a 的正方形关于过它的一个顶点并与正方形所在平面垂直的轴的转动惯量(设 $\rho=1$).

3. 半径为 1 的半圆形薄板的密度函数为 $\rho(x, y)=\mathrm{e}^{\sqrt{x^2+y^2}}$，求该薄板的质量.

4. 求下列均匀薄片的质心，D 由下列曲线围成：

(1) $ay=x^2$，$x+y=2a$ $(a>0)$；

(2) $\rho = a\cos\theta$, $\rho = b\cos\theta$ $(0 < a < b)$；

(3) $ax = y^2$, $ay = x^2 (a > 0)$.

5. 设平面薄片所占的闭区域由抛物线 $y = x^2$ 和 $x = y^2$ 所围成，在点 $M(x, y)$ 处的面密度函数 $\rho(x, y) = xy$，试求该薄片的质心坐标及对 x 轴和原点的转动惯量.

6. 在均匀半圆形薄片的直径上，要接上一个一边与直径等长的均匀矩形薄片，为了使整个均匀薄片的质心恰好落在圆心上，问接上去的矩形薄片另一边的长度应是多少？

7. 计算面密度为点的横坐标，薄片为由直线 $x + y = 2$, $x = 2$, $y = 2$ 所围成的三角形关于 x 轴、y 轴的转动惯量.

8. 求面密度为常量 ρ 的匀质圆环薄片：$a^2 \leqslant x^2 + y^2 \leqslant b^2$ 对位于 z 轴上点 $M_0(0, 0, c)(c > 0)$ 处单位质量的质点的引力.

自 测 题

1. 计算下列二重积分：

(1) $\iint\limits_D (x^2 - y^2)\mathrm{d}\sigma$，其中 D 是闭区域：$0 \leqslant y \leqslant \sin x$, $0 \leqslant x \leqslant \pi$；

(2) $\iint\limits_D \sin y^2 \mathrm{d}\sigma$，其中 D 由 y 轴与直线 $y = x$, $y = 1$ 围成；

(3) $\iint\limits_D \arctan\dfrac{y}{x}\mathrm{d}\sigma$，其中 D：$\dfrac{R^2}{2} \leqslant x^2 + y^2 \leqslant R^2$；

(4) $\iint\limits_D y\mathrm{d}\sigma$，其中 D：$0 \leqslant dx \leqslant y \leqslant \beta x$, $a^2 \leqslant x^2 + y^2 \leqslant b^2$, $(0 < a < b$, $0 < \alpha < \beta)$.

2. 设在有界闭区域 D 上，$f(x, y)$ 连续，$\varphi(x, y)$ 非负可积，证明：至少存在一点 $(\xi, \eta) \in D$，使得

$$\iint\limits_D f(x, y)\varphi(x, y)\mathrm{d}\sigma = f(\xi, \eta) \cdot \iint\limits_D \varphi(x, y)\mathrm{d}\sigma.$$

第十章 微分方程

在许多实际问题中，需要寻求某些变量之间的函数关系，但有时往往不能直接找出所需要的函数关系，却能根据问题的某些内在规律，用已学过的数学方法容易建立含有要找的函数及其导数的等式关系，这就是本章所要讨论的微分方程. 对微分方程进行研究，求出未知函数，这就是解微分方程. 本章主要介绍微分方程的一些基本概念和几种常用的求解微分方程的方法.

第一节 微分方程的基本概念

下面我们通过几何、力学及物理学中的几个具体例题来说明微分方程的基本概念.

例 1 一曲线通过原点，且曲线上任意点处的切线斜率等于该点横坐标的两倍，求该曲线的方程.

解 设所求曲线的方程为 $y=y(x)$，根据所给条件，$y=y(x)$ 应满足方程

$$\frac{\mathrm{d}y}{\mathrm{d}x}=2x, \qquad (10-1)$$

并且 $y=y(x)$ 还应满足下列条件：

$$x=0\text{ 时}, y=0. \qquad (10-2)$$

对方程(10 - 1)积分，容易得到满足式(10 - 1)的函数为

$$y=x^2+C, \qquad (10-3)$$

其中 C 是任意常数.

把条件 $x=0$ 时，$y=0$ 代入式(10 - 3)，得 $C=0$，所以所求曲线的方程为

$$y=x^2. \qquad (10-4)$$

方程(10 - 3)的曲线可以看作是由方程(10 - 4)的曲线沿 y 轴上下平行移动后得到的一族曲线(见图 10 - 1).

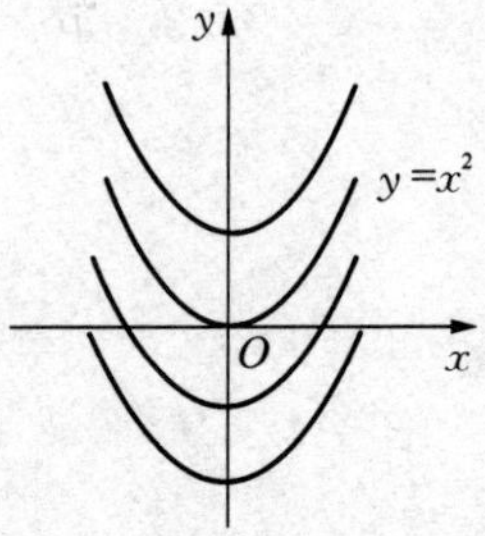

图 10 - 1

例 2 一质量为 m 的物体以初速度 v_0 自高 H 处下落,求物体下落的距离 s 与时间 t 的函数关系(设物体下落时不计空气阻力).

解 建立坐标系如图 10-2 所示. 原点 O 为物体的初始位置,设经过时间 t 后物体下落的距离为 $s=s(t)$. 根据牛顿第二定律, $s=s(t)$ 应满足方程

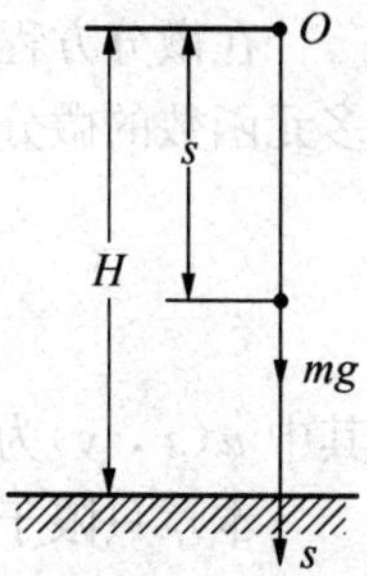

图 10-2

$$m\frac{d^2 s}{dt^2}=mg,$$

即
$$\frac{d^2 s}{dt^2}=g, \tag{10-5}$$

这里 g 是重力加速度,并且有

$$t=0\text{ 时}, \ s=0, \ v=\frac{ds}{dt}=v_0. \tag{10-6}$$

对方程(10-5)两端积分一次,得

$$v=\frac{ds}{dt}=gt+C_1, \tag{10-7}$$

再积分一次,得

$$s=\frac{1}{2}gt^2+C_1 t+C_2, \tag{10-8}$$

这里 C_1、C_2 是任意常数.

把条件"$t=0$ 时,$v=v_0$"代入式(10-7),得

$$C_1=v_0;$$

把条件"$t=0$ 时,$s=0$"代入式(10-8),得

$$C_2=0.$$

把 C_1、C_2 的值代入式(10-8),得到物体经时间 t 后下落的距离为

$$s=\frac{1}{2}gt^2+v_0 t. \tag{10-9}$$

在式(10-9)中,令 $s=H$,便得到物体落到地面所需的时间为

$$t=\frac{1}{g}\left(-v_0+\sqrt{v_0^2+2gH}\right).$$

从上面两个例题可以看出,在一些实际问题中,往往会出现含有未知函数的导

数的方程,如方程(10-1)和方程(10-5).我们把含有未知函数的导数或微分的方程,称为微分方程.

在微分方程中,未知函数为一元函数的微分方程称为常微分方程;未知函数为多元函数的微分方程称为偏微分方程.如

$$\frac{\partial^2 u}{\partial x^2}+\frac{\partial^2 u}{\partial y^2}=0,$$

其中 $u(x, y)$ 为未知的二元函数,该方程是一个偏微分方程.

本章只限于讨论常微分方程,简称为微分方程.

微分方程中所出现的未知函数的最高阶导数的阶数,称为微分方程的阶.例如,方程(10-1)是一阶微分方程;方程(10-5)是二阶微分方程.又如,方程

$$y'''+xyy''+x^2y^2=0$$

是三阶微分方程;方程

$$y^{(5)}+xy^{(4)}+x^2y+\sin x=0$$

是五阶微分方程.

一般地,n 阶微分方程的形式为

$$F(x, y, y', \cdots, y^{(n)})=0, \tag{10-10}$$

其中 F 是 $n+2$ 个变量的已知函数.这里必须指出,在微分方程(10-10)中,$y^{(n)}$ 是必须出现的,而其他变量 $x, y, y', \cdots, y^{(n-1)}$ 则可以不出现.例如,在五阶微分方程

$$y^{(5)}=3$$

中,除 $y^{(5)}$ 外,其他变量都没有出现.

微分方程

$$y^{(n)}=f(x, y, y', \cdots, y^{(n-1)}),$$

是以后我们主要讨论的微分方程.

特别指出,形如

$$y^{(n)}+p_1(x)y^{(n-1)}+p_2(x)y^{(n-2)}+\cdots+p_n(x)y=f(x)$$

的微分方程,其中 $f(x)$、$p_i(x)(i=1, 2, \cdots, n)$ 为已知函数,称为 n 阶线性微分方程,这是因为方程中未知函数 y 及其各阶导数都是一次的.

如果把某个函数 $y=\varphi(x)$ 代入微分方程后能使该方程成为恒等式,则称函数 $y=\varphi(x)$ 为该微分方程的解.

例如,函数(10-3)和函数(10-4)都是微分方程(10-1)的解;函数(10-8)和函数(10-9)都是微分方程(10-5)的解.

微分方程(10-5)的解(10-8)和(10-9)有明显不同的形式,一种解包含任意常数,另一种解不包含任意常数.如果微分方程的解中含有独立的任意常数(粗略地说是指这些任意常数不能互相合并和取代),并且任意常数的个数与该方程的阶数相等,则称这种解为微分方程的通解或一般解.例如,函数(10-3)是方程(10-1)的解,它含有一个任意常数,而方程(10-1)是一阶的,所以函数(10-3)是方程(10-1)的通解.又如,函数(10-8)是方程(10-5)的解,它含有两个独立的任意常数,而方程(10-5)是二阶的,所以函数(10-8)是方程(10-5)的通解.

根据给定条件,确定出通解中任意常数后所得到的不含任意常数的解,称为微分方程的特解.例如,函数(10-4)是方程(10-1)的特解,函数(10-9)是方程(10-5)的特解.

由通解的定义可知,一阶微分方程的通解的一般形式为

$$y=y(x, C) \text{ 或者 } \varphi(x, y, C)=0;$$

二阶微分方程的通解的一般形式为

$$y=y(x, C_1, C_2) \text{ 或者 } \varphi(x, y, C_1, C_2)=0.$$

一般地,n 阶微分方程的通解的一般形式为

$$y=y(x, C_1, C_2, \cdots, C_n) \text{ 或者 } \varphi(x, y, C_1, C_2, \cdots, C_n)=0.$$

一种用来确定通解中任意常数的条件,称为微分方程的初始条件.对于 n 阶微分方程,其初始条件的一般形式为

$$x=x_0 \text{ 时}, y=y_0, y'=y'_0, \cdots, y^{(n-1)}=y_0^{(n-1)},$$

或写成

$$y|_{x=x_0}=y_0, y'|_{x=x_0}=y'_0, \cdots, y^{(n-1)}|_{x=x_0}=y_0^{(n-1)},$$

其中 $x_0, y_0, y'_0, \cdots, y_0^{(n-1)}$ 都是已知常数.

微分方程的特解的图形是一条平面曲线,我们把它称为微分方程的积分曲线,相应地,微分方程通解的图形是一族平面曲线,我们把它们称为微分方程的积分曲线族.

求微分方程 $y'=f(x, y)$ 满足初始条件 $y|_{x=x_0}=y_0$ 的特解这样一个问题,称为一阶微分方程的初值问题,记作

$$\begin{cases} y'=f(x, y), \\ y|_{x=x_0}=y_0. \end{cases}$$

它的几何意义就是,求微分方程的通过点 (x_0, y_0) 的那条积分曲线.

二阶微分方程的初值问题

$$\begin{cases} y''=f(x, y, y'), \\ y|_{x=x_0}=y_0, y'|_{x=x_0}=y'_0, \end{cases}$$

它的几何意义,就是求微分方程的通过点(x_0, y_0),且在该点处的切线斜率为y_0'的那条积分曲线.

例 3 验证:函数

$$y=C_1\mathrm{e}^{-x}+C_2\mathrm{e}^{2x}$$

(其中C_1、C_2为任意常数)是微分方程$y''-y'-2y=0$的解.

解 所给函数的一、二阶导数分别为

$$y'=-C_1\mathrm{e}^{-x}+2C_2\mathrm{e}^{2x}$$

及

$$y''=C_1\mathrm{e}^{-x}+4C_2\mathrm{e}^{2x}.$$

把y、y'及y''的表达式代入方程左端,得

$$\begin{aligned}&(C_1\mathrm{e}^{-x}+4C_2\mathrm{e}^{2x})-(-C_1\mathrm{e}^{-x}+2C_2\mathrm{e}^{2x})-2(C_1\mathrm{e}^{-x}+C_2\mathrm{e}^{2x})\\=&(C_1+C_1-2C_1)\mathrm{e}^{-x}+(4C_2-2C_2-2C_2)\mathrm{e}^{2x}\\=&0.\end{aligned}$$

所以所给函数是微分方程的解,也是微分方程的通解.

例 4 已知函数$y=(C_1+C_2x)\mathrm{e}^{2x}$是微分方程

$$y''-4y'+4y=0$$

的通解,求满足初始条件

$$y|_{x=0}=1,\quad y'|_{x=0}=1$$

的特解.

解 对函数$y=(C_1+C_2x)\mathrm{e}^{2x}$求导,得

$$y'=(2C_1+C_2+2C_2x)\mathrm{e}^{2x},$$

将初始条件代入上面两式,得

$$\begin{cases}1=C_1,\\1=2C_1+C_2.\end{cases}$$

解得

$$C_1=1,\quad C_2=-1.$$

所以所求的特解为

$$y=(1-x)\mathrm{e}^{2x}.$$

例 5 已知曲线族

$$y=C_1x+C_2x^2\quad(C_1\text{、}C_2\text{ 为任意常数}),$$

求 y 所满足的二阶微分方程.

解　将 $y=C_1x+C_2x^2$ 两边对 x 求导,得

$$y'=C_1+2C_2x,$$
$$y''=2C_2,$$

由此解得

$$C_2=\frac{1}{2}y'',\quad C_1=y'-xy''.$$

将 C_1、C_2 代入原方程,并整理得到曲线族满足的微分方程为

$$x^2y''-2xy'+2y=0.$$

习题 10-1

1. 指出下列各微分方程的阶数,并说出哪些是线性微分方程:

(1) $3x(y')^2+2yy'-2x=0$;　(2) $y''y'+(y')^4-x=0$;

(3) $(7x-8y)\mathrm{d}x+(x+3y)\mathrm{d}y=0$;　(4) $\dfrac{\mathrm{d}\rho}{\mathrm{d}\theta}+\rho=\sin^2\theta$;

(5) $y^{(5)}+\cos y+4x=0$;　(6) $xy'''+2y''+x^2y=0$.

2. 指出下列各题中的函数是否为所给微分方程的解;若是解,指出是通解还是特解:

(1) $y''-2y'+y=0,\ y=xe^x$;

(2) $xy'=2y,\ y=Cx^2$;

(3) $y''=x^2+y^2,\ y=\dfrac{1}{x}$;

(4) $y''+y=0,\ y=3\cos x+4\sin x$.

3. 在下列各题中,验证所给方程确定的函数为所给微分方程的解:

(1) $(x-y+1)y'=1,\ y=x+Ce^y$;

(2) $(x-2y)y'=2x-y,\ x^2-xy+y^2=C$.

4. 确定下列各题函数中的常数,使其满足初始条件:

(1) $y=(C_1+C_2x)e^{3x},\ y|_{x=0}=1,\ y'|_{x=0}=2$;

(2) $y=C_1\sin(x-C_2),\ y|_{x=\pi}=1,\ y'|_{x=\pi}=0$.

5. 写出由下列条件确定的曲线所满足的微分方程:

(1) 已知曲线上任意点 $P(x,y)$ 处的法线与 x 轴的交点为 Q,且线段 PQ 被 y 轴平分;

(2) 从坐标原点到曲线 $y=f(x)$ 的切线的距离等于该切点的横坐标；

(3) 某种气体的气压 P 对于温度 T 的变化率与气压成正比，与温度的平方成反比.

6. 设微分方程 $y'+P(x)y=Q(x)(Q(x)\neq 0)$ 有两个不同的解 y_1 与 y_2，若 ay_1+by_2(a、b 均为常数)也是方程的解，试证 $a+b=1$.

第二节　可分离变量的微分方程

本节至第五节，我们讨论一阶微分方程

$$y'=f(x, y) \tag{10-11}$$

的一些解法.

一阶微分方程有时也写成如下的对称形式：

$$P(x, y)\mathrm{d}x+Q(x, y)\mathrm{d}y=0. \tag{10-12}$$

在方程(10-12)中，变量 x 与 y 对称，它既可以看作是以 x 为自变量，y 为未知函数的方程

$$\frac{\mathrm{d}y}{\mathrm{d}x}=-\frac{P(x, y)}{Q(x, y)},$$

其中 $Q(x, y)\neq 0$，也可以看作是以 y 为自变量，x 为未知函数的方程

$$\frac{\mathrm{d}x}{\mathrm{d}y}=-\frac{Q(x, y)}{P(x, y)},$$

其中 $P(x, y)\neq 0$.

形如

$$g(y)\mathrm{d}y=f(x)\mathrm{d}x \tag{10-13}$$

的方程称为已分离变量的微分方程，其中 $g(y)$仅是 y 的连续函数，$f(x)$仅是 x 的连续函数.

一般地，如果一个一阶微分方程能化成方程(10-13)的形式，那么这个方程就称为可分离变量的微分方程.

这种方程的特点是，经过整理，能够使得方程的一端只含 y 的函数和 $\mathrm{d}y$，而另一端只含 x 的函数和 $\mathrm{d}x$，此时称微分方程变量已分离.

设 $y=\varphi(x)$ 是方程(10-13)的解，将它代入式(10-13)中得到恒等式

$$g[\varphi(x)]\varphi'(x)\mathrm{d}x=f(x)\mathrm{d}x.$$

将上式两端积分，并由 $y=\varphi(x)$ 引进变量 y，得

$$\int g(y)\mathrm{d}y=\int f(x)\mathrm{d}x.$$

设 $G(y)$ 及 $F(x)$ 依次为 $g(y)$ 及 $f(x)$ 的一个原函数，于是有

$$G(y)=F(x)+C. \tag{10-14}$$

因此，方程(10－13)的解满足关系式(10－14). 反之，如果 $y=\Phi(x)$ 是由关系式(10－14)所确定的隐函数，那么在 $g(y)\neq 0$ 的条件下，$y=\Phi(x)$ 也是方程(10－13)的解. 事实上，由隐函数的求导法可知，当 $g(y)\neq 0$ 时，

$$\Phi'(x)=\frac{F'(x)}{G'(y)}=\frac{f(x)}{g(y)},$$

这就表示函数 $y=\Phi(x)$ 满足方程(10－13). 所以式(10－13)两端积分后得到的关系式(10－14)，就用隐式给出了方程(10－13)的解，式(10－14)就叫作微分方程(10－13)的隐式解. 又由于关系式(10－14)中含有任意常数，因此式(10－14)所确定的隐函数是方程(10－13)的通解. 所以式(10－14)叫作微分方程(10－13)的隐式通解(当 $f(x)\neq 0$ 时，式(10－14)所确定的隐函数 $x=\psi(y)$ 也可认为是方程(10－13)的解).

综上所述，可分离变量的微分方程的求解步骤为：先分离变量，再两边积分. 这种方法称为分离变量法.

例 1 求微分方程 $y'=3x^2y$ 的通解.

解 这是一个可分离变量的方程，分离变量后得

$$\frac{1}{y}\mathrm{d}y=3x^2\mathrm{d}x,$$

两端积分

$$\int\frac{1}{y}\mathrm{d}y=\int 3x^2\mathrm{d}x,$$

得

$$\ln|y|=x^3+C_1.$$

从而

$$y=\pm\mathrm{e}^{x^3+C_1}=\pm\mathrm{e}^{C_1}\cdot\mathrm{e}^{x^3}.$$

因为 $\pm\mathrm{e}^{C_1}$ 仍是任意常数，把它记作 C，便得方程的通解为

$$y=C\mathrm{e}^{x^3}.$$

上式中的 C 为任意常数，由题意 $C=0$ 也是方程的解.

例 2 在过原点和点(2, 3)的单调光滑曲线 l 上任取一点 (x, y)，作两坐标轴的平行线，其中一条平行线与 x 轴及曲线 l 围成图形的面积是另一条平行线与 y

轴及曲线 l 围成图形的面积的两倍,如图 10-3 所示,求曲线 l 的方程.

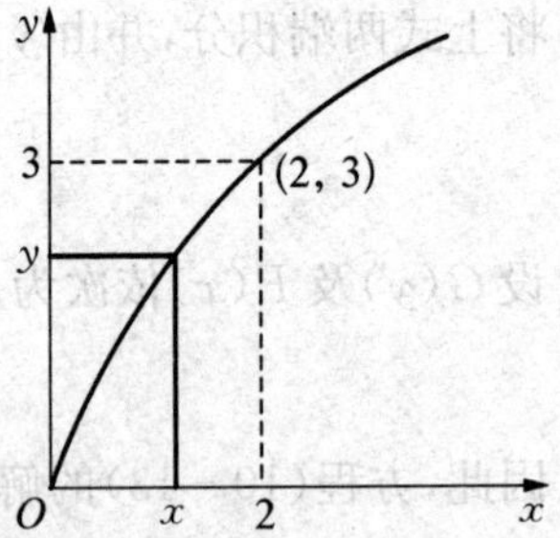

图 10-3

解 设曲线 l 的方程为 $y=f(x)$,曲线上任取一点 $(x, f(x))$,依题意,有

$$\int_0^x f(t)\mathrm{d}t = 2\left[xf(x) - \int_0^x f(t)\mathrm{d}t\right],$$

即
$$3\int_0^x f(t)\mathrm{d}t = 2xf(x).$$

这个方程含有未知函数 $y=f(x)$ 的积分,因此方程两端对 x 求导,得

$$3f(x) = 2f(x) + 2xf'(x),$$

即
$$f(x) = 2xf'(x) \quad 或 \quad y = 2xy'.$$

分离变量,得

$$\frac{2}{y}\mathrm{d}y = \frac{1}{x}\mathrm{d}x.$$

两端积分,得

$$2\ln|y| = \ln|x| + \ln|C|.$$

即
$$y^2 = Cx.$$

因为曲线 l 过点(2, 3),即有 $y|_{x=2}=3$,代入上式,求出 $C=\frac{9}{2}$,所以曲线 l 的方程为

$$y^2 = \frac{9}{2}x \quad (y \geqslant 0).$$

例 3 放射性元素铀由于不断地有原子放射出微粒子而变成其他元素,铀的含量就不断减少,这种现象叫作衰变. 由原子物理学知道,铀的衰变速度与当时未衰变的原子的含量 M 成正比. 已知 $t=0$ 时铀的含量为 M_0,求在衰变过程中铀含量 $M(t)$随时间 t 的变化规律.

解 铀的衰变速度就是 $M(t)$对时间 t 的导数 $\frac{\mathrm{d}M}{\mathrm{d}t}$. 由于铀的衰变速度与其含量成正比,故得微分方程

$$\frac{\mathrm{d}M}{\mathrm{d}t} = -\lambda M. \tag{10-15}$$

其中 $\lambda(\lambda > 0)$ 是常数，叫作衰变系数. λ 前置负号是由于当 t 增加时 M 单调减少，即 $\frac{dM}{dt} < 0$ 的缘故.

依题意，初始条件为

$$M|_{t=0} = M_0. \tag{10-16}$$

方程(5)是可分离变量的. 分离变量后得

$$\frac{dM}{M} = -\lambda dt,$$

两端积分

$$\int \frac{dM}{M} = \int (-\lambda) dt,$$

以 $\ln C$ 表示任意常数，得

$$\ln M = -\lambda t + \ln C,$$

即

$$M = Ce^{-\lambda t}.$$

将初始条件式(10-16)代入上式，得

$$M_0 = Ce^0 = C,$$

所以

$$M = M_0 e^{-\lambda t}.$$

这就是放射性元素铀的衰变规律. 由此可见，铀的含量随时间的增加而按指数规律衰减.

习题 10-2

1. 求下列微分方程的通解：

(1) $y' = \sqrt{\frac{1-y^2}{1-x^2}}$;

(2) $y - xy' = a(y^2 + y')$;

(3) $(xy^2 + x)dx + (y - x^2 y)dy = 0$;

(4) $y\ln x dx + x\ln y dy = 0$;

(5) $(e^{x+y} - e^x)dx + (e^{x+y} + e^y)dy = 0$;

(6) $y'\sin x = y\ln y$;

(7) $2x\tan y + (1 + x^2)\sec^2 y y' = 0$;

(8) $y' = 10^{x+y}$.

2. 求下列微分方程满足所给初始条件的特解：

(1) $\cos y dx + (1 + e^{-x})\sin y dy = 0$, $y|_{x=0} = \frac{\pi}{4}$;

(2) $y'=e^{2x-y}$, $y|_{x=0}=0$;

(3) $\dfrac{x}{1+y}dx-\dfrac{y}{1+x}dy=0$, $y|_{x=0}=1$;

(4) $(1+e^x)yy'=e^x$, $y|_{x=0}=1$.

3. 一曲线通过点(2, 3),它的任意一条切线在两坐标轴间的线段均被切点所平分,求这曲线的方程.

4. 一质量为 m 的物体,自高 H 的地方由静止开始自由下落,若所受空气阻力与速度成正比,求速度 v 与时间 t 的关系.

第三节 齐次方程

一、齐次方程

如果一阶微分方程能化成

$$\frac{dy}{dx}=f\left(\frac{y}{x}\right) \tag{10-17}$$

的形式,则称原方程为齐次方程.例如,

$$(x^2+2xy+3y^2)dx-xydy=0$$

是齐次方程,因为上式可化为

$$\frac{dy}{dx}=\frac{1}{\frac{y}{x}}+2+3\left(\frac{y}{x}\right).$$

齐次方程的特点是,如果用 kx 代替 x, ky 代替 y(k 是不为零的常数),则方程不变.

在齐次方程(10-17)中,引进新的未知函数

$$u=\frac{y}{x}, \tag{10-18}$$

由式(10-18)有

$$y=ux,\quad \frac{dy}{dx}=u+x\frac{du}{dx}.$$

代入方程(10-17),得

$$u + x\frac{\mathrm{d}u}{\mathrm{d}x} = f(u),$$

即
$$x\frac{\mathrm{d}u}{\mathrm{d}x} = f(u) - u.$$

这是可分离变量的方程,分离变量,得

$$\frac{\mathrm{d}u}{f(u)-u} = \frac{\mathrm{d}x}{x}.$$

两端积分,得

$$\int\frac{\mathrm{d}u}{f(u)-u} = \int\frac{\mathrm{d}x}{x}.$$

求出积分后,再用$\frac{y}{x}$代替u,便得所给齐次方程的通解.

由此可见,求解齐次方程的步骤为,先引进变换 $\frac{y}{x}=u$,将方程化为可分离变量的方程,进而求出通解.

例 1 求方程 $(x^2+3y^2)\mathrm{d}x - 2xy\mathrm{d}y = 0$ 的通解.

解 原方程可写成

$$\frac{\mathrm{d}y}{\mathrm{d}x} = \frac{1}{2\frac{y}{x}} + \frac{3}{2}\frac{y}{x}.$$

这是齐次方程,令 $\frac{y}{x}=u$,则

$$y = ux, \quad \frac{\mathrm{d}y}{\mathrm{d}x} = u + x\frac{\mathrm{d}u}{\mathrm{d}x},$$

原方程化成

$$u + x\frac{u}{\mathrm{d}x} = \frac{1}{2u} + \frac{3}{2}u,$$

即
$$x\frac{\mathrm{d}u}{\mathrm{d}x} = \frac{1}{2u} + \frac{1}{2}u = \frac{1+u^2}{2u}.$$

分离变量,得

$$\frac{2u}{1+u^2}\mathrm{d}u=\frac{1}{x}\mathrm{d}x.$$

两端积分,得

$$\ln(1+u^2)=\ln x+\ln C.$$

即 $$1+u^2=Cx.$$

把 $u=\frac{y}{x}$ 代入上式,便得方程的通解为

$$x^2+y^2=Cx^3.$$

例 2 设河边点 O 的正对岸为点 A,河宽 $OA=h$,两岸为平行直线,水流速度为 $\boldsymbol{a}$,有一只鸭子从点 A 游向点 O,设鸭子在静水中的游速为 $\boldsymbol{b}$ ($|\boldsymbol{b}|>|\boldsymbol{a}|$),且鸭子游动方向始终朝着点 O,求鸭子游过的迹线.

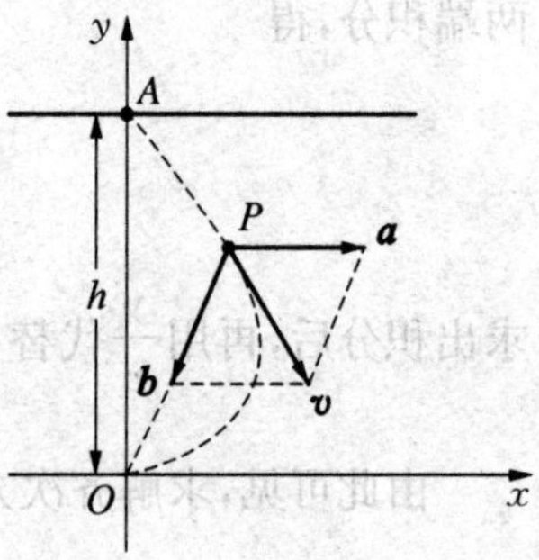

图 10-4

解 设水流速度为 $\boldsymbol{a}$ ($|\boldsymbol{a}|=a$),鸭子游速为 $\boldsymbol{b}$ ($|\boldsymbol{b}|=b$),则鸭子实际运动速度为 $\boldsymbol{v}=\boldsymbol{a}+\boldsymbol{b}$.

如图 10-4 所示,取 O 为坐标原点,河岸朝顺水方向为 x 轴,y 轴指向对岸. 设在时刻 t 鸭子位于点 $P(x, y)$,则鸭子运动速度

$$\boldsymbol{v}=(v_x, v_y)=\left(\frac{\mathrm{d}x}{\mathrm{d}t}, \frac{\mathrm{d}y}{\mathrm{d}t}\right),$$

故有 $$\frac{\mathrm{d}x}{\mathrm{d}y}=\frac{v_x}{v_y}.$$

现在 $\boldsymbol{a}=(a, 0)$,而 $\boldsymbol{b}=b\frac{\overrightarrow{PO}}{|\overrightarrow{PO}|}$,由 $\overrightarrow{PO}=(-x, -y)$,于是

$$\boldsymbol{b}=-\frac{b}{\sqrt{x^2+y^2}}(x, y),$$

从而

$$\boldsymbol{v}=\boldsymbol{a}+\boldsymbol{b}=\left(a-\frac{bx}{\sqrt{x^2+y^2}}, -\frac{by}{\sqrt{x^2+y^2}}\right).$$

由此得微分方程

$$\frac{\mathrm{d}x}{\mathrm{d}y}=\frac{v_x}{v_y}=-\frac{a\sqrt{x^2+y^2}}{by}+\frac{x}{y},$$

即
$$\frac{\mathrm{d}x}{\mathrm{d}y}=-\frac{a}{b}\sqrt{\left(\frac{x}{y}\right)^2+1}+\frac{x}{y}.$$

这是一个齐次方程,令 $\frac{x}{y}=u$,则

$$x=uy,\quad \frac{\mathrm{d}x}{\mathrm{d}y}=u+y\frac{\mathrm{d}u}{\mathrm{d}y},$$

代入上面的方程,得

$$y\frac{\mathrm{d}u}{\mathrm{d}y}=-\frac{a}{b}\sqrt{u^2+1},$$

分离变量,得

$$\frac{\mathrm{d}u}{\sqrt{u^2+1}}=-\frac{a}{by}\mathrm{d}y.$$

两端积分,得

$$\operatorname{arsh}u=-\frac{a}{b}(\ln y+\ln C),$$

即
$$u=\operatorname{sh}\ln(Cy)^{-\frac{a}{b}}=\frac{1}{2}\left[(Cy)^{-\frac{a}{b}}-(Cy)^{\frac{a}{b}}\right],$$

以 $u=\frac{x}{y}$ 代入上式,得

$$x=\frac{y}{2}\left[(Cy)^{-\frac{a}{b}}-(Cy)^{\frac{a}{b}}\right]$$
$$=\frac{1}{2C}\left[(Cy)^{1-\frac{a}{b}}-(Cy)^{1+\frac{a}{b}}\right].$$

以 $x\,|_{y=h}=0$ 代入上式,得 $C=\frac{1}{h}$,故鸭子游过的迹线为

$$x=\frac{h}{2}\left[\left(\frac{y}{h}\right)^{1-\frac{a}{b}}-\left(\frac{y}{h}\right)^{1+\frac{a}{b}}\right]\quad(0\leqslant y\leqslant h).$$

例 3 当 $x>1$ 时,函数 $f(x)$恒为正,将曲线 $y=f(x)$,直线 $x=1$, $x=a$ $(a>1)$ 以及 x 轴围成的图形绕 x 轴旋转一周所产生的立体的体积为 $\frac{\pi}{3}[a^2f(a)-f(1)]$. 求曲线方程 $y=f(x)$.

解 由题设条件知

$$\pi\int_1^a f^2(x)\mathrm{d}x=\frac{\pi}{3}[a^2f(a)-f(1)].$$

两端对 a 求导,得

$$\pi f^2(a)=\frac{\pi}{3}[2af(a)+a^2f'(a)],$$

即
$$f'(a)=\frac{3f^2(a)}{a^2}-\frac{2f(a)}{a}.$$

以 x 代替 a,且 $y=f(x)$,得

$$y'=3\left(\frac{y}{x}\right)^2-2\frac{y}{x}.$$

这是齐次方程,令 $\frac{y}{x}=u$,则

$$y=xu,\quad \frac{\mathrm{d}y}{\mathrm{d}x}=u+x\frac{\mathrm{d}u}{\mathrm{d}x},$$

代入上式,得

$$u+x\frac{\mathrm{d}u}{\mathrm{d}x}=3u^2-2u,$$

即
$$x\frac{\mathrm{d}u}{\mathrm{d}x}=3u(u-1).$$

分离变量,得

$$\frac{\mathrm{d}u}{u(u-1)}=\frac{3}{x}\mathrm{d}x.$$

两端积分,得

$$\ln\frac{u-1}{u}=3\ln x+\ln C,$$

即
$$u-1=Cux^3.$$

以 $u=\frac{y}{x}$ 代入上式,便得曲线的方程为

$$y-x=Cyx^3.$$

*二、可化为齐次方程的微分方程

考虑方程

$$\frac{\mathrm{d}y}{\mathrm{d}x}=\frac{a_1x+b_1y+c_1}{a_2x+b_2y+c_2} \tag{10-19}$$

当 c_1 与 c_2 同时为零时，它是齐次方程，否则，它不是齐次方程. 对于非齐次的情形，可用下列变换把它化为齐次方程.

1. 若 $\begin{vmatrix} a_1 & b_1 \\ a_2 & b_2 \end{vmatrix} \neq 0$，注意到，如果方程(10－19)的右端式中的分子与分母都没有常数项，它就成为齐次方程，因此只要把坐标原点平移到二直线

$$\begin{cases} a_1x+b_1y+c_1=0 \\ a_2x+b_2y+c_2=0 \end{cases} \tag{10-20}$$

的交点 (h, k) 即可，为此令

$$x=X+h,\quad y=Y+k.$$

则方程(10－19)化为齐次方程

$$\frac{\mathrm{d}Y}{\mathrm{d}X}=\frac{a_1X+b_1Y}{a_2X+b_2Y}.$$

当求出齐次方程通解后，把 $X=x-h$，$Y=y-k$ 代入，便得方程(10－19)的通解.

2. 若 $\begin{vmatrix} a_1 & b_1 \\ a_2 & b_2 \end{vmatrix}=0$，即 $\frac{a_2}{a_1}=\frac{b_2}{b_1}$ 时，方程组(10－20)不能解出 h，k，这时令

$$\frac{a_2}{a_1}=\frac{b_2}{b_1}=\lambda,$$

从而方程(10－19)可写成

$$\frac{\mathrm{d}y}{\mathrm{d}x}=\frac{(a_1x+b_1y)+c_1}{\lambda(a_1x+b_1y)+c_2}. \tag{10-21}$$

令 $a_1x+b_1y=u$，则

$$a_1+b_1\frac{\mathrm{d}y}{\mathrm{d}x}=\frac{\mathrm{d}u}{\mathrm{d}x} \quad 或 \quad \frac{\mathrm{d}y}{\mathrm{d}x}=\frac{1}{b_1}\left(\frac{\mathrm{d}u}{\mathrm{d}x}-a_1\right).$$

于是方程(10-21)化为

$$\frac{\mathrm{d}u}{\mathrm{d}x}=\frac{b_1(u+c_1)}{\lambda u+c_2}+a_1.$$

这是可分离变量的微分方程,当求出通解后,把 $u=a_1x+b_1y$ 代入,便得方程(10-19)的通解.

对于方程

$$\frac{\mathrm{d}y}{\mathrm{d}x}=f\left(\frac{a_1x+b_1y+c_1}{a_2x+b_2y+c_2}\right),$$

也可用上述方法作类似处理.

例 4 求方程 $\frac{\mathrm{d}y}{\mathrm{d}x}=\frac{x-2y-1}{2x-y-2}$ 的通解.

解 解方程组

$$\begin{cases}x-2y-1=0\\2x-y-2=0\end{cases}$$

得 $x=1$, $y=0$. 因此令

$$x=X+1,\quad y=Y,$$

原方程化成齐次方程

$$\frac{\mathrm{d}Y}{\mathrm{d}X}=\frac{X-2Y}{2X-Y}.$$

令 $\frac{Y}{X}=u$,则

$$Y=Xu,\quad \frac{\mathrm{d}Y}{\mathrm{d}X}=u+X\frac{\mathrm{d}u}{\mathrm{d}X}.$$

于是方程变成

$$u+X\frac{\mathrm{d}u}{\mathrm{d}X}=\frac{1-2u}{2-u},$$

即

$$X\frac{\mathrm{d}u}{\mathrm{d}X}=\frac{u^2-4u+1}{2-u}.$$

分离变量,得

$$\frac{2-u}{u^2-4u+1}\mathrm{d}u=\frac{1}{X}\mathrm{d}X.$$

两端积分，得

$$-\frac{1}{2}\ln(u^2-4u+1)=\ln X+\ln C_1,$$

即
$$u^2-4u+1=\frac{C}{X^2}\ \left(C=\frac{1}{C_1^2}\right).$$

将 $u=\frac{Y}{X}$ 代入上式，得

$$Y^2-4XY+X^2=C.$$

再将 $Y=y$，$X=x-1$ 代入上式，便得原方程的通解为

$$y^2-4(x-1)y+(x-1)^2=C.$$

例 5 求方程 $(x+y)\mathrm{d}x+(3x+3y-4)\mathrm{d}y=0$ 的通解.

解 原方程化成

$$\frac{\mathrm{d}y}{\mathrm{d}x}=-\frac{x+y}{3(x+y)-4}.$$

令 $x+y=u$，则

$$1+\frac{\mathrm{d}y}{\mathrm{d}x}=\frac{\mathrm{d}u}{\mathrm{d}x}\quad 或\quad \frac{\mathrm{d}y}{\mathrm{d}x}=\frac{\mathrm{d}u}{\mathrm{d}x}-1.$$

于是方程化为

$$\frac{\mathrm{d}u}{\mathrm{d}x}-1=-\frac{u}{3u-4},$$

这是可分离变量的方程，分离变量，得

$$\frac{3u-4}{2u-4}\mathrm{d}u=\mathrm{d}x.$$

两端积分，得

$$\frac{3}{2}u+\ln(u-2)=x+C.$$

以 $u=x+y$ 代入上式，便得原方程的通解为

$$\frac{3}{2}(x+y)+\ln(x+y-2)=x+C,$$

即
$$\frac{1}{2}x+\frac{3}{2}y+\ln(x+y-2)=C.$$

习题 10-3

1. 求下列微分方程的通解：

(1) $\frac{dy}{dx}=\frac{y}{x}+\frac{x}{y}$；

(2) $y'=e^{\frac{y}{x}}+\frac{y}{x}$；

(3) $x\,dy-y\,dx=\sqrt{x^2+y^2}\,dx$；

(4) $x\,dy=y(1+\ln y-\ln x)dx$；

(5) $x^2y\,dx-(x^3+y^3)dy=0$.

2. 求下列微分方程满足所给初始条件的特解：

(1) $\frac{dy}{dx}=\frac{y}{x}+\tan\frac{y}{x}$，$y|_{x=1}=\frac{\pi}{6}$；

(2) $y'=\frac{2xy}{x^2-y^2}$，$y|_{x=1}=1$；

(3) $(x^2+2xy-y^2)dx+(y^2+2xy-x^2)dy=0$，$y|_{x=1}=1$.

3. 假设曲线上任意点 $P(x, y)$到原点的距离等于曲线上点 P 的切线在 y 轴上的截距,已知曲线过点(1, 0),求该曲线的方程.

*4. 化下列方程为齐次方程,并求出通解：

(1) $(2x-5y+3)dx-(2x+4y-6)dy=0$；

(2) $(x+y+1)dx+(2x+2y-1)dy=0$；

(3) $(2x+y-4)dx+(x+y-1)dy=0$.

第四节 一阶线性微分方程

一、线性方程

方程
$$\frac{dy}{dx}+P(x)y=Q(x) \tag{10-22}$$

称为一阶线性微分方程.

当 $Q(x)$ 不恒等于零时,方程(10-22)称为非齐次线性方程,当 $Q(x)$ 恒等于零时,有

$$\frac{dy}{dx}+P(x)y=0. \tag{10-23}$$

方程(10-23)称为对应于非齐次线性方程(10-22)的齐次线性方程.

方程(10-23)是可分离变量的,分离变量后得

$$\frac{1}{y}dy=-P(x)dx,$$

两端积分,得

$$\ln y=-\int P(x)dx+\ln C,$$

即
$$y=Ce^{-\int P(x)dx},$$

这就是方程(10-23)的通解.

现在我们使用常数变易法来求非齐次线性方程(10-22)的通解. 该方法是,把方程(10-23)的通解中的 C 换成 x 的未知函数 $u(x)$,设

$$y=ue^{-\int P(x)dx}$$

为式(10-22)的解,于是

$$\frac{dy}{dx}=u'e^{-\int P(x)dx}-uP(x)e^{-\int P(x)dx}.$$

将 y 及 y' 代入方程(10-22),得

$$u'e^{-\int P(x)dx}-uP(x)e^{-\int P(x)dx}+P(x)ue^{-\int P(x)dx}=Q(x),$$

即
$$u'e^{-\int P(x)dx}=Q(x),$$

或
$$u'=Q(x)e^{\int P(x)dx}.$$

积分得

$$u=\int Q(x)e^{\int P(x)dx}dx+C.$$

从而得非齐次线性方程(10-22)的通解为

$$y=\mathrm{e}^{-\int P(x)\mathrm{d}x}\left(\int Q(x)\mathrm{e}^{\int P(x)\mathrm{d}x}\mathrm{d}x+C\right). \tag{10-24}$$

如果把上式改写成

$$y=C\mathrm{e}^{-\int P(x)\mathrm{d}x}+\mathrm{e}^{-\int P(x)\mathrm{d}x}\int Q(x)\mathrm{e}^{\int P(x)\mathrm{d}x}\mathrm{d}x.$$

可以看出,上式右端第一项是对应的齐次线性方程(10 - 23)的通解,第二项是非齐次线性方程(10 - 22)的一个特解(在式(10 - 22)的通解式(10 - 24)中,取 $C=0$ 便得到这个特解). 上述结论并非偶然,事实上,这是线性微分方程具有的共同性质,即"一个非齐次线性方程的通解等于对应的齐次方程的通解与它的一个特解之和".

例 1 求方程 $\frac{\mathrm{d}y}{\mathrm{d}x}+3y=\mathrm{e}^{-2x}$ 的通解.

解 这是一个非齐次线性方程,先求对应的齐次方程的通解.

$$\frac{\mathrm{d}y}{\mathrm{d}x}+3y=0,$$

分离变量,得

$$\frac{1}{y}\mathrm{d}y=-3\mathrm{d}x.$$

两端积分,得

$$\ln y=-3x+\ln C,$$

即

$$y=C\mathrm{e}^{-3x}.$$

再用常数变易法求原方程的通解. 把 C 换成 $u(x)$,即令

$$y=u\mathrm{e}^{-3x},$$

则有

$$\frac{\mathrm{d}y}{\mathrm{d}x}=u'\mathrm{e}^{-3x}-3u\mathrm{e}^{-3x}.$$

将 y 及 y' 代入原方程,得

$$u'\mathrm{e}^{-3x}=\mathrm{e}^{-2x},$$

即

$$u'=\mathrm{e}^{x}.$$

两端积分,得

$$u=\mathrm{e}^{x}+C.$$

所以所求方程的通解为

$$y = e^{-3x}(e^x + C).$$

例 2 求方程

$$(x + y^2)y' = y$$

满足初始条件 $y|_{x=1} = 1$ 的特解.

解 把原方程改写成

$$\frac{dx}{dy} - \frac{1}{y}x = y.$$

这是以 y 为自变量,x 为未知函数的一阶线性方程,其中

$$P(y) = -\frac{1}{y},\quad Q(y) = y,$$

其通解为

$$\begin{aligned} x &= e^{-\int P(y)dy}\left(\int Q(y)e^{\int P(y)dy}dy + C\right) \\ &= e^{\int \frac{1}{y}dy}\left(\int y e^{-\int \frac{1}{y}dy}dy + C\right) \\ &= e^{\ln y}\left(\int y e^{-\ln y}dy + C\right) \\ &= y(y + C). \end{aligned}$$

由 $y|_{x=1} = 1$,求得 $C = 0$.

所以所求方程的特解为

$$x = y^2.$$

例 3 一电动机开始运转后,每秒钟温度升高 10℃,假设室内温度恒为 15℃,电动机温度的冷却速度和电动机与室内的温度差成正比,求电动机的温度与时间的函数关系.

解 设电动机开始运转 t 秒钟时的温度为 $T = T(t)$. 由于电动机运转后,温度升高的速度为 10℃/s,同时受到室内温度的影响,又以 $\lambda(T-15)$℃/s 的速度下降($\lambda > 0$, 为比例系数),因此,电动机的实际温度升高的速度是 $(10-\lambda(T-15))$℃/s,从而有

$$\frac{\mathrm{d}T}{\mathrm{d}t}=10-\lambda(T-15),$$

即
$$\frac{\mathrm{d}T}{\mathrm{d}t}+\lambda T=10+15\lambda.$$

这是一阶线性微分方程，$P(t)=\lambda$，$Q(t)=10+15\lambda$，于是

$$T=\mathrm{e}^{-\int\lambda\mathrm{d}t}\left(\int(10+15\lambda)\mathrm{e}^{\int\lambda\mathrm{d}t}\mathrm{d}t+C\right)$$
$$=\mathrm{e}^{-\lambda t}\left(\frac{10+15\lambda}{\lambda}\mathrm{e}^{\lambda t}+C\right).$$

由于 $T\big|_{t=0}=15$，定出 $C=-\dfrac{10}{\lambda}$，所以得到

$$T=\mathrm{e}^{-\lambda t}\left(\frac{10+15\lambda}{\lambda}\mathrm{e}^{\lambda t}-\frac{10}{\lambda}\right),$$

即

$$T=15+\frac{10}{\lambda}(1-\mathrm{e}^{-\lambda t}).$$

由上式可知，电动机开机较长时间后，电动机的温度就稳定于$\left(15+\dfrac{10}{\lambda}\right)$℃.

例 4 有一个电路如图 10-5 所示，其中电源电动势为 $E=E_m\sin\omega t$（E_m、ω 都是常量），电阻 R 和电感 L 都是常量，求电流 $i(t)$.

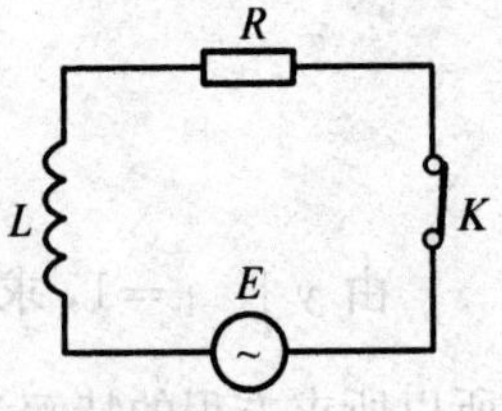

图 10-5

解 由电学知道，当电流变化时，L 上有感应电动势 $-L\dfrac{\mathrm{d}i}{\mathrm{d}t}$，由回路电压定律得出

$$E-L\frac{\mathrm{d}i}{\mathrm{d}t}-iR=0,$$

即
$$\frac{\mathrm{d}i}{\mathrm{d}t}+\frac{R}{L}i=\frac{E}{L}.$$

把 $E=E_m\sin\omega t$ 代入上式，得

$$\frac{\mathrm{d}i}{\mathrm{d}t}+\frac{R}{L}i=\frac{E_m}{L}\sin\omega t.$$

此外，设开关 K 闭合的时刻为 $t=0$，这时 $i(t)$还应满足初始条件

$$i\,|_{t=0}=0.$$

$i(t)$所满足的微分方程是一个非齐次线性方程.可以先求出对应的齐次方程的通解,然后用常数变易法求非齐次方程的通解,但是也可以直接应用公式来求,这里

$$P(t)=\frac{R}{L},\ Q(t)=\frac{E_m}{L}\sin\omega t,$$

因此

$$i(t)=\mathrm{e}^{-\frac{R}{L}t}\left[\int\frac{E_m}{L}\mathrm{e}^{\frac{R}{L}t}\sin\omega t\,\mathrm{d}t+C\right].$$

由于 $\int\mathrm{e}^{at}\sin bt\,\mathrm{d}t=\frac{1}{a^2+b^2}\mathrm{e}^{at}(a\sin bt-b\cos bt)$,取 $a=\frac{R}{L}$, $b=\omega$,

便得

$$\int\mathrm{e}^{\frac{R}{L}t}\sin\omega t\,\mathrm{d}t=\frac{\mathrm{e}^{\frac{R}{L}t}}{R^2+\omega^2L^2}(RL\sin\omega t-\omega L^2\cos\omega t).$$

将上式代入前式并化简,得

$$i(t)=\frac{E_m}{R^2+\omega^2L^2}(R\sin\omega t-\omega L\cos\omega t)+C\mathrm{e}^{-\frac{R}{L}t},$$

其中 C 为任意常数.

将初始条件 $i\,|_{t=0}=0$ 代入上式,得

$$C=\frac{\omega LE_m}{R^2+\omega^2L^2}.$$

因此,所求函数 $i(t)$为

$$i(t)=\frac{\omega LE_m}{R^2+\omega^2L^2}\mathrm{e}^{-\frac{R}{L}t}+\frac{E_m}{R^2+\omega^2L^2}(R\sin\omega t-\omega L\cos\omega t).$$

为了便于说明 $i(t)$所反映的物理现象,下面把 $i(t)$中第二部分的形式稍加改变.

令
$$\cos\varphi=\frac{R}{\sqrt{R^2+\omega^2L^2}},$$

$$\sin\varphi=\frac{\omega L}{\sqrt{R^2+\omega^2L^2}}.$$

于是 $i(t)$ 写成

$$i(t)=\frac{\omega L E_m}{R^2+\omega^2 L^2}\mathrm{e}^{-\frac{R}{L}t}+\frac{E_m}{\sqrt{R^2+\omega^2 L^2}}\sin(\omega t-\varphi),$$

其中

$$\varphi=\arctan\frac{\omega L}{R}.$$

当 t 增大时,上式右端第一项(叫作暂态电流)逐渐衰减而趋于零;第二项(叫作稳态电流)是正弦函数,它的周期和电动势的周期相同,而相角落后 φ.

二、贝努利方程

方程

$$y'+P(x)y=Q(x)y^n \quad (n\neq 0,1) \tag{10-25}$$

称为贝努利方程.当 $n=0$, 1 时,方程(10-25)变成线性方程,贝努利方程可以通过变量代换化成线性方程.事实上,先以 y^n 除方程(10-25)的两端,得

$$y^{-n}\frac{\mathrm{d}y}{\mathrm{d}x}+P(x)y^{1-n}=Q(x).$$

由于 $\frac{\mathrm{d}y^{1-n}}{\mathrm{d}x}=(1-n)y^{-n}\frac{\mathrm{d}y}{\mathrm{d}x}$,所以上式两端乘以 $1-n$,再令 $y^{1-n}=z$,便可化成线性方程

$$\frac{\mathrm{d}z}{\mathrm{d}x}+(1-n)P(x)z=(1-n)Q(x).$$

求出这个方程的通解后,再用 y^{1-n} 代替 z,便得到贝努利方程(10-25)的通解.

例 5 求方程 $y-x\frac{\mathrm{d}y}{\mathrm{d}x}=y^2$ 的通解.

解 把原方程改写成

$$\frac{\mathrm{d}y}{\mathrm{d}x}-\frac{1}{x}y=-\frac{1}{x}y^2.$$

以 y^2 除方程两端,得

$$\frac{1}{y^2}\frac{\mathrm{d}y}{\mathrm{d}x}-\frac{1}{x}y^{-1}=-\frac{1}{x}.$$

令 $y^{-1}=z$，则方程化成

$$\frac{\mathrm{d}z}{\mathrm{d}x}+\frac{1}{x}z=\frac{1}{x}.$$

故有
$$z=\mathrm{e}^{-\int\frac{1}{x}\mathrm{d}x}\left(\int\frac{1}{x}\mathrm{e}^{\int\frac{1}{x}\mathrm{d}x}\mathrm{d}x+C\right)$$

$$=\mathrm{e}^{-\ln x}\left(\int\frac{1}{x}\mathrm{e}^{\ln x}\mathrm{d}x+C\right)$$

$$=\frac{x+C}{x}.$$

以 $z=y^{-1}$ 代入上式，便得方程的通解为

$$y^{-1}=\frac{x+C}{x},$$

即
$$y=\frac{x}{x+C}.$$

利用变量代换(因变量的变量代换或自变量的变量代换)，把一个微分方程化成可分离变量的方程，或者化成已经知道其求解方法的方程，进而求出通解，这是解微分方程常用的方法. 例如，通过变量代换 $y=xu$，把齐次方程 $\frac{\mathrm{d}y}{\mathrm{d}x}=f\left(\frac{y}{x}\right)$ 化成可分离变量的方程，然后分离变量，再积分求得通解. 在本节中，对于一阶非齐次线性方程

$$\frac{\mathrm{d}y}{\mathrm{d}x}+P(x)y=Q(x),$$

通过解对应的齐次方程找到变量代换

$$y=u\mathrm{e}^{-\int P(x)\mathrm{d}x},$$

利用这一变换，把非齐次线性方程化成可分离变量的方程，然后再积分求得通解. 事实上，变量代换不仅仅局限于上述几种变换，下面再举几个例子加以说明.

例 6 解方程 $\frac{\mathrm{d}y}{\mathrm{d}x}=\frac{1}{x+y}$.

解 令 $x+y=u$，则

$$y=u-x,\quad \frac{\mathrm{d}y}{\mathrm{d}x}=\frac{\mathrm{d}u}{\mathrm{d}x}-1,$$

代入原方程,得

$$\frac{\mathrm{d}u}{\mathrm{d}x}-1=\frac{1}{u},$$

即
$$\frac{\mathrm{d}u}{\mathrm{d}x}=\frac{u+1}{u}.$$

分离变量,得

$$\frac{u}{u+1}\mathrm{d}u=\mathrm{d}x.$$

两端积分,得

$$u-\ln(u+1)=x+C.$$

将 $u=x+y$ 代入上式,得原方程的通解为

$$y-\ln(x+y+1)=C.$$

另解 也可把所给方程变形为

$$\frac{\mathrm{d}x}{\mathrm{d}y}=x+y.$$

这是一阶线性微分方程,按一阶线性方程的解法可求得通解.

例 7 解方程 $xy'+y=y(\ln x+\ln y)$.

解 原方程变形为

$$(xy)'=xy'+y=y\ln(xy).$$

令 $xy=u$,则 $y+xy'=u'$,代入上式,得

$$u'=\frac{u}{x}\cdot\ln u,$$

分离变量,得

$$\frac{1}{u\ln u}\mathrm{d}u=\frac{1}{x}\mathrm{d}x,$$

两端积分,得

$$\ln\ln u=\ln x+\ln C,$$

即
$$\ln u = Cx,$$
亦即
$$u = e^{Cx}.$$
将 $u = xy$ 代入上式,得原方程的通解为
$$xy = e^{Cx}.$$

例 8 解方程
$$y' = y^2 + 2(\sin x - 1)y + \sin^2 x - 2\sin x - \cos x + 1.$$

解 原方程化成
$$y' = (y + \sin x - 1)^2 - \cos x.$$
令 $y + \sin x - 1 = u$,则 $\frac{dy}{dx} + \cos x = \frac{du}{dx}$,代入上式,得
$$\frac{du}{dx} = u^2.$$
分离变量,得
$$\frac{1}{u^2}du = dx,$$
两端积分,得
$$-\frac{1}{u} = x + C,$$
即
$$u = -\frac{1}{x + C}.$$
将 $u = y + \sin x - 1$ 代入上式,得原方程的通解为
$$y + \sin x - 1 = -\frac{1}{x + C}.$$

习题 10-4

1. 求下列微分方程的通解:

(1) $x\frac{dy}{dx} + y = e^x$;　　(2) $(1 + x^2)y' - 2xy = (1 + x^2)^2$;

(3) $y' - y\tan x = \sec x$;　　(4) $y' + \frac{1}{x\ln x}y = 1$;

(5) $\dfrac{dx}{dy}=2x-y^2$；　　(6) $\dfrac{dy}{dx}+y\tan x=\sin 2x$.

2. 求下列微分方程满足所给初始条件的特解：

(1) $\dfrac{dy}{dx}+\dfrac{y}{x}=\dfrac{\sin x}{x}$, $y\,|_{x=\pi}=1$；

(2) $y'+\dfrac{2-3x^2}{x^3}y=1$, $y\,|_{x=1}=0$；

(3) $(1-x^2)\dfrac{dy}{dx}+xy=1$, $y\,|_{x=0}=1$；

(4) $y'-2y=e^x-x$, $y\,|_{x=0}=\dfrac{5}{4}$.

3. 求下列贝努利方程的通解：

(1) $\dfrac{dy}{dx}-4y=x^2\sqrt{y}$；　　(2) $xy'+y=y^2\ln x$；

(3) $\dfrac{dx}{dy}+\dfrac{1}{3}x=\dfrac{1}{3}(1-2y)x^4$；　　(4) $\dfrac{dy}{dx}-y=xy^5$.

4. 求一曲线的方程，这曲线通过原点，并且它在点(x, y)处的切线斜率等于$2x+y$.

5. 当轮船的前进速度为v_0时，推进器停止工作. 已知船受水的阻力与船速的平方成正比(比例系数为mk, $k>0$, m为轮船质量)，问经过多少时间后，船速减为原速的一半.

6. 设由一个电阻$R=10\ \Omega$、电感$L=2$ H和电源电压$E=20\sin 5t$ V串联组成的电路，开关K合上后，电路中有电流通过，求电流i与时间t的函数关系.

7. 用适当的变量代换，求下列方程的通解：

(1) $y'=\cos(x-y)$；　　(2) $(x+y)^2y'=a^2$；

(3) $x^2y(y+xy')=4$；　　(4) $y'=(\sin^2x-y)\cos x$；

(5) $\dfrac{dy}{dx}=\dfrac{1}{x+y}-1$；　　(6) $2yy'+2xy^2=xe^{-x^2}$.

8. 设y_1、y_2是方程$y'+P(x)y=Q(x)$的两个不同解，证明：

(1) $y=y_1+C(y_2-y_1)$是方程的通解；

(2) 若y_3是不同于y_1、y_2的解，则

$$\frac{y_2-y_1}{y_3-y_1}=\text{常数}.$$

第五节　可降阶的高阶微分方程

二阶及二阶以上的微分方程统称为高阶微分方程. 本节介绍三种简单的高阶微分方程的求解方法，其解法的特点是，利用变量代换使方程的阶数降低，成为已会求解的一阶微分方程，从而求出原方程的通解.

一、$y^{(n)}=f(x)$ 型的微分方程

方程

$$y^{(n)}=f(x). \tag{10-26}$$

的右端仅含有自变量 x，如果以 $y^{(n-1)}$ 作为新的未知函数，则有

$$(y^{(n-1)})'=f(x).$$

两端积分，得

$$y^{(n-1)}=\int f(x)\mathrm{d}x+C_1.$$

再积分，得

$$y^{(n-2)}=\int\left[\int f(x)\mathrm{d}x+C_1\right]\mathrm{d}x+C_2.$$

如此继续进行，接连积分 n 次，便得到方程的通解.

例 1　解方程 $y'''=\sin x-\cos x$.

解　对方程接连积分三次，便可得原方程的通解

$$y''=-\cos x-\sin x+C_1,$$
$$y'=-\sin x+\cos x+C_1x+C_2,$$
$$y=\cos x+\sin x+\frac{1}{2}C_1x^2+C_2x+C_3.$$

例 2　一质量为 m 的物体，以初速度 v_0 从一斜坡上滑下，若斜坡的倾角为 α，摩擦因数为 μ（见图 10-6），求物体在斜坡上移动的距离与时间的关系.

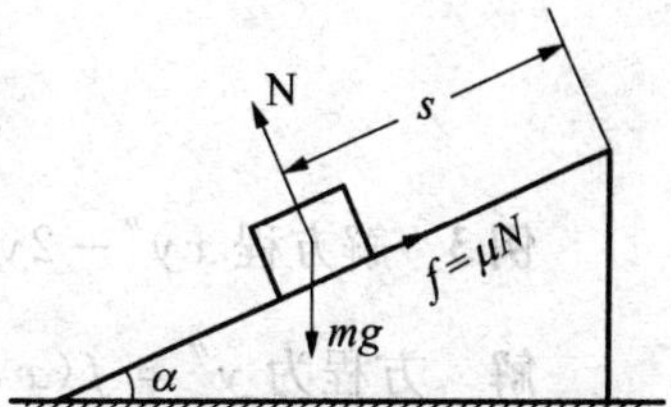

图 10-6

解　设物体经过时间 t 后运动的距离为 $s=s(t)$，物体在运动过程中的受力情况如图 10-6 所示，根据牛顿第二定律，得

$$m\frac{d^2 s}{dt^2}=mg\sin\alpha-\mu mg\cos\alpha,$$

即
$$s''=(\sin\alpha-\mu\cos\alpha)g.$$

接连积分两次,得

$$s'=(\sin\alpha-\mu\cos\alpha)gt+C_1,$$

$$s=\frac{1}{2}(\sin\alpha-\mu\cos\alpha)gt^2+C_1 t+C_2.$$

由于$s|_{t=0}=0$, $s'|_{t=0}=v_0$,代入上式,得

$$C_1=v_0,\quad C_2=0,$$

所以
$$s=\frac{1}{2}(\sin\alpha-\mu\cos\alpha)gt^2+v_0 t.$$

二、$y''=f(x, y')$型的微分方程

方程

$$y''=f(x, y') \tag{10-27}$$

的右端不显含未知函数y,注意到y''是y'的导数,因此如果令$y'=p$,则有

$$y''=\frac{dp}{dx}=p'.$$

方程(10-27)就成为关于变量x、p的一阶微分方程

$$p'=f(x, p). \tag{10-28}$$

设方程(10-28)的通解为$p=\varphi(x, C_1)$,则又得到一个一阶微分方程

$$y'=p=\varphi(x, C_1).$$

两端积分便得方程(10-27)的通解为

$$y=\int\varphi(x, C_1)dx+C_2.$$

例3 解方程$xy''-2y'=x^3+x$.

解 方程为$y''=f(x, y')$型的,令$y'=p$,则$y''=\frac{dp}{dx}=p'$,代入原方程,得

$$xp'-2p=x^3+x,$$

即
$$p'-\frac{2}{x}p=x^2+1.$$

这是一阶线性微分方程,通解为

$$\begin{aligned}p&=e^{\int\frac{2}{x}dx}\left(\int(x^2+1)e^{-\int\frac{2}{x}dx}dx+C_1\right)\\&=x^2\left(\int(x^2+1)\frac{1}{x^2}dx+C_1\right)\\&=x^2\left(x-\frac{1}{x}+C_1\right).\end{aligned}$$

所以
$$y'=x^2\left(x-\frac{1}{x}+C_1\right).$$

再积分,得原方程的通解为

$$y=\frac{1}{4}x^4-\frac{1}{2}x^2+\frac{1}{3}C_1x^3+C_2.$$

例 4 求微分方程

$$(1+x^2)y''=2xy'$$

满足初始条件 $y|_{x=0}=1$, $y'|_{x=0}=3$ 的特解.

解 方程为 $y''=f(x,y')$ 型的,令 $y'=p$,则 $y''=\frac{dp}{dx}=p'$,代入原方程,得

$$(1+x^2)p'=2xp.$$

这是可分离变量的方程.分离变量,得

$$\frac{dp}{p}=\frac{2x}{1+x^2}dx.$$

两端积分,得

$$\ln p=\ln(1+x^2)+\ln C_1,$$

即
$$p=y'=C_1(1+x^2).$$

由条件 $y'|_{x=0}=3$,得

$$C_1=3,$$

所以
$$y'=3(1+x^2).$$
再积分,得
$$y=x^3+3x+C_2.$$
又由条件 $y|_{x=0}=1$,得
$$C_2=1,$$
所以所求的特解为
$$y=x^3+3x+1.$$

应当注意,求解二阶微分方程初值问题时,应该边求解,边代入初始条件,这样可简化计算过程.

三、$y''=f(y,y')$ 型的微分方程

方程
$$y''=f(y,y') \tag{10-29}$$
的右端不显含自变量 x,可令 $y'=p$,利用复合函数的求导法则,得
$$y''=\frac{\mathrm{d}p}{\mathrm{d}x}=\frac{\mathrm{d}p}{\mathrm{d}y}\cdot\frac{\mathrm{d}y}{\mathrm{d}x}=p\frac{\mathrm{d}p}{\mathrm{d}y},$$
方程(10-29)就成为关于变量 y、p 的一阶微分方程
$$p\frac{\mathrm{d}p}{\mathrm{d}y}=f(y,p). \tag{10-30}$$

设方程(10-30)的通解为
$$y'=p=\varphi(y,C_1).$$
分离变量并积分,便得方程(10-29)的通解为
$$\int\frac{1}{\varphi(y,C_1)}\mathrm{d}y=x+C_2.$$

例 5 求方程
$$y''y^3+1=0$$
满足初始条件 $y|_{x=1}=1$,$y'|_{x=1}=1$ 的特解.

解 所给方程属于不显含 x 型的. 令 $y'=p$, $y''=p\dfrac{dp}{dy}$, 代入原方程, 得

$$p\frac{dp}{dy}\cdot y^3+1=0.$$

这是可分离变量的方程. 分离变量得

$$p\,dp=-\frac{1}{y^3}dy,$$

两端积分, 得

$$\frac{1}{2}p^2=\frac{1}{2y^2}+\frac{1}{2}C_1,$$

即

$$p=\pm\sqrt{\frac{1}{y^2}+C_1}.$$

由条件 $y|_{x=1}=1$, $y'|_{x=1}=1$ 知, 上式右端根号前取"+"号, 且 $C_1=0$, 因此

$$y'=p=\frac{1}{y}.$$

分离变量并积分, 得

$$\frac{1}{2}y^2=x+C_2.$$

由条件 $y|_{x=1}=1$, 得

$$C_2=-\frac{1}{2}.$$

所以所求的特解为

$$y^2=2x-1.$$

例 6 解方程 $y''=(y')^3+y'$.

解 该方程既属于不显含 x 型, 也属于不显含 y 型的. 一般说来, 这种方程可用两种方法求解, 本题按不显含 y 型的方程求解时, 比较困难, 下面按不显含 x 型的方程求解.

令 $y'=p$, 则 $y''=p\dfrac{dp}{dy}$, 代入原方程得

$$p\frac{\mathrm{d}p}{\mathrm{d}y}=p^3+p.$$

因此得
$$p=0,\quad 即\ y=C.$$

或
$$\frac{\mathrm{d}p}{\mathrm{d}y}=p^2+1.$$

分离变量,得
$$\frac{\mathrm{d}p}{p^2+1}=\mathrm{d}y.$$

两端积分,得
$$\arctan p=y+C_1,$$

即
$$y'=p=\tan(y+C_1).$$

再分离变量,得
$$\cot(y+C_1)\mathrm{d}y=\mathrm{d}x.$$

积分,得
$$\ln\sin(y+C_1)=x+\ln C_2,$$

即
$$\sin(y+C_1)=C_2\mathrm{e}^x.$$

又由于 $C_2=0$ 时,y 为常数,因此解 $y=C$ 已包含在此通解中,所以原方程的通解为

$$\sin(y+C_1)=C_2\mathrm{e}^x.$$

例 7 一个离地面很高的物体,受地球引力的作用由静止开始落向地面,求它落到地面时的速度和所需的时间(不计空气阻力).

解 取连接地球中心与该物体的直线为 y 轴,其方向铅直向上,取地球的中心为原点 O(见图 10-7).

设物体的质量为 m,物体开始下落时与地球中心的距离为 l,地球的半径为 R,在时刻 t 物体所在位置为 $y=y(t)$,于是速度为 $v(t)=\frac{\mathrm{d}y}{\mathrm{d}t}$,根据万有引力定律,有以下微分方程

$$m\frac{\mathrm{d}^2y}{\mathrm{d}t^2}=-\frac{GmM}{y^2},$$

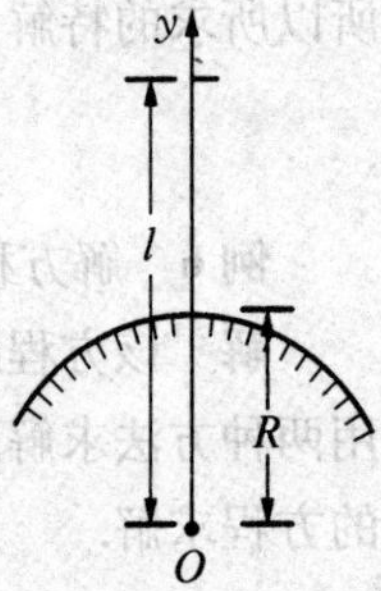

图 10-7

即
$$\frac{d^2y}{dt^2}=-\frac{GM}{y^2}. \tag{10-31}$$

其中 M 为地球的质量,G 为引力常数. 因为 $\frac{d^2y}{dt^2}=\frac{dv}{dt}$,且当 $y=R$ 时,$\frac{dv}{dt}=-g$(这里置负号是由于物体运动加速度的方向与 y 轴的正向相反的缘故),所以 $G=\frac{gR^2}{M}$,于是方程(10-31)变成

$$\frac{d^2y}{dt^2}=-\frac{gR^2}{y^2}. \tag{10-32}$$

先求物体到达地面的速度. 由 $\frac{dy}{dt}=v$,得

$$\frac{d^2y}{dt^2}=\frac{dv}{dt}=v\frac{dv}{dy},$$

代入方程(10-32),得

$$v\frac{dv}{dy}=-\frac{gR^2}{y^2}.$$

分离变量,得

$$v\,dv=-\frac{gR^2}{y^2}dy.$$

两端积分,得

$$v^2=\frac{2gR^2}{y}+C_1.$$

由 $v|_{t=0}=0$, $y|_{t=0}=l$,得

$$C_1=-\frac{2gR^2}{l},$$

于是

$$v^2=\frac{2gR^2}{y}-\frac{2gR^2}{l}=2gR^2\left(\frac{1}{y}-\frac{1}{l}\right). \tag{10-33}$$

在式(10-33)中,令 $y=R$,就得到物体到达地面时的速度为

$$v=-\sqrt{\frac{2gR(l-R)}{l}}.$$

下面求物体落到地面所需的时间. 由式(10－33)

$$\frac{dy}{dt}=v=-\sqrt{2g}R\sqrt{\frac{1}{y}-\frac{1}{l}}.$$

分离变量,得

$$dt=-\frac{1}{R}\sqrt{\frac{1}{2g}}\sqrt{\frac{y}{l-y}}dy.$$

两端积分(右端积分利用代换 $y=l\cos^2 u$),得

$$t=\frac{1}{R}\sqrt{\frac{l}{2g}}\left(\sqrt{ly-y^2}+l\arccos\sqrt{\frac{y}{l}}\right)+C_2. \tag{10-34}$$

由条件 $y|_{t=0}=l$,得

$$C_2=0.$$

于是式(10－34)成为

$$t=\frac{1}{R}\sqrt{\frac{l}{2g}}\left(\sqrt{ly-y^2}+l\arccos\sqrt{\frac{y}{l}}\right).$$

上式中令 $y=R$,便得到物体到达地面所需的时间为

$$\frac{1}{R}\sqrt{\frac{1}{2g}}\left(\sqrt{lR-R^2}+l\arccos\sqrt{\frac{R}{l}}\right).$$

习题 10－5

1. 求下列微分方程的通解:

(1) $y''=\frac{1}{1+x^2}$; (2) $(1-x^2)y''-xy'=2$;

(3) $y''+\frac{2}{1-y}y'^2=0$; (4) $y''=y'+x$;

(5) $y''y^3-1=0$; (6) $xy''+y'=0$;

(7) $yy''+y'^2=y'$; (8) $(x+1)y''+y'=\ln(x+1)$.

2. 求下列微分方程满足所给初始条件的特解:

(1) $y''=3\sqrt{y}$, $y|_{x=0}=1$, $y'|_{x=0}=2$;

(2) $y''-ay'^2=0$, $y|_{x=0}=0$, $y'|_{x=0}=-1$;

(3) $y'''=\mathrm{e}^{ax}$，$y|_{x=1}=y'|_{x=1}=y''|_{x=1}=0$；

(4) $xy''+x(y')^2-y'=0$，$y|_{x=2}=1$，$y'|_{x=2}=1$.

3. 求 $x^2y''-(y')^2=0$ 的经过点 $P(1, 0)$，且在此点与直线 $y=x-1$ 相切的积分曲线.

4. 求曲率半径为常数 K 的曲线方程.

5. 一曲线经过原点 O，其上任一点 M 处的切线与横坐标轴交于 T，由 M 向横坐标轴作垂线，垂足为 P，已知三角形 MTP 的面积与曲边三角形 OMP 的面积成正比(比例系数为 k)，求此曲线的方程.

6. 质量为 m 的质点受力 F 的作用沿 Ox 轴作直线运动，设力 F 仅是时间 t 的函数：$F=F(t)$，在开始时刻 $t=0$ 时，$F(0)=F_0$。随着时间 t 的增大，此力 F 均匀地减少，直到 $t=T$ 时，$F(T)=0$。如果开始时，质点位于原点，且初速度为零，求此质点的运动规律.

第六节　高阶线性微分方程

本节至第八节，我们讨论在实际问题中应用较为广泛的所谓高阶线性微分方程. 讨论时以二阶线性方程为主，所得到的结论可以推广到任意高阶的线性微分方程.

一、二阶线性微分方程举例

例 1　设有一个弹簧，它的上端固定，下端挂一个质量为 m 的物体，当物体处于静止状态时，作用在物体上的重力与弹性力大小相等，方向相反，这个位置就是物体的平衡位置. 如图 10－8 所示，取 x 轴铅直向下，并取物体的平衡位置为坐标原点.

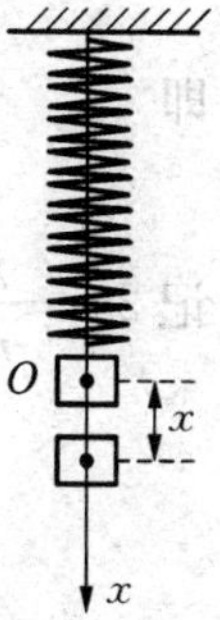

图 10－8

如果在铅直方向上使物体有一个初始速度 $v_0\neq 0$，那么物体便在平衡位置附近上下振动，求在振动过程中，物体的位置随时间 t 的变化规律 $x=x(t)$.

由力学知道，弹簧使物体回到平衡位置的弹性恢复力 f(它不包括在平衡位置时和重力 mg 相平衡的那一部分弹性力)和物体离开平衡位置的位移成正比：

$$f=-cx,$$

其中 c 为弹簧的弹性系数，负号表示弹性恢复力的方向与物体位移的方向相反，若不考虑运动时所受的阻力，则由牛顿第二定律得

$$m\frac{d^2x}{dt^2}=-cx,$$

即
$$\frac{d^2x}{dt^2}+\frac{c}{m}x=0.$$

令 $k^2=\frac{c}{m}$，则得

$$\frac{d^2x}{dt^2}+k^2x=0.$$

这就是物体运动的微分方程. 这种运动称为弹簧的自由振动(或称简谐振动). 初始条件为

$$x\big|_{t=0}=0,\quad \frac{dx}{dt}\bigg|_{t=0}=v_0.$$

若在运动时，还受到阻力的作用，且设阻力 R 与速度成正比，比例系数为 μ，由于阻力 R 总与运动方向相反，所以

$$R=-\mu\frac{dx}{dt}.$$

根据牛顿第二定律，得

$$m\frac{d^2x}{dt^2}=-cx-\mu\frac{dx}{dt},$$

即
$$\frac{d^2x}{dt^2}+\frac{\mu}{m}\frac{dx}{dt}+\frac{c}{m}x=0.$$

记 $2n=\frac{\mu}{m}$，$k^2=\frac{c}{m}$，则上式化为

$$\frac{d^2x}{dt^2}+2n\frac{dx}{dt}+k^2x=0. \tag{10-35}$$

这就是在有阻力的情况下，物体自由振动的微分方程，其初始条件为

$$x\big|_{t=0}=0,\quad \frac{dx}{dt}\bigg|_{t=0}=v_0.$$

如果物体在振动过程中，沿铅直方向还受到周期性外力 $f(t)=H\sin pt$ 的作用，则有

$$\frac{d^2x}{dt^2}+2n\frac{dx}{dt}+k^2x=h\sin pt, \tag{10-36}$$

其中 $h=\dfrac{H}{m}$，这就是强迫振动的微分方程.

例 2 设电路由电阻 R、自感 L、电容 C 和电源 E 串联组成,其中 R、L 及 C 为常数,电源电动势是时间 t 的函数：$E=E_m\sin\omega t$，这里 E_m 及 ω 也是常数(见图 10-9).

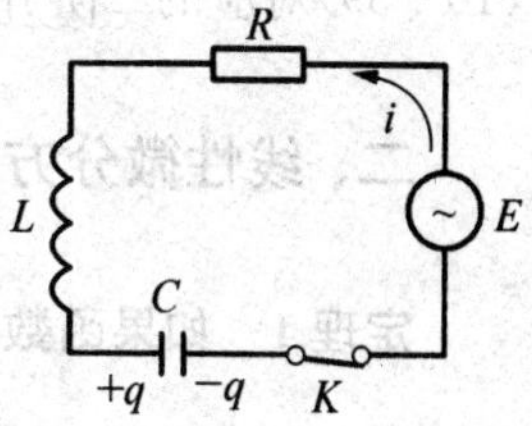

图 10-9

设电路中的电流为 $i(t)$,电容器极板上的电量为 $q(t)$,两极板间的电压为 u_C,自感电动势为 E_L,求 u_C 满足的微分方程. 由电学知道

$$i=\frac{dq}{dt},\ u_C=\frac{q}{C},$$

$EL=-L\dfrac{di}{dt}$，根据回路电压定律,得

$$E-L\frac{di}{dt}-\frac{q}{C}-Ri=0,$$

即
$$LC\frac{d^2u_C}{dt^2}+RC\frac{du_C}{dt}+u_C=E_m\sin\omega t,$$

或写成

$$\frac{d^2u_C}{dt^2}+2\beta\frac{du_C}{dt}+\omega_0^2u_C=\frac{E_m}{LC}\sin\omega t. \tag{10-37}$$

其中 $\beta=\dfrac{R}{2L}$，$\omega_0=\dfrac{1}{\sqrt{LC}}$. 这就是串联电路的振荡方程.

如果电容器经充电后撤去外电源 $(E=0)$，则方程(10-37)成为

$$\frac{d^2u_C}{dt^2}+2\beta\frac{du_C}{dt}+\omega_0^2u_C=0. \tag{10-38}$$

例 1 和例 2 虽然是两个不同的实际问题,但是它们可以归结为同一个形式

$$\frac{d^2y}{dx^2}+P(x)\frac{dy}{dx}+Q(x)y=f(x). \tag{10-39}$$

当 $f(x)\equiv 0$ 时,有

$$\frac{d^2y}{dx^2}+P(x)\frac{dy}{dx}+Q(x)y=0. \tag{10-40}$$

在工程技术的其他许多问题中，也会遇到上述类型的微分方程.

方程(10－39)称为二阶非齐次线性微分方程，而方程(10－40)称为方程(10－39)对应的二阶齐次线性微分方程.

二、线性微分方程的解的结构

定理 1　如果函数 $y_1(x)$ 与 $y_2(x)$ 是齐次方程(10－40)的两个解，那么

$$y=C_1y_1+C_2y_2 \tag{10-41}$$

也是方程(10－40)的解，其中 C_1、C_2 是任意常数.

证　因为函数 $y_1(x)$ 与 $y_2(x)$ 是方程(10－40)的解，所以

$$y''_1+P(x)y'_1+Q(x)y_1=0,$$

$$y''_2+P(x)y'_2+Q(x)y_2=0.$$

将式(10－41)代入方程(10－40)的左端，得

$$(C_1y_1+C_2y_2)''+P(x)(C_1y_1+C_2y_2)'+Q(x)(C_1y_1+C_2y_2)$$

$$=C_1(y''_1+P(x)y'_1+Q(x)y_1)+C_2(y''_2+P(x)y'_2+Q(x)y_2)$$

$$=C_10+C_20=0,$$

所以 $y=C_1y_1+C_2y_2$ 是方程(10－40)的解.

定理表明：齐次线性方程的解具有叠加性，这里必须指出，不要认为 $y=C_1y_1+C_2y_2$ 中含有两个任意常数，就一定是方程(10－40)的通解，这是因为，如果 $\frac{y_2}{y_1}$ 为某个常数 k，即有 $y_2=ky_1$，那么，

$$y=C_1y_1+C_2y_2=(C_1+kC_2)y_1=Cy_1\quad(C=C_1+kC_2),$$

这显然不是方程(10－40)的通解. 那么在什么情况下才能保证 $y=C_1y_1+C_2y_2$ 是方程(10－40)的通解呢？要解决这个问题，还得引入一个新的概念.

设 $y_1, y_2, \cdots, y_n$ 是定义在区间 I 内的 n 个函数，如果存在 n 个不全为零的数 $k_1, k_2, \cdots, k_n$ 使得等式

$$k_1y_1+k_2y_2+\cdots+k_ny_n=0,$$

当 x 在 I 内变化时恒成立，则称这 n 个函数在 I 内线性相关；否则，就称为线性无关.

例如，$y_1=\cos 2x$，$y_2=\cos^2 x$，$y_3=\sin^2 x$ 是线性相关的，因为取 $k_1=1$，$k_2=-1$，$k_3=1$ 时，可使

$$k_1y_1+k_2y_2+k_3y_3=0.$$

又如，$y_1=x$，$y_2=x^2$，$y_3=x^3$ 是线性无关的. 因为要使得

$$k_1y_1+k_2y_2+k_3y_3=k_1x+k_2x^2+k_3x^3=0,$$

当且仅当 k_1、k_2、k_3 全部为零.

特别对于两个函数的情形，如果 y_1 与 y_2 的比值为常数，则它们线性相关；否则，它们就线性无关.

定理 2　如果函数 $y_1(x)$ 与 $y_2(x)$ 是方程(10－40)的两个线性无关的解，则

$$y=C_1y_1+C_2y_2$$

是方程(10－40)的通解，其中 C_1 与 C_2 为任意常数.

例如，可以证明 $y_1=\cos x$，$y_2=\sin x$ 是方程 $y''+y=0$ 的两个解，且 $\dfrac{y_2}{y_1}=\tan x\neq$ 常数，即它们是线性无关的，因此

$$y=C_1\cos x+C_2\sin x$$

是该方程的通解.

又如，$y_1=x$，$y_2=\dfrac{1}{x}$ 是方程 $x^2y''+xy'-y=0$ 的两个解，且 $\dfrac{y_1}{y_2}=x^2\neq$ 常数，因此

$$y=C_1x+\frac{C_2}{x}$$

是该方程的通解.

定理 3　设 $y_1(x)$ 与 $y_2(x)$ 是方程(5)的两个特解，则

$$y_1-y_2$$

是方程(10－39)对应的齐次方程(10－40)的解.

证　因为 y_1 与 y_2 都是方程(10－39)的解，所以

$$y''_1+P(x)y'_1+Q(x)y_1=f(x),$$

$$y''_2+P(x)y'_2+Q(x)y_2=f(x).$$

上面两式相减，得

$$(y_1-y_2)''+P(x)(y_1-y_2)'+Q(x)(y_1-y_2)=0,$$

所以 y_1-y_2 是方程(10-40)的解.

定理 4　设 y^* 是方程(10-39)的一个特解,Y 是方程(10-39)对应的齐次方程(10-40)的通解,则

$$y=Y+y^*$$

是方程(10-39)的通解.

证　由于 Y 是方程(10-40)的通解,y^* 是方程(10-39)的特解,所以

$$Y''+P(x)Y'+Q(x)Y=0,$$

$$y^{*\prime\prime}+P(x)y^{*\prime}+Q(x)y^*=f(x).$$

上面两式相加,得

$$(Y+y^*)''+P(x)(Y+y^*)'+Q(x)(Y+y^*)=f(x),$$

所以 $y=Y+y^*$ 是方程(10-39)的解.

由于 Y 中含有两个(独立的)任意常数,所以 $y=Y+y^*$ 是方程(10-39)的通解.

例如,已经知道 $Y=C_1\cos x+C_2\sin x$ 是方程 $y''+y=0$ 的通解,又可证 $y^*=x^2-2$ 是 $y''+y=x^2$ 的一个特解,因此函数

$$y=C_1\cos x+C_2\sin x+x^2-2$$

是方程 $y''+y=x^2$ 的通解.

定理 5　如果非齐次线性方程(10-39)的右端 $f(x)$ 是两个函数之和,即

$$y''+P(x)y'+Q(x)y=f_1(x)+f_2(x), \tag{10-42}$$

而 y_1^* 与 y_2^* 分别是方程

$$y''+P(x)y'+Q(x)y=f_1(x)$$

与

$$y''+P(x)y'+Q(x)y=f_2(x)$$

的特解,则 $y_1^*+y_2^*$ 是方程(10-42)的特解.

证　将 $y=y_1^*+y_2^*$ 代入方程(10-42)的左端,得

$$\begin{aligned}&(y_1^*+y_2^*)''+P(x)(y_1^*+y_2^*)'+Q(x)(y_1^*+y_2^*)\\&=(y_1^{*\prime\prime}+P(x)y_1^{*\prime}+Q(x)y_1^*)+(y_2^{*\prime\prime}+P(x)y_2^{*\prime}+Q(x)y_2^*)\\&=f_1(x)+f_2(x).\end{aligned}$$

因此 $y_1^*+y_2^*$ 是方程(10-42)的特解.

*三、常数变易法

在解一阶线性微分方程时，常数变易法起了很大的作用，这个方法的特点是：如果 $Cy_1(x)$ 是对应齐次方程的通解，则可利用变换 $y=uy_1(x)$ 去解非齐次方程. 这一方法也适用于高阶线性方程，下面介绍常数变易法在二阶线性微分方程中的应用.

1. 如果函数 $y_1(x)$ 是齐次方程(10－40)的一个不恒为零的特解，则可用常数变易法求出另一个与 $y_1(x)$ 线性无关的特解，从而求出通解.

事实上，设另一个特解为

$$y_2(x)=uy_1(x),$$

其中 $u=u(x)$ 为待定函数. 将 y_2、y_2' 及 y_2'' 代入方程(10－40)，得

$$(uy_1)''+P(x)(uy_1)'+Q(x)uy_1=0.$$

整理得

$$y_1u''+(2y_1'+P(x)y_1)u'=0.$$

这是一个可降价的微分方程. 令 $u'=v$, $u''=v'$, 于是上式成为

$$y_1v'+(2y_1'+P(x)y_1)v=0.$$

分离变量，得

$$\frac{1}{v}\mathrm{d}v=-\left(\frac{2y_1'}{y_1}+P(x)\right)\mathrm{d}x.$$

积分得
$$\ln v=-2\ln y_1-\int P(x)\mathrm{d}x+\ln C_1.$$

即
$$u'=v=\frac{C_1}{y_1^2}\mathrm{e}^{-\int P(x)\mathrm{d}x}.$$

再积分得

$$u=C_1\int\frac{1}{y_1^2}\mathrm{e}^{-\int P(x)\mathrm{d}x}\mathrm{d}x+C_2.$$

特别地，取 $C_1=1$, $C_2=0$, 得

$$y_2=uy_1=y_1\int\frac{1}{y_1^2}\mathrm{e}^{-\int P(x)\mathrm{d}x}\mathrm{d}x.$$

由于 $\frac{y_2}{y_1}=\int\frac{1}{y_1^2}e^{-\int P(x)dx}dx\neq$ 常数，所以 y_1 与 y_2 是线性无关的解.

例 3 已知 $y_1(x)=x$ 是齐次方程

$$y''+\frac{1}{x}y'-\frac{1}{x^2}y=0$$

的解，求该方程的通解.

解 由前面讨论知道，与 y_1 线性无关的解 y_2 为

$$\begin{aligned}y_2&=y_1\int\frac{1}{y_1^2}e^{-\int P(x)dx}dx\\&=x\int\frac{1}{x^2}e^{-\int\frac{1}{x}dx}dx\\&=x\int\frac{1}{x^2}\cdot\frac{1}{x}dx=-\frac{1}{2x}.\end{aligned}$$

所以方程的通解为

$$y=C_1x+\frac{C_2}{2x}.$$

2. 如果已知齐次方程(10-40)的通解为

$$Y=C_1y_1(x)+C_2y_2(x).$$

则可用常数变易法求出方程(10-39)的特解，进而求出其通解.

事实上，设 $y^*=uy_1(x)+vy_2(x)$ 为非齐次方程(10-39)的解，其中 $u=u(x)$ 与 $v=v(x)$ 为待定函数，于是

$$y^{*\prime}=uy'_1+vy'_2+u'y_1+v'y_2,$$

$$y^{*\prime\prime}=uy''_1+vy''_2+2u'y'_1+2v'y'_2+u''y_1+v''y_2.$$

代入方程(10-39)并化简，得

$$\begin{aligned}&u(y''_1+P(x)y'_1+Q(x)y_1)+v(y''_2+P(x)y'_2+Q(x)y_2)\\&+u'y'_1+v'y'_2+(u'y_1+v'y_2)'+P(x)(u'y_1+v'y_2)\\&=f(x).\end{aligned}$$

因为 y_1 与 y_2 为方程(10-40)的解，所以上式变成

$$u'y'_1+v'y'_2+(u'y_1+v'y_2)'+P(x)(u'y_1+v'y_2)=f(x).$$

这个方程有两个未知函数 u 与 v，所以它有无穷多组解，可以任意加上一个条件，令

$$u'y_1+v'y_2=0,$$

则
$$u'y_1'+v'y_2'=f(x).$$

联立上面两方程，在系数行列式

$$W=\begin{vmatrix} y_1 & y_2 \\ y_1' & y_2' \end{vmatrix}=y_1y_2'-y_2y_1'\neq 0 \text{ 时，解得}$$

$$u'=-\frac{y_2f}{W},\quad v'=\frac{y_1f}{W}.$$

积分得

$$u=-\int\frac{y_2f}{W}\mathrm{d}x,\quad v=\int\frac{y_1f}{W}\mathrm{d}x.$$

所以方程(10-39)的特解为

$$y^*=-y_1\int\frac{y_2f}{W}\mathrm{d}x+y_2\int\frac{y_1f}{W}\mathrm{d}x.$$

例 4 解方程 $y''+y=\sec x$.

解 因为 $Y=C_1\cos x+C_2\sin x$ 是对应齐次方程的通解，所以设所给方程的特解为

$$y^*=u\cos x+v\sin x.$$

于是，由上述推导过程，得

$$\begin{cases} u'\cos x+v'\sin x=0, \\ -u'\sin x+v'\cos x=\sec x. \end{cases}$$

解得
$$u'=-\mathrm{tg}\,x,\ v'=1.$$

积分得
$$u=\ln\cos x,\ v=x.$$

所以方程的特解为

$$y^*=\cos x\ln\cos x+x\sin x,$$

进而方程的通解为

$$y=C_1\cos x+C_2\sin x+\cos x\ln\cos x+x\sin x.$$

习题 10-6

1. 下列哪些函数在其定义区间内是线性无关的?

(1) e^{x}, xe^{x}; (2) x, $x+1$;

(3) $\sin 3x$, $5\sin 3x$; (4) $e^{x^2}\sin x$, $e^{x^2}\cos x$;

(5) a^{x}, $b^{x}(a\neq b)$; (6) $\sin 2x$, $\sin x\cos x$.

2. 证明下列函数是相应微分方程的通解:

(1) $y''-3y'+2y=e^{5x}$, $y=C_1e^{x}+C_2e^{2x}+\frac{1}{12}e^{5x}$;

(2) $x^2y''-3xy'+4y=0$, $y=C_1x^2+C_2x^2\ln x$;

(3) $xy''+2y'-xy=e^{x}$, $y=\frac{1}{x}(C_1e^{x}+C_2e^{-x})+\frac{e^{x}}{2}$.

*3. 已知 $y_1(x)=e^{x^2}$ 是齐次方程 $y''-2xy'-2y=0$ 的解,求方程的通解.

*4. 已知 $y_1(x)=x$ 是齐次方程 $x^2y''-2xy'+2y=0$ 的一个解,求非齐次方程 $x^2y''-2xy'+2y=2x^3$ 的通解.

5. 已知二阶线性非齐次微分方程的两个特解为

$$y_1=1+x+x^3,\ y_2=2-x+x^3,$$

相应的齐次方程的一个特解为 $Y_1=x$,求该方程满足初始条件 $y|_{x=0}=5$,$y'|_{x=0}=-2$ 的特解.

第七节 二阶常系数齐次线性微分方程

在二阶齐次线性微分方程

$$y''+P(x)y'+Q(x)y=0 \tag{10-43}$$

中,如果 y'、y 的系数均为常数,即

$$y''+py'+qy=0 \tag{10-44}$$

其中 p、q 是常数,则称方程(10-44)为二阶常系数齐次线性微分方程. 如果 p、q 不全为常数,称方程(10-43)为二阶变系数齐次线性微分方程.

由于方程(10-44)的左端是未知函数 y 及其一、二阶导数乘以常系数的线性组合,因此,如果一个函数 y 与其各阶导数属于同一类型的函数,而且只相差一个

常数因子,则在线性组合里就有可能相互抵消,使其和为零.具有这种性质的最简单的函数就是指数函数 e^{rx},其中 r 为常数.为此,设 $y=e^{rx}$,则

$$y'=re^{rx},\quad y''=r^2e^{rx}.$$

将 y、y'及 y''代入方程(10-44),得

$$(r^2+pr+q)e^{rx}=0.$$

由于 $e^{rx}\neq 0$,所以

$$r^2+pr+q=0. \tag{10-45}$$

由此可见,只要 r 满足代数方程(10-45),函数 $y=e^{rx}$ 就是方程(10-44)的解.代数方程(10-45)称为微分方程(10-44)的特征方程.

特征方程(10-45)是一个一元二次代数方程,它的两个根 r_1、r_2 可用公式

$$r_{1,2}=\frac{-p\pm\sqrt{p^2-4q}}{2}$$

求出.根据根的三种不同情况,分别讨论如下:

(1) 当 $p^2-4q>0$ 时,特征方程(10-45)有两个不相等的实根 r_1 与 r_2,此时,$y_1=e^{r_1x}$ 与 $y_2=e^{r_2x}$ 是方程(10-44)的两个线性无关的解$\left(\text{因为 }\frac{y_2}{y_1}=e^{(r_2-r_1)x}\neq\text{常数}\right)$,从而方程(10-44)的通解为

$$y=C_1e^{r_1x}+C_2e^{r_2x}.$$

(2) 当 $p^2-4q=0$ 时,特征方程(10-45)有两个相等的实根 $r_1=r_2=-\frac{p}{2}$,这时,实际上只得到方程(10-44)的一个解 $y_1=e^{r_1x}$,我们可用常数变易法求得另一个与 y_1 线性无关的解,设 $y_2=ue^{r_1x}$,其中 $u=u(x)$ 为待定函数,则

$$y'_2=(u'+ur_1)e^{r_1x},$$

$$y''_2=(u''+2r_1u'+r_1^2u)e^{r_1x}.$$

代入方程(10-44)并化简得

$$u''+(2r_1+p)u'+(r_1^2+pr_1+q)u=0.$$

由于 r_1 是特征方程(10-45)的二重根,即有

$$r_1^2+pr_1+q=0,\quad 2r_1+p=0.$$

所以得 $$u''=0.$$

因此可取 $u=x$，则 $y_2=xe^{r_1x}$，从而方程(10-44)的通解为

$$y=(C_1+C_2x)e^{r_1x}.$$

(3) 当 $p^2-4q<0$ 时，特征方程(10-45)有一对共轭复根：$r_1=\alpha+i\beta$，$r_2=\alpha-i\beta$ $(\beta\neq 0)$，于是得到微分方程(10-44)的复数形式的解

$$y_1=e^{(\alpha+i\beta)x},\quad y_2=e^{(\alpha-i\beta)x}.$$

为了得到实函数形式的解，利用欧拉公式

$$e^{i\theta}=\cos\theta+i\sin\theta,$$

把 y_1、y_2 改写成

$$y_1=e^{\alpha x}(\cos\beta x+i\sin\beta x)$$

与 $$y_2=e^{\alpha x}(\cos\beta x-i\sin\beta x).$$

由上节定理 1 知道

$$\bar{y}_1=\frac{y_1+y_2}{2}=e^{\alpha x}\cos\beta x$$

与 $$\bar{y}_2=\frac{y_1-y_2}{2i}=e^{\alpha x}\sin\beta x$$

也是方程(10-44)的解，又由于 $\dfrac{\bar{y}_2}{\bar{y}_1}=\tan\beta x\neq$ 常数，所以方程(10-44)的通解为

$$y=e^{\alpha x}(C_1\cos\beta x+C_2\sin\beta x).$$

综上所述，求解微分方程

$$y''+py'+qy=0 \tag{10-46}$$

的通解的步骤如下：

第一步　写出微分方程(10-46)的特征方程

$$r^2+pr+q=0. \tag{10-47}$$

第二步　求出特征方程(10-47)的两个根.

第三步　根据特征方程(10-47)的两个根的三种不同情况，按下列表格写出方程(10-46)的通解，如表 10-1 所列.

表 10 - 1

特征方程(10 - 47)的两个根 r_1, r_2	微分方程(10 - 46)的通解
两个不相等的实根 r_1, r_2	$y = C_1 e^{r_1 x} + C_2 e^{r_2 x}$
两个相等的实根 $r_1 = r_2$	$y = (C_1 + C_2 x) e^{r_1 x}$
一对共轭复根 $r_{1,2} = \alpha \pm \beta i$	$y = e^{\alpha x}(C_1 \cos\beta x + C_2 \sin\beta x)$

例 1 求微分方程 $y'' + y' - 6y = 0$ 的通解.

解 特征方程为

$$r^2 + r - 6 = 0.$$

其根 $r_1 = 2$, $r_2 = -3$, 因此所求通解为

$$y = C_1 e^{2x} + C_2 e^{-3x}.$$

例 2 求微分方程 $y'' + 4y' + 4y = 0$ 的通解.

解 特征方程为

$$r^2 + 4r + 4 = 0.$$

其根 $r_1 = r_2 = -2$, 因此所求通解为

$$y = (C_1 + C_2 x) e^{-2x}.$$

例 3 求微分方程

$$y'' - 2y' + 5y = 0$$

满足初始条件 $y|_{x=0} = 1$, $y'|_{x=0} = -1$ 的特解.

解 特征方程为

$$r^2 - 2r + 5 = 0.$$

其根 $r_{1,2} = 1 \pm 2i$ 为一对共轭复根,因此所求通解为

$$y = e^x (C_1 \cos 2x + C_2 \sin 2x).$$

将条件 $y|_{x=0} = 1$ 代入通解,得 $C_1 = 1$, 从而

$$y = e^x (\cos 2x + C_2 \sin 2x).$$

上式对 x 求导,得

$$y' = e^x [(2C_2 + 1)\cos 2x + (C_2 - 2)\sin 2x].$$

再将条件 $y'|_{x=0} = -1$ 代入上式,得 $C_2 = -1$, 于是所求的特解为

$$y = e^x (\cos 2x - \sin 2x).$$

例 4 上节例 1 中,设物体在振动过程中所受的力有弹簧的弹性恢复力、阻力以及周期性外力,求反映物体运动规律的函数.

解 由上节讨论得物体的运动方程为

$$\frac{d^2x}{dt^2}+2n\frac{dx}{dt}+k^2x=h\sin pt.$$

(1) 简谐振动. 即无阻尼的自由振动. 这时方程为

$$\frac{d^2x}{dt^2}+k^2x=0.$$

其通解为

$$x=C_1\cos kt+C_2\sin kt=A\sin(kt+\varphi).$$

其中 A 为振幅,φ 为初相,k 为系统的角频率. 由于 $k=\sqrt{\frac{C}{m}}$(由上节例 1)完全由振动系统本身所确定,因此,k 又称为系统的固有频率.

(2) 有阻尼的自由振动. 这时方程为

$$\frac{d^2x}{dt^2}+2n\frac{dx}{dt}+k^2x=0.$$

特征方程为

$$r^2+2nr+k^2=0.$$

其根为 $$r_{1,2}=\frac{-2n\pm\sqrt{4n^2-4k^2}}{2}=-n\pm\sqrt{n^2-k^2}.$$

(i) 小阻尼情形: $n<k$.

特征方程有一对共轭复根 $r_{1,2}=-n\pm\sqrt{k^2-n^2}\,\mathrm{i}$, 所以方程的通解为

$$x=e^{-nt}(C_1\cos\sqrt{k^2-n^2}\,t+C_2\sin\sqrt{k^2-n^2}\,t)$$
$$=Ae^{-nt}\sin(\omega t+\varphi).$$

其中 $\omega=\sqrt{k^2-n^2}$. 由上式可以看出,物体运动周期 $T=\frac{2\pi}{\omega}$,但与简谐振动不同,当 $t\to\infty$ 时,$x\to0$, 这表明物体的振动随着时间增长而逐渐消失.

(ii) 临界阻尼情形: $n=k$.

特征方程有二重实根 $r_1=r_2=-n$, 所以方程的通解为

$$x=(C_1+C_2t)e^{-nt}.$$

可以看出，当 $t \to \infty$ 时，$x \to 0$. 因此，在临界阻尼情形，物体的振动随时间增长逐渐消失.

(iii) 大阻尼情形：$n > k$.

特征方程有两个不相等的实根

$$r_{1,2} = -n \pm \sqrt{n^2 - k^2} < 0.$$

所以方程的通解为

$$x = C_1 e^{r_1 t} + C_2 e^{r_2 t}.$$

同样，当 $t \to \infty$ 时，$x \to 0$. 因此，物体的振动随时间增长逐渐消失.

总之，对于有阻尼的自由振动，不论是小阻尼、大阻尼或临界阻尼，物体的振动都随时间增长而逐渐消失.

(3) 无阻尼或有阻尼的强迫振动，属于非齐次线性微分方程，将在下一节讨论.

上面讨论的二阶常系数齐次线性微分方程的解法可以推广到 n 阶常系数齐次线性微分方程上去，现简述如下：

设已给方程为

$$y^{(n)} + p_1 y^{(n-1)} + p_2 y^{(n-2)} + \cdots + p_{n-1} y' + p_n y = 0, \tag{10-48}$$

其中，$p_1, p_2, \cdots, p_n$ 都是常数，它的特征方程为

$$r^n + p_1 r^{n-1} + p_2 r^{n-2} + \cdots + p_{n-1} r + p_n = 0. \tag{10-49}$$

根据特征方程的根的不同情形，可以写出其对应的微分方程的解如表 10-2 所列.

表 10-2

特征方程的根	微分方程通解中的对应项
单实根 r	给出一项 Ce^{rx}
k 重实根 r	给出 k 项：$(C_1 + C_2 x + \cdots + C_k x^{k-1}) e^{rx}$
一对单复根 $r_{1,2} = \alpha \pm i\beta$	给出两项：$e^{\alpha x}(C_1 \cos\beta x + C_2 \sin\beta x)$
一对 k 重复根 $\alpha \pm i\beta$	给出 $2k$ 项：$e^{\alpha x}[(C_1 + C_2 x + \cdots + C_k x^{k-1})\cos\beta x + (D_1 + D_2 x + \cdots + D_k x^{k-1})\sin\beta x]$

由于特征方程(10-49)为一元 n 次代数方程，故有 n 个根，而每个根都对应通解中一项，且每一项各含有一个任意常数，因此将各项相加，就得到方程(10-48)的通解.

例 5 求方程 $y^{(5)} - 2y^{(4)} + 5y''' = 0$ 的通解.

解 特征方程为

$$r^5-2r^4+5r^3=0.$$

其根 $r_1=r_2=r_3=0$，$r_{4,5}=1\pm 2\mathrm{i}$，因此所求通解为

$$y=C_1+C_2x+C_3x^2+\mathrm{e}^x(C_4\cos 2x+C_5\sin 2x).$$

例 6 求方程 $y^{(4)}+2y''+y=0$ 的通解.

解 特征方程为

$$r^4+2r^2+1=0,$$

即
$$[(r+\mathrm{i})(r-\mathrm{i})]^2=0.$$

它有一对二重复根 $\pm\mathrm{i}$，所以所求通解为

$$y=(C_1+C_2x)\cos x+(C_3+C_4x)\sin x.$$

习题 10-7

1. 求下列微分方程的通解：

(1) $y''+2y'-3y=0$；　　(2) $y''+y'=0$；

(3) $3y''-8y'+4y=0$；　　(4) $4y''-20y'+25y=0$；

(5) $y''-6y'+9y=0$；　　(6) $y''+6y'+13y=0$；

(7) $y'''-3y'-2y=0$；　　(8) $y^{(4)}-2y'''+y''=0$；

(9) $y^{(4)}+5y''-36y=0$.

2. 求下列微分方程满足所给初始条件的特解：

(1) $y''-4y'+4y=0$，$y|_{x=0}=y'|_{x=0}=1$；

(2) $y''+2y'+10y=0$，$y|_{x=0}=1$，$y'|_{x=0}=2$；

(3) $y''-3y'-4y=0$，$y|_{x=0}=0$，$y'|_{x=0}=-5$；

(4) $y''+4y'+29y=0$，$y|_{x=0}=0$，$y'|_{x=0}=15$.

3. 微分方程 $y''+9y=0$ 的一条积分曲线过 $(\pi,-1)$，且在该点与直线 $y=x-\pi-1$ 相切，求该曲线的方程.

4. 一个单位质量的质点在数轴上运动，开始时质点位于原点 O 处且速度为 v_0，在运动过程中，它受到一个力的作用，这个力的大小与质点到原点的距离成正比(比例系数 $k_1>0$)，而方向与初速一致. 又介质的阻力与速度成正比(比例系数 $k_2>0$)，求反映质点运动规律的函数.

5. 求微分方程 $y'''+y''-2y'=0$ 的哪一条积分曲线通过点 $(0,-5)$，且在这点处有倾角 $\arctan 3$ 和曲率零.

第八节　二阶常系数非齐次线性微分方程

二阶常系数非齐次线性微分方程的一般形式是

$$y''+py'+qy=f(x), \tag{10-50}$$

其中 p、q 是常数，自由项 $f(x)$是连续实函数.

由第六节定理 4 可知，方程(10-50)的通解由它对应的齐次方程

$$y''+py'+qy=0 \tag{10-51}$$

的通解与非齐次方程(1)本身的一个特解之和构成. 由于相对应的齐次方程(10-51)的通解的求法已在第七节中解决了，因此只须讨论如何求方程(10-50)的一个特解.

本节只介绍自由项 $f(x)$取两种常见形式时，用待定系数法(即可以不用积分，只用代数方法就可求出 y^*)求方程(10-50)的特解 y^* 的方法.

$f(x)$的两种常见形式是：

(1) $f(x)=P_m(x)e^{\lambda x}$，其中 λ 是常数，$P_m(x)$是 x 的一个 m 次多项式，即

$$P_m(x)=a_0x^m+a_1x^{m-1}+\cdots+a_{m-1}x+a_m.$$

(2) $f(x)=e^{\lambda x}[P_l(x)\cos\omega x+P_n(x)\sin\omega x]$，其中 λ、ω 是常数，$P_l(x)$与 $P_n(x)$分别是 x 的 l 次与 n 次多项式，其中可以有一个为零.

一、$f(x)=P_m(x)e^{\lambda x}$ 型

注意到 $f(x)$是多项式 $P_m(x)$与指数函数 $e^{\lambda x}$ 的乘积，而这类函数的特点是它的各阶导数仍然是同一类型的函数，联系到非齐次方程(10-50)左端的系数均为常数的特点，可知它的解应该是多项式函数与指数函数的乘积，因此可设特解为

$$y^*=Q(x)e^{\lambda x},$$

其中 $Q(x)$是 x 的多项式函数，现在的问题是找到适当的多项式函数 $Q(x)$，使 $y^*=Q(x)e^{\lambda x}$ 满足方程(10-50)，为此，求出

$$y^{*\prime}=[Q'(x)+\lambda Q(x)]e^{\lambda x},$$

$$y^{*\prime\prime}=[Q''(x)+2\lambda Q'(x)+\lambda^2Q(x)]e^{\lambda x}.$$

将 y^*、$y^{*\prime}$及 $y^{*\prime\prime}$代入方程(10-50)，并且消去方程两端的非零因子 $e^{\lambda x}$，得

$$Q''(x)+(2\lambda+p)Q'(x)+(\lambda^2+p\lambda+q)Q(x)=P_m(x). \tag{10-52}$$

(1) 当 λ 不是方程(10-51)的特征方程 $r^2+pr+q=0$ 的根,即 $\lambda^2+p\lambda+q\neq 0$ 时,由于 $P_m(x)$是一个 m 次多项式,要使得式(10-52)两端恒等,那么 $Q(x)$也必须是另一个 m 次多项式,记为 $Q_m(x)$,即

$$Q_m(x)=b_0x^m+b_1x^{m-1}+\cdots+b_{m-1}x+b_m.$$

代入式(10-52),比较等式两端 x 的同次幂的系数,得到含有 b_0, b_1, $\cdots$, b_m 的 $m+1$ 个方程组成的联立方程组,从而可以定出 $m+1$ 个常数 $b_i(i=0, 1, \cdots, m)$,并得到方程的特解 $y^*=Q_m(x)e^{\lambda x}$.

(2) 当 λ 是方程(10-51)的特征方程 $r^2+pr+q=0$ 的单根,即 $\lambda^2+p\lambda+q=0$,但 $2\lambda+p\neq 0$ 时,这时式(10-52)即

$$Q''(x)+(2\lambda+p)Q'(x)=P_m(x).$$

要使得上式两端恒等,$Q'(x)$必须是一个 m 次多项式,则 $Q(x)$是一个 $m+1$ 次多项式,因此令

$$Q(x)=xQ_m(x).$$

用同样的方法确定出 $Q_m(x)$的系数 $b_i(i=0, 1, 2, \cdots, m)$,从而得到方程的特解 $y^*=xQ_m(x)e^{\lambda x}$.

(3) 当 λ 是方程(10-51)的特征方程 $r^2+pr+q=0$ 的重根,即 $\lambda^2+p\lambda+q=0$, $2\lambda+p=0$ 时,式(10-52)变为

$$Q''(x)=P_m(x).$$

要使得上述两端恒等,$Q''(x)$必须是一个 m 次多项式,则 $Q(x)$是 $m+2$ 次多项式,因此令

$$Q(x)=x^2Q_m(x).$$

用同样的方法确定出 $Q_m(x)$的系数 $b_i(i=0, 1, 2, \cdots, m)$,从而得到方程的特解 $y^*=x^2Q_m(x)e^{\lambda x}$.

综上所述,如果 $f(x)=P_m(x)e^{\lambda x}$,则方程(1)的特解为

$$y^*=x^kQ_m(x)e^{\lambda x},$$

其中 $Q_m(x)$是与 $P_m(x)$同次的多项式,而 k 按 λ 不是特征方程的根,是特征方程的单根或是重根,分别取 0, 1, 2.

特别,如果 $f(x)=Ae^{\lambda x}$ 型,则令 $y^*=Bx^ke^{\lambda x}$, k 的取法同上.

如果 $f(x)=P_m(x)$ 型,属于 $f(x)=P_m(x)e^{\lambda x}$ 中 $\lambda=0$ 的情形,亦可直接从方程

$$y''+py'+qy=P_m(x)$$

中确定出特解的形式：

当 $q\neq 0$ 时，令 $y^{*}=Q_m(x)$；

当 $q=0$，$p\neq 0$ 时，令 $y^{*}=xQ_m(x)$；

当 $p=q=0$ 时，令 $y^{*}=x^2Q_m(x)$.

例 1 求方程 $y''-y'=x+1$ 的一个特解.

解 所给方程对应的齐次方程为

$$y''-y'=0.$$

它的特征方程为

$$r^2-r=0.$$

其根 $r_1=0$，$r_2=1$，$\lambda=0$ 为特征方程的单根，故设特解为

$$y^{*}=x(Ax+B).$$

求导得

$$y^{*\prime}=2Ax+B,\quad y^{*\prime\prime}=2A.$$

将 y^{*}、$y^{*\prime}$、$y^{*\prime\prime}$ 代入原方程，得

$$-2Ax+(2A-B)=x+1.$$

比较两端 x 的同次幂的系数，得

$$\begin{cases}-2A=1,\\ 2A-B=1.\end{cases}$$

解此方程组，得

$$A=-\frac{1}{2},\quad B=-2.$$

因此原方程的特解为

$$y^{*}=x\left(-\frac{1}{2}x-2\right)=-\frac{1}{2}x^2-2x.$$

由于本例题中，$f(x)=x+1$ 为多项式，所以可以直接由方程 $y''-y'=x+1$ 设特解为 $y^{*}=x(Ax+B)$.

例 2 求方程 $y''-2y'+y=4xe^{x}$ 的通解.

解 这里 $f(x)$ 是 $P_m(x)e^{\lambda x}$ 型(其中 $P_m(x)=4x$，$\lambda=1$). 所给方程对应的齐次方程为

$$y''-2y'+y=0.$$

它的特征方程为

$$r^2-2r+1=0,$$

其根 $r_1=r_2=1$，于是对应齐次方程的通解为

$$Y=(C_1+C_2x)\mathrm{e}^x.$$

由于 $\lambda=1$ 是特征方程的重根，故设特解为

$$y^*=x^2(Ax+B)\mathrm{e}^x.$$

求导得

$$y^{*\prime}=[Ax^3+(3A+B)x^2+2Bx]\mathrm{e}^x,$$

$$y^{*\prime\prime}=[Ax^3+(6A+B)x^2+(6A+4B)x+2B]\mathrm{e}^x.$$

将 y^*、$y^{*\prime}$ 及 $y^{*\prime\prime}$ 代入原方程并化简得

$$6Ax+2B=4x.$$

比较两端 x 的同次幂系数，得

$$\begin{cases}6A=4,\\2B=0.\end{cases}$$

解得 $A=\dfrac{2}{3}$，$B=0$，所以原方程的特解为

$$y^*=\frac{2}{3}x^3\mathrm{e}^x.$$

从而原方程的通解为

$$y=(C_1+C_2x)\mathrm{e}^x+\frac{2}{3}x^3\mathrm{e}^x.$$

例 3 求微分方程

$$y''-2y'-3y=x\mathrm{e}^{3x}$$

满足初始条件 $y|_{x=0}=0$，$y'|_{x=0}=0$ 的特解.

解 这里 $f(x)$ 是 $P_m(x)\mathrm{e}^{\lambda x}$ 型(其中 $P_m(x)=x$，$\lambda=3$). 所给方程对应的齐次方程为

$$y''-2y'-3y=0.$$

它的特征方程为

$$r^2-2r-3=0.$$

其根 $r_1=-1$，$r_2=3$. 于是对应齐次方程的通解为

$$Y=C_1\mathrm{e}^{-x}+C_2\mathrm{e}^{3x}.$$

由于 $\lambda=3$ 是特征方程的单根,所以原方程的特解设为

$$y^*=x(Ax+B)\mathrm{e}^{3x}.$$

求出 $y^{*\prime}$、$y^{*\prime\prime}$,并把它们代入所给方程,约去非零因子 e^{3x},得

$$8Ax+2A+4B=x.$$

比较等式两端 x 的同次幂系数,得

$$\begin{cases}8A=1,\\ 2A+4B=0.\end{cases}$$

解方程组,得

$$A=\frac{1}{8},\quad B=-\frac{1}{16}.$$

因此原方程的一个特解为

$$y^*=x\left(\frac{1}{8}x-\frac{1}{16}\right)\mathrm{e}^{3x},$$

从而原方程的通解为

$$y=C_1\mathrm{e}^{-x}+C_2\mathrm{e}^{3x}+x\left(\frac{1}{8}x-\frac{1}{16}\right)\mathrm{e}^{3x}.$$

对上式求导,得

$$y'=-C_1\mathrm{e}^{-x}+3C_2\mathrm{e}^{3x}+\left(\frac{3}{8}x^2+\frac{1}{16}x-\frac{1}{16}\right)\mathrm{e}^{3x}.$$

将条件 $y\,|_{x=0}=0$，$y'\,|_{x=0}=0$ 代入上面两式,得

$$\begin{cases}C_1+C_2=0,\\ -C_1+3C_2-\dfrac{1}{16}=0.\end{cases}$$

再解方程组,得

$$C_1=-\frac{1}{64},\quad C_2=\frac{1}{64}.$$

所以所求的特解为

$$y=-\frac{1}{64}e^{-x}+\frac{1}{64}e^{3x}+x\left(\frac{1}{8}x-\frac{1}{16}\right)e^{3x}.$$

例 4 求方程 $y''-5y'+6y=6x+1+xe^{2x}$ 的通解.

解 所给方程对应的齐次方程为

$$y''-5y'+6y=0.$$

它的特征方程为

$$r^2-5r+6=0.$$

其根 $r_1=2$, $r_2=3$, 于是对应齐次方程的通解为

$$Y=C_1e^{2x}+C_2e^{3x}.$$

再求 y^*,由于这个方程的右端 $f(x)=6x+1+xe^{2x}$ 不属于上述类型,但是如果把 $f(x)$看成两个函数之和:

$$f(x)=f_1(x)+f_2(x),$$

其中 $f_1(x)=6x+1$, $f_2(x)=xe^{2x}$,则 $f_1(x)$与 $f_2(x)$都是属于 $P_m(x)e^{\lambda x}$ 型. 根据第六节定理 5 可知,原方程的特解 y^* 等于方程

$$y''-5y'+6y=6x+1$$

的特解 y_1^* 与方程

$$y''-5y'+6y=xe^{2x}$$

的特解 y_2^* 之和,即 $y^*=y_1^*+y_2^*$,用上面的方法不难求得

$$y_1^*=x+1,$$

$$y_2^*=x\left(-\frac{1}{2}x-1\right)e^{2x}.$$

因此

$$y^*=x+1+x\left(-\frac{1}{2}x-1\right)e^{2x}.$$

所以原方程的通解为

$$y=C_1e^{2x}+C_2e^{3x}+x+1+x\left(-\frac{1}{2}x-1\right)e^{2x}.$$

二、$f(x)=e^{\lambda x}[P_l(x)\cos\omega x+P_n(x)\sin\omega x]$ 型

应用欧拉公式，$f(x)$可表示为

$$\begin{aligned}f(x)&=e^{\lambda x}[P_l(x)\cos\omega x+P_n(x)\sin\omega x]\\&=e^{\lambda x}\left[P_l(x)\frac{e^{i\omega x}+e^{-i\omega x}}{2}+P_n(x)\frac{e^{i\omega x}-e^{-i\omega x}}{2i}\right]\\&=\frac{P_l(x)-iP_n(x)}{2}e^{(\lambda+i\omega)x}+\frac{P_l(x)+iP_n(x)}{2}e^{(\lambda-i\omega)x}\\&=P_m(x)e^{(\lambda+i\omega)x}+\bar{P}_m(x)e^{(\lambda-i\omega)x},\end{aligned}$$

其中 $P_m(x)=\dfrac{P_l(x)-iP_n(x)}{2}$ 与 $\bar{P}_m(x)=\dfrac{P_l(x)+iP_n(x)}{2}$ 是互成共轭的 m 次多项式，这里 $m=\max(l,n)$.

由第一部分的讨论可知，$f(x)$的第一项 $P_m(x)e^{(\lambda+i\omega)x}$ 对应的特解应设为

$$y_1^*=x^kQ_m(x)e^{(\lambda+i\omega)x},$$

其中 k 依 $\lambda+i\omega$ 不是特征方程的根或是特征方程的单根分别取 0 或 1. 由于 $f(x)$ 的第二项 $\bar{P}_m(x)e^{(\lambda-i\omega)x}$ 与第一项 $P_m(x)e^{(\lambda+i\omega)x}$ 成共轭，而复根必须是成对出现，所以 $f(x)$的第二项对应的特解应设为

$$y_2^*=\bar{y}_1^*=x^k\bar{Q}_m(x)e^{(\lambda-i\omega)x}.$$

从而，原方程的特解为

$$\begin{aligned}y^*&=y_1^*+y_2^*\\&=x^ke^{\lambda x}[Q_m(x)e^{i\omega x}+\bar{Q}_m(x)e^{-i\omega x}].\end{aligned}$$

由于括号内两项互成共轭，相加后即无虚部，所以 y^* 可以写成实数形式

$$y^*=x^ke^{\lambda x}[R_m^{(1)}(x)\cos\omega x+R_m^{(2)}(x)\sin\omega x],$$

其中 $R_m^{(1)}(x)$与 $R_m^{(2)}(x)$为 m 次实多项式.

综上所述，可得如下结论：

如果 $f(x)=e^{\lambda x}[P_l(x)\cos\omega x+P_n(x)\sin\omega x]$，则方程(1)的特解应设为

$$y^*=x^ke^{\lambda x}[R_m^{(1)}(x)\cos\omega x+R_m^{(2)}(x)\sin\omega x],$$

其中 $R_m^{(1)}(x)$与 $R_m^{(2)}(x)$为 m 次多项式，$m=\max(l,n)$，而 k 按 $\lambda+i\omega$(或 $\lambda-i\omega$)不是特征方程的根或是特征方程的单根依次取 0 或 1.

例 5 求方程 $y''-2y'+2y=e^{x}\cos x$ 的特解.

解 这里 $f(x)$ 属于 $e^{\lambda x}[P_l(x)\cos\omega x+P_n(x)\sin\omega x]$ 型(其中 $\lambda=1$, $\omega=1$, $P_l(x)=1$, $P_n(x)=0$).

所给方程相应的齐次方程为

$$y''-2y'+2y=0.$$

它的特征方程为

$$r^2-2r+2=0.$$

其根 $r_{1,2}=1\pm i$,由于 $\lambda+i\omega=1+i$ 是特征方程的单根,故应设特解为

$$y^*=xe^{x}(A\cos x+B\sin x).$$

求出 $y^{*\prime}$、$y^{*\prime\prime}$,把它们代入原方程,得

$$-2A\sin x+2B\cos x=\cos x.$$

比较同类项可得

$$A=0,\quad B=\frac{1}{2}.$$

所以所求特解为

$$y^*=\frac{1}{2}xe^{x}\sin x.$$

例 6 求方程 $y''+y=x\sin 2x$ 的通解.

解 这里 $f(x)$ 属于 $e^{\lambda x}[P_l(x)\cos\omega x+P_n(x)\sin\omega x]$ 型(其中 $\lambda=0$, $\omega=2$, $P_l(x)=0$, $P_n(x)=x$).

所给方程对应的齐次方程为

$$y''+y=0.$$

它的特征方程为

$$r^2+1=0.$$

其根 $r_{1,2}=\pm i$,于是对应的齐次方程的通解为

$$Y=C_1\cos x+C_2\sin x.$$

由于 $\lambda+i\omega=2i$ 不是特征方程的根,故应设特解为

$$y^*=(Ax+B)\cos 2x+(Cx+D)\sin 2x.$$

求出 $y^{*\prime}$、$y^{*\prime\prime}$,将它们代入原方程,得

$$(-3Ax-3B+4C)\cos 2x-(3Cx+3D+4A)\sin 2x=x\sin 2x.$$

比较两端同类项的系数，得

$$\begin{cases}-3A=0,\\-3B+4C=0,\\-3C=1,\\-3D-4A=0.\end{cases}$$

解联立方程组，得

$$A=0,\quad B=-\frac{4}{9},\quad C=-\frac{1}{3},\quad D=0.$$

于是求得一个特解为

$$y^*=-\frac{4}{9}\cos 2x-\frac{1}{3}x\sin 2x.$$

从而原方程的通解为

$$y=C_1\cos x+C_2\sin x-\frac{4}{9}\cos 2x-\frac{1}{3}x\sin 2x.$$

例 7　求方程 $y''+y=e^x+\cos x$ 的通解.

解　由例 6 知，对应齐次方程的通解为

$$Y=C_1\cos x+C_2\sin x.$$

下面求特解，对于方程

$$y''+y=e^*.$$

自由项属于 $P_m(x)e^{\lambda x}$ 型，由于 $\lambda=1$ 不是特征方程的单根，故应设特解为

$$y_1^*=Ae^x.$$

代入上面方程，解得 $A=\frac{1}{2}$，从而 $y_1^*=\frac{1}{2}e^x$.

对于方程

$$y''+y=\cos x,$$

自由项属于 $e^{\lambda x}[P_l(x)\cos\omega x+P_n(x)\sin\omega x]$ 型，由于 $\lambda+i\omega=i$ 是特征方程的单根，故应设特解为

$$y_2^*=x[A\cos x+B\sin x].$$

代入上面方程，得

$$2B\cos x - 2A\sin x = \cos x.$$

比较同类项系数，得

$$A = 0,\quad B = \frac{1}{2},$$

从而
$$y_2^* = \frac{1}{2}x\sin x.$$

故 $y'' + y = e^x + \cos x$ 的特解为

$$y^* = y_1^* + y_2^* = \frac{1}{2}e^x + \frac{1}{2}x\sin x.$$

所以所求通解为

$$y = C_1\cos x + C_2\sin x + \frac{1}{2}e^x + \frac{1}{2}x\sin x.$$

例 8 在第六节例 1 中，设物体受弹性恢复力与干扰力的作用，试求物体的运动规律.

解 这里需要求出无阻尼强迫振动方程

$$\frac{d^2x}{dt^2} + k^2x = h\sin pt$$

的通解.

对应的齐次方程(即无阻尼自由振动方程)为

$$\frac{d^2x}{dt^2} + k^2x = 0.$$

它的特征方程 $r^2 + k^2 = 0$ 的根 $r_{1,2} = \pm ik$，于是对应齐次方程的通解为

$$X = C_1\cos kt + C_2\sin kt$$
$$= A\sin(kt + \varphi).$$

其中 A、φ 为任意常数，$C_1 = A\sin\varphi$，$C_2 = A\cos\varphi$.

现在求特解. $f(t) = h\sin pt$ 属于 $e^{\lambda x}[P_l(t)\cos\omega t + P_n(t)\sin\omega t]$ 型(其中 $\lambda = 0$，$\omega = p$，$P_l(t) = 0$，$P_n(t) = h$)，下面分别就 $p \neq k$ 和 $p = k$ 两种情形讨论如下：

(1) 如果 $p \neq k$，则 $\lambda + i\omega = ip$ 不是特征方程的根，故设特解为

$$x^* = A\cos pt + B\sin pt.$$

代入方程求得

$$A = 0, \quad B = \frac{h}{k^2 - p^2}.$$

于是
$$x^* = \frac{h}{k^2 - p^2}\sin pt.$$

从而当 $p \neq k$ 时，方程的通解为

$$x = X + x^* = A\sin(kt + \varphi) + \frac{h}{k^2 - p^2}\sin pt.$$

上式表示，物体的运动由两部分组成，这两部分都是简谐振动. 上式第一项表示自由振动，第二项所表示的振动叫作强迫振动. 强迫振动是干扰力引起的，它的角频率即是干扰力的角频率 p；当干扰力的角频率 p 与振动系统的固有频率 k 相差很小时，它的振幅 $\left|\frac{h}{k^2 - p^2}\right|$ 可以很大.

(2) 如果 $p = k$，则 $\lambda + \mathrm{i}\omega = \mathrm{i}p$ 是特征方程的根，故设特解为

$$x^* = t(A\cos kt + B\sin kt).$$

代入方程求得

$$A = -\frac{h}{2k}, \quad B = 0.$$

于是
$$x^* = -\frac{h}{2k}t\cos kt.$$

从而当 $p = k$ 时，方程的通解为

$$x = X + x^* = A\sin(kt + \varphi) - \frac{h}{2k}t\cos kt.$$

上式右端第二项表明，强迫振动的振幅 $\frac{h}{2k}t$ 随时间 t 的增大而无限增大. 这就发生所谓共振现象. 为了避免共振现象，应使干扰力的角频率 p 不要靠近振动系统的固有频率 k；反之，如果要利用共振现象，则应使 $p = k$ 或使 p 与 k 尽量靠近.

有阻尼的强迫振动问题可作类似的讨论，这里从略.

习题 10-8

1. 求下列微分方程的通解：

(1) $y''-7y'+12y=x$；

(2) $y''-3y'=-6x+2$；

(3) $y''-4y'+4y=8e^{2x}$；

(4) $y''-6y'+9y=(x+1)e^{3x}$；

(5) $y''-2y'+5y=e^{x}\sin 2x$；

(6) $y''+4y=x\cos x$；

(7) $y''-y=\sin^{2}x$；

(8) $y''+y=f(x)$，

(i) $f(x)=\sin x-2e^{-x}$；　　(ii) $f(x)=\cos x\cdot\cos 2x$.

2. 求下列微分方程满足所给初始条件的特解：

(1) $y''-y=4xe^{x}$，$y|_{x=0}=0$，$y'|_{x=0}=1$；

(2) $y''-3y'+2y=5$，$y|_{x=0}=1$，$y'|_{x=0}=2$；

(3) $y''-2y'+5y=e^{x}\sin 2x$，$y|_{x=0}=y'|_{x=0}=1$；

(4) $y''-8y'+16y=16x^{2}-16x$，$y|_{x=0}=1$，$y'|_{x=0}=2$.

3. 设函数 $\varphi(x)$可导，且 $\varphi(x)=e^{x}-\int_{0}^{x}(x-u)\varphi(u)\mathrm{d}u$，求 $\varphi(x)$.

4. 一质量为 m 的质点由静止开始沉入液体，当下沉时，液体的反作用力与下沉的速度成正比，求此质点的运动规律.

*第九节　欧 拉 方 程

变系数的线性微分方程，一般说来都是不容易求解的，但是有些特殊的变系数线性微分方程，可以通过变量代换化为常系数线性微分方程，从而求出其通解，欧拉方程就是其中的一种.

方程

$$x^{n}y^{(n)}+p_{1}x^{n-1}y^{(n-1)}+\cdots+p_{n-1}xy'+p_{n}y=f(x) \tag{1}$$

称为欧拉方程，其中 $p_1, p_2, \cdots, p_n$ 为常数.

作变换 $x=e^{t}$ 或 $t=\ln x$，则有

$$y'=\frac{\mathrm{d}y}{\mathrm{d}x}=\frac{\mathrm{d}y}{\mathrm{d}t}\cdot\frac{\mathrm{d}t}{\mathrm{d}x}=\frac{1}{x}\frac{\mathrm{d}y}{\mathrm{d}t},$$

$$y''=\frac{d}{dx}\left(\frac{dy}{dx}\right)=\frac{1}{x^2}\left(\frac{d^2y}{dt^2}-\frac{dy}{dt}\right),$$

$$y'''=\frac{d}{dx}(y'')=\frac{1}{x^3}\left(\frac{d^3y}{dt^3}-3\frac{d^2y}{dt^2}+2\frac{dy}{dt}\right),$$

……

引入记号 D 表示对 t 求导的运算 $\frac{d}{dt}$（D 称为微分算子），则

$$y'=\frac{1}{x}Dy,$$

$$y''=\frac{1}{x^2}D(D-1)y,$$

$$y'''=\frac{1}{x^3}D(D-1)(D-2)y,$$

一般地，$x^ky^{(k)}=D(D-1)\cdots(D-k+1)y$.

把它代入欧拉方程(1)，得到一个以 t 为自变量的常系数线性微分方程. 当求出方程的解后，把 t 换成 $\ln x$，即得原方程的解.

例 1 求欧拉方程 $x^2y''+xy'+y=x$ 的通解.

解 设 $x=e^t$，则 $t=\ln x$，原方程化为

$$D(D-1)y+Dy+y=e^t,$$

即

$$D^2y+y=e^t,$$

或

$$\frac{d^2y}{dt^2}+y=e^t. \tag{2}$$

方程(2)对应的齐次方程

$$\frac{d^2y}{dt^2}+y=0$$

的通解为

$$Y=C_1\cos t+C_2\sin t.$$

因为 $\lambda=1$ 不是特征方程的根(其根为 $\pm i$)，故设方程(2)的特解为

$$y^*=Ae^t.$$

代入方程(2),求得 $A=\frac{1}{2}$,于是 $y^*=\frac{1}{2}e^t$.

所以方程(2)的通解为

$$y=C_1\cos t+C_2\sin t+\frac{1}{2}e^t.$$

从而原方程的通解为

$$y=C_1\cos(\ln x)+C_2\sin(\ln x)+\frac{1}{2}x.$$

例 2 求欧拉方程 $x^3y'''+x^2y''-4xy'=3x^2$ 的通解.

解 作变换 $x=e^t$,则 $t=\ln x$,原方程化为

$$D(D-1)(D-2)y+D(D-1)y-4Dy=3e^{2t},$$

即

$$D^3y-2D^2y-3Dy=3e^{2t},$$

或

$$\frac{d^3y}{dt^3}-2\frac{d^2y}{dt^2}-3\frac{dy}{dt}=3e^{2t}. \tag{3}$$

方程(3)对应的齐次方程为

$$\frac{d^3y}{dt^3}-2\frac{d^2y}{dt^2}-3\frac{dy}{dt}=0. \tag{4}$$

它的特征方程为

$$r^3-2r^2-3r=0.$$

其根 $r_1=0$, $r_2=-1$, $r_3=3$. 于是方程(4)的通解为

$$Y=C_1+C_2e^{-t}+C_3e^{3t}.$$

由于 $\lambda=2$ 不是特征方程的根,故设方程(3)的特解为

$$y^*=Ae^{2t}.$$

代入方程(3),求得 $A=-\frac{1}{2}$,即

$$y^*=-\frac{1}{2}e^{2t}.$$

于是方程(3)的通解为

$$y=C_1+C_2e^{-t}+C_3e^{3t}-\frac{1}{2}e^{2t}.$$

以 $t=\ln x$ 代入,得原方程的通解为

$$y=C_1+\frac{C_2}{x}+C_3x^3-\frac{1}{2}x^2.$$

* 习题 10-9

求下列欧拉方程的通解:

1. $x^2y''-3xy'+y=\ln x$;
2. $x^2y''-2xy'+2y+x-2x^3=0$;
3. $x^2y''-2y=2x\ln x$;
4. $(x+1)^2y''-2(x+1)y'+2y=0$;
5. $x^3y'''+2xy'-2y=x^3\ln x+3x$;
6. $x^2y''-xy'+4y=x\sin(\ln x)$.

* 第十节　微分方程的幂级数解法

当一个微分方程无法用前几节所介绍的方法求解时,还可以用其他方法求解(如级数解法和数值解法),本节简单地介绍一下微分方程的幂级数解法.

用这种方法求解微分方程,先设已给微分方程的解可以展开成幂级数

$$y=\sum_{n=0}^{\infty}a_nx^n=a_0+a_1x+a_2x^2+\cdots+a_nx^n+\cdots \tag{10-53}$$

其中 $a_0, a_1, \cdots, a_n, \cdots$ 是待定常数,将式(10-53)代入微分方程使其成为恒等式,比较等式两端 x 的同次幂的系数来确定出常数 $a_0, a_1, \cdots, a_n, \cdots$,就得到一个幂级数,然后研究它的收敛性,它在收敛区间内表示的和函数就是所求微分方程的解. 如果该幂级数收敛得较快,则取它的前几项就可得到微分方程的达到一定精度的近似解.

例 1　用幂级数法求微分方程

$$\frac{dy}{dx}=x+y^2$$

满足初始条件 $y|_{x=0}=0$ 的特解.

解　由于 $x=0$ 时,$y=0$,故设方程的解为

$$y=a_1x+a_2x^2+\cdots+a_nx^n+\cdots,$$

求导得

$$y'=a_1+2a_2x+\cdots+na_nx^{n-1}+\cdots.$$

将 y、y'代入原方程,得

$$a_1+2a_2x+\cdots+na_nx^{n-1}+\cdots$$

$$=x+(a_1x+a_2x^2+\cdots+a_nx^n+\cdots)^2$$

$$=x+a_1^2x^2+2a_1a_2x^3+(a_2^2+2a_1a_3)x^4+\cdots$$

比较等式两端 x 的同次幂系数,得

$$a_1=0,\ a_2=\frac{1}{2},\ a_3=0,\ a_4=0,$$

$$a_5=\frac{1}{20},\ a_6=0,\ \cdots.$$

于是取所求幂级数的前几项

$$y=\frac{1}{2}x^2+\frac{1}{20}x^5.$$

作为已给方程满足初始条件的近似解.

例 2 用幂级数法求微分方程

$$y''-xy=0$$

满足初始条件 $y|_{x=0}=0$, $y'|_{x=0}=1$ 的特解.

解 设方程的解是

$$y=a_0+a_1x+a_2x^2+\cdots+a_nx^n+\cdots$$

求导得

$$y'=a_1+2a_2x+\cdots+na_nx^{n-1}+\cdots$$

$$y''=2a_2+3\cdot 2a_3x+\cdots+n(n-1)a_nx^{n-2}+\cdots$$

由初始条件 $y|_{x=0}=0$, $y'|_{x=0}=1$, 得

$$a_0=0,\quad a_1=1.$$

将 y、y''代入方程得

$$(2a_2+3\cdot 2a_3x+\cdots+n(n-1)a_nx^{n-2}+\cdots)$$

$$-x(x+a_2x^2+\cdots a_nx^n+\cdots)=0,$$

即

$$2a_2+3\cdot 2a_3x+(4\cdot 3a_4-1)x^2$$
$$+(5\cdot 4a_5-a_2)x^3+(6\cdot 5a_6-a_3)x^4+\cdots=0.$$

比较等式两端 x 的同次幂系数,得

$$2a_2=0,\ 3\cdot 2a_3=0,\ 4\cdot 3a_4-1=0,$$
$$5\cdot 4a_5-a_2=0,\ \cdots,\ n(n-1)a_n-a_{n-3}=0,\ \cdots$$

它们的规律是

$$a_2=a_3=a_5=a_6=a_8=a_9=\cdots=0,$$
$$a_4=\frac{1}{4\cdot 3},\ a_7=\frac{a_4}{7\cdot 6}=\frac{1}{7\cdot 6\cdot 4\cdot 3},$$
$$a_{10}=\frac{a_7}{10\cdot 9}=\frac{1}{10\cdot 9\cdot 7\cdot 6\cdot 4\cdot 3}\cdots$$

或写成

$$a_{3n-1}=a_{3n}=0,\ a_1=1,$$
$$a_{3n+1}=\frac{1}{(3n+1)\cdot 3n}a_{3n-2}\quad(n=1,\ 2,\ \cdots).$$

故所求特解为

$$y=x+\frac{1}{4\cdot 3}x^4+\frac{1}{7\cdot 6\cdot 4\cdot 3}x^7+\cdots$$
$$+\frac{1}{(3n+1)3n\cdots 10\cdot 9\cdot 7\cdot 6\cdot 4\cdot 3}x^{3n+1}+\cdots\quad x\in(-\infty,+\infty).$$

例 3 求勒让德方程(Legendre)

$$(1-x^2)y''-2xy'+(n+n^2)y=0$$

的解,其中 n 为常数.

解 设勒让德方程的解为

$$y=a_0+a_1x+\cdots+a_kx^k+\cdots$$

求导得

$$y'=a_1+2a_2x+\cdots+ka_kx^{k-1}+\cdots$$
$$=\sum_{k=1}^{\infty}ka_kx^{k-1}.$$

$$y''=2a_2+3\cdot 2a_3x+\cdots+k(k-1)a_kx^{k-2}+\cdots$$
$$=\sum_{k=2}^{\infty}k(k-1)a_kx^{k-2},$$

将 y、y'、y''代入原方程,得

$$(1-x^2)\sum_{k=2}^{\infty}k(k-1)a_kx^{k-2}-2x\sum_{k=1}^{\infty}ka_kx^{k-1}$$
$$+(n+n^2)\sum_{k=0}^{\infty}a_kx^k=0,$$

即 $$\sum_{k=0}^{\infty}[(k+2)(k+1)a_{k+2}-k(k-1)a_k-2ka_k+n(n+1)a_k]x^k=0.$$

化简,得

$$\sum_{k=0}^{\infty}[(k+2)(k+1)a_{k+2}+(n-k)(n+k+1)a_k]x^k=0.$$

于是有

$$a_{k+2}=\frac{(n-k)(n+k+1)}{(k+2)(k+1)}a_k\ \ (k=0,1,2,\cdots).$$

依次令 $k=0, 1, 2, \cdots$, 得

$$a_2=-\frac{n(n+1)}{2!}a_0,$$
$$a_3=-\frac{(n-1)(n+2)}{3!}a_1,$$
$$a_4=-\frac{(n-2)(n+3)}{4\cdot 3}a_2=\frac{(n-2)n(n+1)(n+3)}{4!}a_0,$$
$$a_5=-\frac{(n-3)(n+4)}{5\cdot 4}a_3$$
$$=\frac{(n-3)(n-1)(n+2)(n+4)}{5!}a_1,\cdots.$$

由此可见,a_2, a_4, …都可以用 a_0 表示;a_3, a_5, …,都可以用 a_1 表示,而 a_0, a_1 都可以任意取值,所以勒让德方程的通解为

$$y=a_0\left[1-\frac{n(n+1)}{2!}x^2+\frac{(n-2)n(n+1)(n+3)}{4!}x^4-\cdots\right]$$

$$+a_1\left[x-\frac{(n-1)(n+2)}{3!}x^3\right.$$

$$\left.+\frac{(n-3)(n-1)(n+2)(n+4)}{5!}x^5-\cdots\right].$$

可求得该幂级数在$(-1,1)$内收敛.

*习题 10-10

1. 试用幂级数法求下列微分方程的解：

(1) $y''-xy''+y=0$；

(2) $(1-x)y'=x^2-y$；

(3) $(x+1)y'=x^2-2x+y$.

2. 试用幂级数法求下列微分方程满足所给初始条件的特解：

(1) $y''=x^2+y^2$，$y|_{x=0}=\frac{1}{2}$，$y'|_{x=0}=1$；

(2) $(1-x)y'+y=1+x$，$y|_{x=0}=0$.

*第十一节　常系数线性微分方程组

在一些实际问题和理论研究中，常常会遇到由几个微分方程联立起来共同确定几个具有相同自变量的函数的情形. 这些联立的微分方程称为微分方程组.

如果微分方程组中的每一个微分方程都是常系数线性微分方程，那么这组微分方程就称为常系数线性微分方程组.

关于常系数线性微分方程组，我们介绍一种与线性代数方程组的解法类似的解法：首先用消去法把方程组化简为含有一个未知函数的微分方程，再求此方程的解，然后逐个求出其他未知函数.

例 1　解微分方程组

$$\begin{cases}\dfrac{dx}{dt}=x+y & (10-54)\\[2ex] \dfrac{dy}{dt}=x-y & (10-55)\end{cases}$$

解 将式(10-54)两端对 t 求导,得

$$\frac{d^2x}{dt^2}=\frac{dx}{dt}+\frac{dy}{dt}. \tag{10-56}$$

再将式(10-54)、式(10-55)两式相加,得

$$\frac{dx}{dt}+\frac{dy}{dt}=2x. \tag{10-57}$$

由式(10-56)、式(10-57)得

$$\frac{d^2x}{dt^2}=2x$$

求得它的通解为

$$x=C_1e^{\sqrt{2}t}+C_2e^{-\sqrt{2}t}.$$

再把 x 代入式(10-54)得

$$y=C_1(\sqrt{2}-1)e^{\sqrt{2}t}-C_2(\sqrt{2}+1)e^{-\sqrt{2}t}.$$

所以微分方程组的通解为

$$\begin{cases}x=C_1e^{\sqrt{2}t}+C_2e^{-\sqrt{2}t},\\ y=C_1(\sqrt{2}-1)e^{\sqrt{2}t}-C_2(\sqrt{2}+1)e^{-\sqrt{2}t}.\end{cases}$$

例 2 解微分方程组

$$\begin{cases}\dfrac{d^2x}{dt^2}+\dfrac{dy}{dt}-x=e^t,\\ \dfrac{d^2y}{dt^2}+\dfrac{dx}{dt}+y=0.\end{cases}$$

解 用记号 D 表 $\frac{d}{dt}$,则方程组可写成

$$\begin{cases}(D^2-1)x+Dy=e^t, & (10-58)\\ Dx+(D^2+1)y=0. & (10-59)\end{cases}$$

我们可以像解代数方程组一样,用消去法解这组方程

式(10-58)$\times D-6\times(D^2-1)$,得

$$(-D^4+D^2+1)y=e^t. \tag{10-60}$$

式(10-60)为四阶非齐次线性微分方程,它对应的齐次方程的特征方程为

$$-r^4+r^2+1=0.$$

其根 $r_{1,2}=\pm\alpha$, $r_{3,4}=\pm \mathrm{i}\beta$, 其中 $\alpha=\sqrt{\frac{1+\sqrt{5}}{2}}$, $\beta=\sqrt{\frac{\sqrt{5}-1}{2}}$，容易求得一个特解为 $y^*=\mathrm{e}^t$，于是得方程(10-60)的通解为

$$y=C_1\mathrm{e}^{-\alpha t}+C_2\mathrm{e}^{\alpha t}+C_3\cos\beta t+C_4\sin\beta t.$$

再求 x，式(10-59)×D−式(10-58)，得

$$x=-D^3y-\mathrm{e}^{-t}.$$

将 y 代入上式，得

$$x=C_1\alpha^3\mathrm{e}^{-\alpha t}-C_2\alpha^3\mathrm{e}^{\alpha t}-C_3\beta^3\sin\beta t+C_4\beta^3\cos\beta t-2\mathrm{e}^t.$$

所以微分方程组的特解为

$$\begin{cases}x=C_1\alpha^3\mathrm{e}^{-\alpha t}-C_2\alpha^3\mathrm{e}^{\alpha t}-C_3\beta^3\sin\beta t+C_4\beta^3\cos\beta t-2\mathrm{e}^t,\\ y=C_1\mathrm{e}^{-\alpha t}+C_2\mathrm{e}^{\alpha t}+C_3\cos\beta t+C_4\sin\beta t.\end{cases}$$

这里需要注意：在求得一个未知函数的通解后，求其他未知函数的通解，一般不再积分.

例 3 求微分方程组

$$\begin{cases}2\dfrac{\mathrm{d}x}{\mathrm{d}t}-4x+\dfrac{\mathrm{d}y}{\mathrm{d}t}-y=\mathrm{e}^t,\\ \dfrac{\mathrm{d}x}{\mathrm{d}t}+3x+y=0.\end{cases}$$

满足初始条件 $x\big|_{t=0}=\frac{3}{2}$, $y\big|_{t=0}=0$ 的特解.

解 记 $D=\frac{\mathrm{d}}{\mathrm{d}t}$，则方程组写成

$$\begin{cases}2(D-2)x+(D-1)y=\mathrm{e}^t, & (10-61)\\ (D+3)x+y=0. & (10-62)\end{cases}$$

式(10-61)−式(10-62)×(D−1)得

$$-(D^2+1)x=\mathrm{e}^t.$$

这是二阶常系数非齐次线性方程，容易求得通解为

$$x=C_1\cos x+C_2\sin x-\frac{1}{2}\mathrm{e}^t. \qquad (10-63)$$

由式(10－62)得

$$y=-(D+3)x.$$

将 x 代入上式,得

$$y=-(3C_1+C_2)\cos x+(C_1-3C_2)\sin x+2\mathrm{e}^t. \tag{10-64}$$

将初始条件 $x\big|_{t=0}=\dfrac{3}{2}$, $y\big|_{t=0}=0$ 分别代入式(10－63)、式(10－64),得 $C_1=2$, $C_2=-4$,于是所求特解为

$$\begin{cases}x=2\cos t-4\sin t-\dfrac{1}{2}\mathrm{e}^t,\\ y=-2\cos t+14\sin t+2\mathrm{e}^t.\end{cases}$$

*习题 10－11

1. 求下列微分方程组的通解:

(1) $\begin{cases}\dfrac{\mathrm{d}y}{\mathrm{d}x}=3y-2z,\\ \dfrac{\mathrm{d}z}{\mathrm{d}x}=2y-z;\end{cases}$

(2) $\begin{cases}\dfrac{\mathrm{d}x}{\mathrm{d}t}=3x-2y+\sin t,\\ \dfrac{\mathrm{d}y}{\mathrm{d}t}=5x-3y;\end{cases}$

(3) $\begin{cases}\dfrac{\mathrm{d}x}{\mathrm{d}t}+y-2x=6\mathrm{e}^{-t},\\ \dfrac{\mathrm{d}^2x}{\mathrm{d}t^2}+\dfrac{\mathrm{d}^2y}{\mathrm{d}t^2}-2\dfrac{\mathrm{d}x}{\mathrm{d}t}=0;\end{cases}$

(4) $\begin{cases}\dfrac{\mathrm{d}^2x}{\mathrm{d}t^2}=y,\\ \dfrac{\mathrm{d}^2y}{\mathrm{d}t^2}=x.\end{cases}$

2. 求下列微分方程组满足所给初始条件的特解:

(1) $\begin{cases}\dfrac{\mathrm{d}^2x}{\mathrm{d}t^2}+2\dfrac{\mathrm{d}y}{\mathrm{d}t}-x=0,\ x\big|_{t=0}=1,\\ \dfrac{\mathrm{d}x}{\mathrm{d}t}+y=0,\ y\big|_{t=0}=0;\end{cases}$

(2) $\begin{cases}\dfrac{\mathrm{d}x}{\mathrm{d}t}+2x-\dfrac{\mathrm{d}y}{\mathrm{d}t}=10\cos t,\ x\big|_{t=0}=2,\\ \dfrac{\mathrm{d}x}{\mathrm{d}t}+\dfrac{\mathrm{d}y}{\mathrm{d}t}+2y=4\mathrm{e}^{-2t},\ y\big|_{t=0}=0;\end{cases}$

(3) $\begin{cases}\dfrac{\mathrm{d}x}{\mathrm{d}t}-x+\dfrac{\mathrm{d}y}{\mathrm{d}t}+3y=\mathrm{e}^{-t}-1,\ x\big|_{t=0}=\dfrac{48}{49},\\ \dfrac{\mathrm{d}x}{\mathrm{d}t}+2x+\dfrac{\mathrm{d}y}{\mathrm{d}t}+y=\mathrm{e}^{2t}+t,\ y\big|_{t=0}=\dfrac{95}{98}.\end{cases}$

自 测 题

一、选择题：

1. 函数 $y=C_1\mathrm{e}^{2x+C_2}$（C_1、C_2 是任意常数）是微分方程 $\frac{\mathrm{d}^2y}{\mathrm{d}x^2}-\frac{\mathrm{d}y}{\mathrm{d}x}-2y=0$ 的(　　).

(A) 通解；　　(B) 特解；

(C) 不是解；　　(D) 是解，但不是通解，也不是特解.

2. 微分方程 $(x-2xy-y^2)\mathrm{d}y+y^2\mathrm{d}x=0$ 是(　　).

(A) 可分离变量的方程；　　(B) 线性方程；

(C) 贝努利方程；　　(D) 全微分方程.

3. 设 y_1 是微分方程 $y'+P(x)y=Q(x)$ 的特解，则该方程的通解是(　　).

(A) $y_1+c\mathrm{e}^{\int P(x)\mathrm{d}x}$；　　(B) $y_1+c\mathrm{e}^{-\int P(x)\mathrm{d}x}$；

(C) $cy_1+\mathrm{e}^{\int P(x)\mathrm{d}x}$；　　(D) $cy_1+\mathrm{e}^{-\int P(x)\mathrm{d}x}$.

4. 微分方程 $y''-4y'+4y=x^2+\mathrm{e}^{2x}$ 的一个特解应具有形式（a、b、c、E 为常数）(　　).

(A) $ax^2+bx+c\mathrm{e}^{2x}$；　　(B) $ax^2+bx+c+Ex^2\mathrm{e}^{2x}$；

(C) $ax^2+b\mathrm{e}^{2x}+cx\mathrm{e}^{2x}$；　　(D) $ax^2+(bx^2+cx)\mathrm{e}^{2x}$.

5. 设 $y=y(x)$ 是 $y''+py'+qy=\mathrm{e}^{3x}$ 满足初始条件 $y(0)=y'(0)=0$ 的特解，则当 $x\to0$ 时，函数 $\frac{\ln(1+x^2)}{y(x)}$ 的极限(　　).

(A) 不存在；　(B) 等于 1；　(C) 等于 2；　(D) 等于 3.

二、求下列微分方程的通解：

1. $(xy^2+x)\mathrm{d}x+(x^2y-y)\mathrm{d}y=0$；

2. $(x^3+y^3)\mathrm{d}x-3x^2y\mathrm{d}y=0$；

3. $(x-2)\frac{\mathrm{d}y}{\mathrm{d}x}=y+2(x-2)^3$；

4. $y''+y'-2y=x^2\mathrm{e}^{2x}$.

三、求下列微分方程在给定条件下的特解：

1. $(x^2-3y^2)\mathrm{d}x+2xy\mathrm{d}y=0$，$y|_{x=2}=1$；

2. $xy'+y-\mathrm{e}^x=0$，$y|_{x=1}=1$；

3. $y''-(y')^2=0$，$y|_{x=0}=0$，$y'|_{x=0}=-1$；

4. $y''-4y'+4y=3\mathrm{e}^{2x}$，$y|_{x=0}=y'|_{x=0}=1$.

四、微分方程 $y'''-y'=0$ 的哪一条积分曲线在原点处有拐点，且以 $y=2x$ 为它的切线.

五、已知某曲线经过点(1, 1),它的切线在纵轴上的截距等于切点的横坐标,求它的方程.

六、已知某车间的体积为 $30\times30\times6\ m^3$,其中的空气含 0.12%的 CO_2(以体积计算).现以含 CO_2 0.04%的新鲜空气输入,问每分钟应输入多少,才能在 30 min 后使车间空气中 CO_2 的含量不超过 0.06%?(假定输入的新鲜空气与原有空气很快混合均匀后,以相同的流量排出.)

七、设可导函数 $\varphi(x)$满足

$$\varphi(x)\cos x+2\int_0^x\varphi(t)\sin t\,dt=x+1,$$

求 $\varphi(x)$.

习题答案

第七章

习题 7-1

1. 略.
2. A 在 x 轴上，B 在 y 轴上，C 在 yOz 面上，D 在 xOz 面上.
3. $\left(\frac{\sqrt{2}}{2}a, 0, 0\right)$、$\left(-\frac{\sqrt{2}}{2}a, 0, 0\right)$、$\left(0, \frac{\sqrt{2}}{2}a, 0\right)$、$\left(0, -\frac{\sqrt{2}}{2}a, 0\right)$、$\left(\frac{\sqrt{2}}{2}a, 0, a\right)$、$\left(-\frac{\sqrt{2}}{2}a, 0, a\right)$、$\left(0, \frac{\sqrt{2}}{2}a, a\right)$、$\left(0, -\frac{\sqrt{2}}{2}a, a\right)$.
4. xOy 面：$(x_0, y_0, 0)$，yOz 面：$(0, y_0, z_0)$，xOz 面：$(x_0, 0, z_0)$；x 轴：$(x_0, 0, 0)$，y 轴：$(0, y_0, 0)$，z 轴：$(0, 0, z_0)$.
6. x 轴：$\sqrt{41}$，y 轴：$\sqrt{34}$，z 轴：5，xOy 面：5，yOz 面：3，zOx 面：4.
7. (1) $z=7$ 或 $z=-5$；　(2) $x=2$.
8. $(0, 1, -2)$.
9. 略.

习题 7-2

1. 略.
2. $\overrightarrow{D_1A}=-\left(C+\frac{1}{5}a\right)$，$\overrightarrow{D_2A}=-\left(C+\frac{2}{5}a\right)$.
3. $-2a-5b+4c$.

习题 7-3

1. 2.
2. $(-2, 0, -1)$,$(6, 0, 3)$.
3. $A(-1, -3, 2)$.
4. (1) 模：1;方向余弦$\frac{2}{3}, \frac{2}{3}, -\frac{1}{3}$; (2) 模：1;方向余弦$-\frac{1}{3}, \frac{2}{3}, \frac{2}{3}$;

   (3) 模：2;方向余弦$-\frac{1}{2}, -\frac{\sqrt{2}}{2}, \frac{1}{2}$.
5. (1) $45°$或$135°$; (2) $60°$或$120°$.
6. $\pm\frac{1}{\sqrt{14}}(3, 1, -2)$.
7. 33, $31\boldsymbol{j}$
8. $(1, 2, \pm 2)$, $\left(\frac{1}{3}, \frac{2}{3}, \pm\frac{2}{3}\right)$.

习题 7-4

1. (1) 3, $5\boldsymbol{i}+\boldsymbol{j}+7\boldsymbol{k}$; (2) -18, $10\boldsymbol{i}+2\boldsymbol{j}+14\boldsymbol{k}$; (3) $\frac{3}{2\sqrt{21}}$.
2. $\pm\frac{1}{\sqrt{30}}(-1, 5, 2)$.
5. 2.
6. $\arccos\frac{4}{21}$, $\arccos\frac{9\sqrt{2}}{14}$, $\arccos\frac{\sqrt{2}}{6}$.
8. $(5, 0, 5)$, $(1, -2, -1)$.
9. $\frac{1}{2}\sqrt{19}$.
10. 略.
11. 略.
12. 略.
13. 略.

习题 7-5

1. $4x+4y+10z-63=0$.
2. $(x+1)^2+(y+3)^2+(z-2)^2=21$.
3. 以点$(1,1,-2)$为球心、半径为$\sqrt{6}$的球面.
4. $y^2+z^2=5x$.
5. $x^2+y^2+z^2=R^2$.
6. 绕 y 轴：$\dfrac{y^2}{a^2}+\dfrac{x^2+z^2}{b^2}=1$；绕 z 轴：$\dfrac{x^2+y^2}{a^2}+\dfrac{z^2}{b^2}=1$.
7. 略.
8.

	平面解析几何	空间解析几何
(1)	圆	圆柱面
(2)	双曲线	双曲柱面
(3)	直　线	平　面
(4)	直　线	平　面

9. (1) xOy 面上的椭圆 $\dfrac{x^2}{9}+\dfrac{y^2}{4}=1$ 绕 x 轴旋转一周；

(2) yOz 面上的双曲线 $y^2-\dfrac{z^2}{9}=1$ 绕 z 轴旋转一周；

(3) xOy 面上的双曲线 $-x^2+y^2=1$ 绕 x 轴旋转一周；

(4) yOz 面上的直线 $z=y+a$ 绕 z 轴旋转一周.

习题 7-6

1. (1) 双曲线；(2) 圆；(3) 抛物线；(4) 圆. 2. 略. 3. 略.
4. 母线平行于 x 轴的柱面方程：$3y^2-z^2=16$；

母线平行于 y 轴的柱面方程：$3x^2+2z^2=16$.

5. $\begin{cases} x^2+2y^2-26=0, \\ z=0. \end{cases}$

6. (1) $\begin{cases} x=\dfrac{3}{\sqrt{2}}\cos t, \\ y=\dfrac{3}{\sqrt{2}}\cos t, \\ z=3\sin t, \end{cases} \quad (0\leqslant t\leqslant 2\pi)$；

(2) $\begin{cases} x=1+\sqrt{3}\cos\theta, \\ y=\sqrt{3}\sin\theta, \\ z=0, \end{cases}$ $(0\leqslant\theta\leqslant 2\pi)$.

7. $x^2+y^2\leqslant 4$；$x^2\leqslant z\leqslant 4$；$y^2\leqslant z\leqslant 4$.

习题 7－7

1. (1) $3(x-3)+2y+(z+3)=0$ 或 $3x+2y+z=6$；

(2) $3(x-3)+(y-1)-2(z+2)=0$ 或 $3x+y-2z=14$；

(3) $7x+3y+z=9$；

(4) $x+y-3z=4$.

2. (1) 即 xOy 平面；　(2) 平行于 yOz 面的平面；

(3) 平行于 zOx 面的平面；　(4) 平行于 x 轴的平面；

(5) 通过 z 轴的平面；　(6) 通过原点的平面；

(7) 平行于 x 轴的平面.

3. (1，2，3).　4. $\frac{1}{3}$，$\frac{2}{3}$，$\frac{2}{3}$.

5. (1) $y=2$；　(2) $2y-z=0$；　(3) $9y-z=2$.

6. 1.

习题 7－8

1. (1) $\frac{x-3}{-4}=\frac{y+2}{2}=\frac{z-1}{3}$；　(2) $\frac{x-4}{2}=y-1=\frac{z-3}{4}$；

(3) $\frac{x-3}{1}=\frac{y-3}{\sqrt{2}}=\frac{z-4}{-1}$；　(4) $\frac{x}{4}=\frac{y-2}{-3}=\frac{z-4}{-1}$.

2. $\frac{x-1}{-2}=\frac{y-1}{1}=\frac{z-1}{3}$.

3. (1) $x+y+3z-6=0$；　(2) $x-y+z=0$；

(3) $8x-9y-22z-59=0$；　(4) $22x-19y-18z-27=0$.

4. (1) $-\frac{2\sqrt{2}}{27}$；　(2) 0；　(3) $\frac{17}{70}\sqrt{14}$.

5. $\varphi=0$.　　6. $\left(-\frac{5}{3},\frac{2}{3},\frac{2}{3}\right)$.

7. $\frac{3\sqrt{2}}{2}$.

8. $\begin{cases} y-z-1=0, \\ x+y+z=0. \end{cases}$

9. $\dfrac{x+1}{16}=\dfrac{y}{19}=\dfrac{z-4}{28}$.

习题 7-9

1. 略.
2. 略.
3. 略.
4. (1) 圆; (2) 椭圆; (3) 双曲线; (4) 双曲线.
5. $\begin{cases} y^2-3x+4=0, \\ z=0. \end{cases}$
6. 略.

自 测 题

一、1. C; 2. B; 3. A; 4. A; 5. C.

二、1. $\dfrac{\sqrt{131}}{2\sqrt{35}}$; 2. $5\sqrt{3}$; 3. $-16(x-2)+14y+11(z+3)=0$;

4. $x=(-4, 2, -4)$; 5. $x+y+z=3$.

三、$\sqrt{3}$与$\sqrt{11}$.

四、$k=2$.

五、$(2\sqrt{5}-4)(x-5)+(2\sqrt{5}-2)y+(z-1)=0$.

六、$P(-5, 1, 0)$.

七、$m=2, P=-6, n\neq 0$.

八、$\left(0, 0, \dfrac{1}{5}\right)$.

第 八 章

习题 8-1

1. $t^2 f(x, y)$.

2. 略.

3. $1-\frac{4}{y}+\frac{12}{y^2}$.

4. (1) $\{(x, y) \mid 4<x^2+y^2<16\}$;

(2) $\{(x, y) \mid x+y>0, x-y>0\}$;

(3) $\{(x, y) \mid x \geqslant 0, y \geqslant 0, x^2 \geqslant y\}$;

(4) $\{(x, y) \mid |x| \leqslant 1, |y| \geqslant 1\}$;

(5) $\{(x, y, z) \mid x^2+y^2 \geqslant z^2$ 且 $x^2+y^2 \neq 0\}$;

(6) $\{(x, y, z) \mid r^2<x^2+y^2+z^2 \leqslant R^2\}$.

5. (1) $\frac{10}{3}$; (2) $\ln 2$; (3) 0; (4) $\frac{1}{2}$; (5) $-\frac{1}{4}$; (6) $+\infty$; (7) 0.

6. 略.

7. 略.

8. $c=0$. 9. $y^2=2x$.

习题 8-2

1. (1) $\frac{\partial z}{\partial x}=y+\frac{1}{y}$, $\frac{\partial z}{\partial y}=x-\frac{x}{y^2}$;

(2) $\frac{\partial z}{\partial x}=\frac{1}{2x\sqrt{\ln(xy)}}$, $\frac{\partial z}{\partial y}=\frac{1}{2y\sqrt{\ln(xy)}}$;

(3) $\frac{\partial z}{\partial x}=\frac{|y|}{\sqrt{x^2+y^2}}$, $\frac{\partial z}{\partial y}=-\frac{x}{x^2+y^2}\frac{y}{|y|}$;

(4) $\frac{\partial z}{\partial x}=y[\cos(xy)-\sin(2xy)]$,

$\frac{\partial z}{\partial y}=x[\cos(xy)-\sin(2xy)]$;

(5) $\frac{\partial u}{\partial x}=zy(1+xy)^{z-1}$, $\frac{\partial u}{\partial y}=zx(1+xy)^{z-1}$,

$\frac{\partial u}{\partial z}=(1+xy)^z\ln(1+xy)$;

(6) $\frac{\partial z}{\partial x}=-\frac{y}{x^2}\sin(xy)\sec^2\frac{y}{x}+y\tan\frac{y}{x}\cos(xy)$,

$\frac{\partial z}{\partial y}=\frac{1}{x}\sin(xy)\sec^2\frac{y}{x}+x\tan\frac{y}{x}\cos(xy)$;

(7) $\frac{\partial u}{\partial x}=\sin(y^z)$, $\frac{\partial u}{\partial y}=xzy^{z-1}\cos(y^z)$, $\frac{\partial u}{\partial z}=xy^z\ln y\cos(y^z)$;

(8) $\frac{\partial u}{\partial x}=\frac{y}{z}x^{\frac{y}{z}-1}$, $\frac{\partial u}{\partial y}=\frac{1}{z}x^{\frac{y}{z}}\ln x$, $\frac{\partial u}{\partial z}=-\frac{y}{z^2}x^{\frac{y}{z}}\ln x$.

2. $f'_x(x, 1)=1$.

3. $\frac{\pi}{4}$.

4. (1) $\frac{\partial^2 z}{\partial x\partial y}=-\frac{e^x e^y}{(e^x+e^y)^2}$;

(2) $\frac{\partial^2 z}{\partial x^2}=y(2-y^2)\cos(xy)-xy^2\sin(xy)$,

$\frac{\partial^2 z}{\partial y^2}=-x(2+x^2)\sin(xy)-x^2y\cos(xy)$;

(3) $\frac{\partial^3 u}{\partial x\partial y\partial z}=e^{xyz}(1+3xyz+x^2y^2z^2)$.

5. 略.

6. $f_x(x, y)=\begin{cases}\frac{y^3}{(x^2+y^2)^{\frac{3}{2}}}, & x^2+y^2\neq 0,\\ 0, & x^2+y^2=0;\end{cases}$

$f_y(x, y)=\begin{cases}\frac{x^3}{(x^2+y^2)^{\frac{3}{2}}}, & x^2+y^2\neq 0,\\ 0, & x^2+y^2=0.\end{cases}$

习题 8-3

1. (1) $\frac{\partial z}{\partial x}=\frac{2x}{y^2}\ln(3x-2y)+\frac{3x^2}{(3x-2y)y^2}$,

$\frac{\partial z}{\partial y}=-\frac{2x^2}{y^3}\ln(3x-2y)-\frac{2x^2}{(3x-2y)y^2}$;

(2) $\frac{\partial z}{\partial x}=3x^2\sin y\cos y(\cos y-\sin y)$,

$\frac{\partial z}{\partial y}=-2x^3\sin y\cos y(\sin y+\cos y)+x^3(\sin^3 y+\cos^3 y)$.

2. (1) $\frac{dz}{dx}=\frac{1}{\sqrt{y^2-x^2}}\left(1-\frac{x^2}{y\sqrt{x^2+1}}\right)$;

(2) $\frac{dz}{dt}=e^{\sin t-2t^3}(\cos t-6t^2)$.

3. 略.

4. 略.

5. 略.

6. 0.

7. (1) $\frac{\partial z}{\partial x}=yf'_1+2xf'_2$, $\frac{\partial z}{\partial y}=xf'_1+2yf'_2$;

(2) $\frac{\partial u}{\partial x}=\frac{1}{y}f'_1$, $\frac{\partial u}{\partial y}=-\frac{x}{y^2}f'_1+\frac{1}{z}f'_2$, $\frac{\partial u}{\partial z}=-\frac{y}{z^2}f'_2$;

(3) $\frac{\partial u}{\partial x}=f'_1+yf'_2+yzf'_3$, $\frac{\partial u}{\partial y}=xf'_2+xzf'_3$, $\frac{\partial u}{\partial z}=xyf'_3$;

(4) $\frac{\partial z}{\partial x}=\frac{y^2}{(x+y)^2}\arctan(xy+x+y)+\frac{xy}{x+y}\frac{1+y}{1+(xy+x+y)^2}$,

$\frac{\partial z}{\partial y}=\frac{x^2}{(x+y)^2}\arctan(xy+x+y)+\frac{xy}{x+y}\frac{1+x}{1+(xy+x+y)^2}$.

8. (1) $\frac{\partial^2 z}{\partial x^2}=2f'+4x^2f''$, $\frac{\partial^2 z}{\partial x\partial y}=4xyf''$, $\frac{\partial^2 z}{\partial y^2}=2f'+4y^2f''$;

(2) $\frac{\partial^2 z}{\partial x\partial y}=e^{x+y}f'_3-\cos x\sin yf''_{12}+e^{x+y}\cos xf''_{13}$

$-e^{x+y}\sin yf''_{32}+e^{2(x+y)}f''_{33}$;

(3) $\frac{\partial^2 z}{\partial x^2}=\frac{y^2}{x^3}f''\left(\frac{y}{x}\right)+\frac{2y}{x^3}g'\left(\frac{y}{x}\right)+\frac{y^2}{x^4}g''\left(\frac{y}{x}\right)$,

$\frac{\partial^2 z}{\partial y^2}=\frac{1}{x}f''\left(\frac{y}{x}\right)+\frac{1}{x^2}g''\left(\frac{y}{x}\right)$;

(4) $\frac{\partial^2 u}{\partial x\partial y}=f''_{12}+\frac{y}{x^2+y^2}f''_{13}+\frac{x}{x^2+y^2}f''_{32}$

$+\frac{xy}{(x^2+y^2)^2}f''_{33}-\frac{2xy}{(x^2+y^2)^2}f'_3$;

(5) $\frac{\partial^2 u}{\partial x\partial y}=[\varphi'(x)\psi'(y)-1]f''_{12}-\varphi'(x)f''_{11}+\psi'(y)f''_{22}$;

(6) $\frac{\partial^2 w}{\partial x^2}=f''_{11}+[2f''_{12}+(yg'_1+2xg'_2)f''_{22}](yg'_1+2xg'_2)$

$+(4xyg''_{12}+2g'_2+y^2g''_{11}+4x^2g''_{22})f'_2$.

9. 略.

习题 8-4

1. (1) $-\dfrac{y^2}{xy+1}$; (2) $\dfrac{y^2-e^x}{\cos y-2xy}$;

(3) $\dfrac{x+y}{x-y}$; (4) $-\dfrac{y}{x}$.

2. 略.

3. 0, $-\dfrac{2}{3}$, $-\dfrac{2}{3}$.

4. (1) $\dfrac{\partial z}{\partial x}=-\dfrac{1-yz\cos(xyz)}{1-xy\cos(xyz)}$, $\dfrac{\partial z}{\partial y}=-\dfrac{1-xz\cos(xyz)}{1-xy\cos(xyz)}$;

(2) $\dfrac{\partial z}{\partial x}=\dfrac{z}{x+z}$, $\dfrac{\partial z}{\partial y}=\dfrac{z^2}{y(x+z)}$;

(3) $\dfrac{\partial z}{\partial x}=\dfrac{2\cos(x+2y-3z)-1}{6\cos(x+2y-3z)-3}$, $\dfrac{\partial z}{\partial y}=\dfrac{4\cos(x+2y-3z)-2}{6\cos(x+2y-3z)-3}$.

5. $\dfrac{2y^2ze^z-2xy^3z-y^2z^2e^z}{(e^z-xy)^3}$.

6. $\dfrac{z(z^4-2xyz^2-x^2y^2)}{(z^2-xy)^3}$.

7. 略.

8. 略.

9. (1) $\dfrac{dx}{dz}=\dfrac{y-z}{x-y}$, $\dfrac{dy}{dz}=\dfrac{z-x}{x-y}$;

(2) $\dfrac{\partial u}{\partial x}=\dfrac{\sin v}{e^u(\sin v-\cos v)+1}$, $\dfrac{\partial v}{\partial x}=\dfrac{\cos v-e^u}{u[e^u(\sin v-\cos v)+1]}$,

$\dfrac{\partial u}{\partial y}=\dfrac{-\cos v}{e^u(\sin v-\cos v)+1}$, $\dfrac{\partial v}{\partial y}=\dfrac{\sin v+e^u}{u[e^u(\sin v-\cos v)+1]}$;

(3) $\dfrac{dy}{dx}\Big|_{t=0}=\dfrac{e}{2}$, $\dfrac{d^2y}{dx^2}\Big|_{t=0}=\dfrac{2e^2-3e}{4}$.

10. 略.

11. $\dfrac{\partial z}{\partial x}=(v\cos v-u\sin v)e^{-u}$, $\dfrac{\partial z}{\partial y}=(u\cos v+v\sin v)e^{-u}$.

习题 8-5

1. $\dfrac{x-\dfrac{\pi}{2}+1}{1}=\dfrac{y-1}{1}=\dfrac{z-2\sqrt{2}}{\sqrt{2}}$, $x+y+\sqrt{2}z=4+\dfrac{\pi}{2}$.

2. $\begin{cases}x=1,\\ y+z=1,\end{cases}$ $y-z+3=0$.

3. $ax_0x+by_0y+cz_0z=1$, $\dfrac{x-x_0}{ax_0}=\dfrac{y-y_0}{by_0}=\dfrac{z-z_0}{cz_0}$.

4. $x-y+2z=\sqrt{\dfrac{11}{2}}$.

5. $(-1, -3, 3)$,法线方程:$\dfrac{x+1}{3}=\dfrac{y+3}{1}=\dfrac{z-3}{1}$.

6. 切平面方程:$x+y+z=\pm 5$.

7. 略.

习题 8-6

1. (1) $\left(y+\dfrac{1}{y}\right)\mathrm{d}x+x\left(1-\dfrac{1}{y^2}\right)\mathrm{d}y$; (2) $\mathrm{e}^y\mathrm{d}x+x\mathrm{e}^y\mathrm{d}y$;

   (3) $-\dfrac{y}{x^2+y^2}\mathrm{d}x+\dfrac{x}{x^2+y^2}\mathrm{d}y$;

   (4) $yzx^{yz-1}\mathrm{d}x+zx^{yz}\ln x\,\mathrm{d}y+yx^{yz}\ln x\,\mathrm{d}z$.

2. $\dfrac{1}{3}\mathrm{d}x+\dfrac{2}{3}\mathrm{d}y$.

3. $\Delta z=-0.119$, $\mathrm{d}z=-0.125$.

4. 0.005.

5. 0.502 3.

6. 11 cm.

7. $-30\pi\ \mathrm{cm}^3$.

8. 略.

习题 8-7

1. $1+2\sqrt{3}$.

2. $\dfrac{\sqrt{2}}{3}$.

3. $\dfrac{1}{ab}\sqrt{2(a^2+b^2)}$.

4. $(12, 14, -12)$, 22.

5. $\cos\alpha \approx 0.989\,9$.

6. $2\sqrt{14}$, $\left(\dfrac{1}{\sqrt{14}}, \dfrac{2}{\sqrt{14}}, \dfrac{3}{\sqrt{14}}\right)$.

7. $\sqrt{21}$, $\boldsymbol{e}=\left(\dfrac{2}{\sqrt{21}}, \dfrac{-4}{\sqrt{21}}, \dfrac{1}{\sqrt{21}}\right)$.

*习题 8-8

1. $f(x, y)=1-(x+2)^2+2(x-2)(y-1)+3(y-1)^2$.

2. $$z=\frac{1}{2}+\frac{1}{2}\left(x-\frac{\pi}{4}\right)+\frac{1}{2}\left(y-\frac{\pi}{4}\right) -\frac{1}{4}\left[\left(x-\frac{\pi}{4}\right)^2-2\left(x-\frac{\pi}{4}\right)\left(y-\frac{\pi}{4}\right)+\left(y-\frac{\pi^2}{4}\right)\right]+R_2.$$

3. $f(x, y)=y+xy+\dfrac{1}{2}x^2y-\dfrac{1}{6}y^2+R_3$.

4. (2) $-0.000\,6$.

5. $$z=1+2(x-1)-(y-1)-8(x-1)^2 +10(x-1)(y-1)-3(y-1)^2+\cdots.$$

习题 8-9

1. (1) 极大值 $f(2, -2)=8$； (2) 极大值 $f(3, 2)=36$.

2. 极大值 $2(\sqrt{2}-1)$.

3. $106\dfrac{1}{4}$.

4. $\left(\dfrac{8}{5}, \dfrac{16}{5}\right)$.

5. 边长为$\dfrac{2a}{\sqrt{3}}$的立方体.

6. 切点$\left(\dfrac{a}{\sqrt{3}}, \dfrac{b}{\sqrt{3}}, \dfrac{c}{\sqrt{3}}\right)$.

7. $\sqrt[3]{\dfrac{V}{2\pi}}$.

8. $x=y=z=\dfrac{a}{3}$ 时最大值为$\dfrac{a}{3}$.

* 习题 8 - 10

1. $\theta=2.234p+95.33$.

2. $\begin{cases} a\sum\limits_{i=1}^{n}x_i^4+b\sum\limits_{i=1}^{n}x_i^3+c\sum\limits_{i=1}^{n}x_i^2=\sum\limits_{i=1}^{n}x_i^2y_i, \\ a\sum\limits_{i=1}^{n}x_i^3+b\sum\limits_{i=1}^{n}x_i^2+c\sum\limits_{i=1}^{n}x_i=\sum\limits_{i=1}^{n}x_iy_i, \\ a\sum\limits_{i=1}^{n}x_i^2+b\sum\limits_{i=1}^{n}x_i+cn=\sum\limits_{i=1}^{n}y_i. \end{cases}$

自 测 题

一、1. $x^2\dfrac{1-y}{1+y}$;

2. $\left[\dfrac{1}{x}+\sin(x-y)\right]dx+\left[\dfrac{1}{y}-\sin(x-y)\right]dy$;

3. $e^y\cos e^y\cdot f'_v+\dfrac{1}{y}f'_w$;

4. $\sqrt{2}$; 5. $\dfrac{31}{7}$.

二、1. D; 2. A; 3. A; 4. C; 5. D

三、$\dfrac{\partial u}{\partial x}=f'_x-f'_z\cdot\dfrac{\varphi'_x+\varphi'_t\psi'_x}{\psi'_z\varphi'_t}$,

$\dfrac{\partial u}{\partial y}=f'_y+\dfrac{f'_z}{\psi'_z\varphi'_t}$.

四、$\left(\dfrac{4}{5},\dfrac{3}{5},\dfrac{35}{12}\right)$.

五、略.

第 九 章

习题 9－1

1. (1) $V=\iint\limits_{D}\sqrt{R^2-x^2-y^2}\,\mathrm{d}x\,\mathrm{d}y$，$D=\{(x, y) \mid x^2+y^2\leqslant R^2\}$；

(2) $V=\iint\limits_{D}(2-x^2-y^2)\,\mathrm{d}x\,\mathrm{d}y$，$D=\{(x, y) \mid x^2+y^2\leqslant 1\}$.

2. (1) 2π； (2) 2. 3. (1) $\dfrac{2}{3}\pi a^3$； (2) $\pi a^2 b-\dfrac{2}{3}\pi a^3$.

4. (1) $\iint\limits_{D}(x+y)^2\mathrm{d}\sigma>\iint\limits_{D}(x+y)^3\mathrm{d}\sigma$； (2) $\iint\limits_{D}[\ln(x+y)]^2\mathrm{d}\sigma>\iint\limits_{D}\ln(x+y)\mathrm{d}\sigma$.

5. (1) －； (2) ＋.

6. (1) $0<I<12$； (2) $3\pi e<I<3\pi e^4$；

(3) $36\pi<I<84\pi$； (4) $6<I<14$.

7. $f(0, 0)$.

习题 9－2

1. (1) $\int_0^1\mathrm{d}y\int_y^{\sqrt{y}}f(x, y)\mathrm{d}x=\int_0^1\mathrm{d}x\int_{x^2}^{x}f(x, y)\mathrm{d}y$；

(2) $\int_0^1\mathrm{d}y\int_y^{2-y}f(x, y)\mathrm{d}x=\int_0^1\mathrm{d}x\int_0^x f(x, y)\mathrm{d}y+\int_1^2\mathrm{d}x\int_0^{2-x}f(x, y)\mathrm{d}y$；

(3)
$$\int_0^a\mathrm{d}y\int_{-\sqrt{ay}}^{\sqrt{ay}}f(x, y)\mathrm{d}x+\int_0^{\sqrt{2}a}\mathrm{d}y\int_{-\sqrt{2a^2-y^2}}^{\sqrt{2a^2-y^2}}f(x, y)\mathrm{d}x$$
$$=\int_{-a}^{a}\mathrm{d}x\int_{\frac{x^2}{a}}^{\sqrt{2a^2-x^2}}f(x, y)\mathrm{d}y;$$

(4)
$$\int_0^1\mathrm{d}y\int_{-\sqrt{4-y^2}}^{-\sqrt{1-y^2}}f(x, y)\mathrm{d}x+\int_0^1\mathrm{d}y\int_{\sqrt{1-y^2}}^{\sqrt{4-y^2}}f(x, y)\mathrm{d}x$$
$$+\int_1^2\mathrm{d}y\int_{-\sqrt{4-y^2}}^{\sqrt{4-y^2}}f(x, y)\mathrm{d}x$$
$$=\int_{-2}^{-1}\mathrm{d}x\int_0^{\sqrt{4-x^2}}f(x, y)\mathrm{d}y+\int_{-1}^{1}\mathrm{d}x\int_{\sqrt{1-x^2}}^{\sqrt{4-x^2}}f(x, y)\mathrm{d}y$$
$$+\int_1^2\mathrm{d}x\int_0^{\sqrt{4-x^2}}f(x, y)\mathrm{d}y;$$

(5) $\int_1^3 dy\int_1^y f(x, y)dx+\int_3^9 dy\int_{\frac{y}{3}}^3 f(x, y)dx=\int_1^3 dx\int_x^{3x} f(x, y)dy$；

(6) $\int_{-1}^0 dy\int_0^{1+y} f(x, y)dx+\int_0^1 dy\int_0^{1-y} f(x, y)dx=\int_0^1 dx\int_{x-1}^{1-x} f(x, y)dy$；

(7) $\int_0^1 dy\int_{\frac{y}{2}}^{2y} f(x, y)dx+\int_1^2 dy\int_{\frac{y}{2}}^{\frac{2}{y}} f(x, y)dx$

$=\int_0^1 dx\int_{\frac{x}{2}}^{2x} f(x, y)dy+\int_1^2 dx\int_{\frac{x}{2}}^{\frac{2}{x}} f(x, y)dy$.

2. (1) $\int_0^1 dy\int_0^y f(x, y)dx$； (2) $\int_0^1 dx\int_x^{\sqrt{x}} f(x, y)dy$；

(3) $\int_1^2 dx\int_x^{2x} f(x, y)dy$；

(4) $\int_0^a dy\int_{\frac{y^2}{2a}}^{a-\sqrt{a^2-y^2}} f(x, y)dx+\int_0^a dy\int_{a+\sqrt{a^2-y^2}}^{2a} f(x, y)dx$

$+\int_a^{2a} dy\int_{\frac{y^2}{2a}}^{2a} f(x, y)dx$；

(5) $\int_{-1}^0 dy\int_{-2\sqrt{y+1}}^{2\sqrt{y+1}} f(x, y)dx+\int_0^8 dy\int_{-2\sqrt{y+1}}^{2-y} f(x, y)dx$.

3. (1) $e-2$； (2) $\frac{7}{24}$； (3) $\frac{1}{12}$； (4) 0； (5) $\left(2\sqrt{2}-\frac{8}{3}\right)a\sqrt{a}$；

(6) $\frac{4}{3}$； (7) $\frac{1}{6}-\frac{1}{3e}$； (8) $\frac{8}{3}$； (9) $4\pi^{-3}(\pi+3)$； (10) $\frac{1}{2}\left(1-\frac{1}{e}\right)$.

4. 略.

5. (1) $\pi(e^4-1)$； (2) $\frac{3\pi-4}{9}R^3$； (3) $\frac{a^3}{3}$； (4) 5π； (5) $\frac{2}{45}(\sqrt{2}+1)$.

6. (1) $\frac{\pi}{2}$； (2) $\frac{\pi^2}{2}-\pi$； (3) $14a^4$； (4) $\frac{15}{4}\pi$.

7. $\frac{3}{32}\pi a^4$.

8. (1) $\frac{2}{3}\pi ab$； (2) $\frac{3}{4}\pi$； (3) $\frac{7}{6}\ln 2$； (4) $\frac{\pi^4}{3}$； (5) $\frac{2}{15}$.

9. (1) $\frac{1}{2}$； (2) $\frac{\pi}{a-1}$； (3) $\frac{1}{2}$； (4) 2π.

10. (1) $\frac{1}{4}$； (2) $\frac{4}{3}$； (3) $\frac{\pi}{\delta}$.

11. (1) $\pi\int_0^1 rf(r)dr+\int_1^{\sqrt{2}}\left(\pi-4\arccos\frac{1}{r}\right)rf(r)dr$；

(2) $\int_{-1}^{1} f(u)\mathrm{d}u$；　(3) $\ln 2\int_{1}^{2} f(u)\mathrm{d}u$.

习题 9-3

1. (1) $2a^2$；　(2) $2a^2(\pi-2)$；　(3) $16R^2$；

(4) $\frac{2}{3}\pi[(a^2+1)^{\frac{3}{2}}-1]$；　(5) $4a^2$；　(6) $\sqrt{2}\pi a^2$.

2. $I=\frac{2}{3}a^4$.

3. $M=\pi$.

4. (1) $\left(-\frac{a}{2}, \frac{8a}{5}\right)$；　(2) $\left(\frac{b^2+ab+a^2}{2(a+b)}, 0\right)$；　(3) $\left(\frac{9}{20}a, \frac{9}{20}a\right)$.

5. $\left(\frac{9}{14}, \frac{9}{14}\right)$，$I_x=\frac{3}{80}$，$I_o=\frac{3}{40}$.

6. $\sqrt{2}\pi$.

7. $I_x=\frac{24}{5}$；$I_y=\frac{32}{5}$.

8. $\left\{0, 0, 2\pi cf\rho\left(\frac{1}{\sqrt{a^2+c^2}}-\frac{1}{\sqrt{b^2+c^2}}\right)\right\}$.

自 测 题

1. (1) $\pi-\frac{40}{9}$；　(2) $\frac{1}{2}(1-\cos 1)$；　(3) $\frac{1}{2}R^2\pi^2$；

(4) $\frac{1}{3}(b^3-a^3)\left(\frac{1}{\sqrt{1+\alpha^2}}-\frac{1}{\sqrt{1+\beta^2}}\right)$.

2. 略.

第 十 章

习题 10-1

1. (1) 一阶；　(2) 二阶；　(3) 一阶；

(4) 一阶,线性； (5) 五阶； (6) 三阶,线性.

2. (1) 是特解； (2) 是通解； (3) 不是解； (4) 是特解.

3. 略.

4. (1) $C_1=1, C_2=-1$； (2) $C_1=1, C_2=\frac{\pi}{2}$.

5. (1) $yy'+2x=0$； (2) $x^2-y^2+2xyy'=0$； (3) $\frac{dP}{dT}=k\frac{P}{T^2}$.

6. 略.

习题 10 - 2

1. (1) $\arcsin x-\arcsin y=C$；
   (2) $y=C(a+x)(1-ay)$；
   (3) $1+y^2=C(x^2-1)$；
   (4) $\ln^2 x+\ln^2 y=C$；
   (5) $(e^x+1)(e^y-1)=C$；
   (6) $\ln y=C\cdot\tan\left(\frac{x}{2}\right)$；
   (7) $(1+x^2)\tan y=C$；
   (8) $10^x+10^{-y}=C$.

2. (1) $(1+e^x)\sec y=2\sqrt{2}$；
   (2) $2e^y=e^{2x}+1$；
   (3) $2(x^3-y^3)+3(x^2-y^2)+5=0$；
   (4) $y^2-1=2\ln\frac{1+e^x}{2}$.

3. $xy=6$.

4. $\frac{mg}{k}(1-e^{-\frac{k}{m}t})$.

习题 10 - 3

1. (1) $y^2=2x^2\ln(Cx)$；
   (2) $e^{-\frac{y}{x}}+\ln(Cx)=0$；
   (3) $y+\sqrt{x^2+y^2}=Cx^2$；
   (4) $y=xe^{Cx}$；

(5) $x^3-3y^3\ln(Cy)=0$.

2. (1) $x=2\sin\dfrac{y}{x}$;

(2) $x^2+y^2-2y=0$;

(3) $x+y=x^2+y^2$.

3. $x^2=1-2y$.

*4. (1) $(4y-x-3)(y+2x-3)^2=C$;

(2) $x+2y+3\ln(x+y-2)=C$;

(3) $2x^2+2xy+y^2-8x-2y=C$.

习题 10-4

1. (1) $y=\dfrac{1}{x}(C+e^x)$;

(2) $y=(1+x^2)(C+x)$;

(3) $y=(x+C)\sec x$;

(4) $y=x+\dfrac{-x+C}{\ln x}$;

(5) $x=Ce^{2y}+\dfrac{1}{4}(2y^2+2y+1)$;

(6) $y=C\cos x-2\cos^2 x$.

2. (1) $xy=\pi-1-\cos x$;

(2) $2y=x^3-x^3e^{\frac{1}{x^2}-1}$;

(3) $y=x+\sqrt{1-x^2}$;

(4) $y=2e^{2x}-e^x+\dfrac{1}{2}x+\dfrac{1}{4}$.

3. (1) $\sqrt{y}=Ce^{2x}-\dfrac{1}{4}\left(x^2+x+\dfrac{1}{2}\right)$;

(2) $\dfrac{1}{y}=\ln x+1+Cx$;

(3) $x^{-3}=-1-2y+Ce^y$;

(4) $y^{-4}=-x+\dfrac{1}{4}+Ce^{-4x}$.

4. $y=2(e^x-x-1)$.

5. $\dfrac{1}{Rv_0}$.

6. $i=\sin 5t-\cos 5t+Ce^{-5t}$.

7. (1) $x+\cot\dfrac{x-y}{2}+C=0$;

(2) $y-a\cdot\arctan\dfrac{x+y}{a}=C$;

(3) $x^2y^2=\ln Cx^8$;

(4) $y=\sin^2 x-2\sin x+2+Ce^{-\sin x}$;

(5) $(x+y)^2=2x+C$;

(6) $y^2=\left(\dfrac{1}{2}x^2+C\right)e^{-x^2}$.

8. 略.

习题 10-5

1. (1) $y=x\arctan x-\dfrac{1}{2}\ln(x^2+1)+C_1x+C_2$;

(2) $y=(\arcsin x)^2+C_1\arcsin x+C_2$;

(3) $y=1-\dfrac{1}{C_1x+C_2}$;

(4) $y=C_1e^x-\dfrac{1}{2}(x+1)^2+C_2$;

(5) $C_1y^2-1=(C_1x+C_2)^2$;

(6) $y=C_1\ln x+C_2$;

(7) $y+C_1\ln(y-C_1)=x+C_2$;

(8) $y=(x+2+C_1)\ln(x+1)-2x+C_2$.

2. (1) $y=\left(\dfrac{1}{2}x+1\right)^4$;

(2) $y=-\dfrac{1}{a}\ln(ax+1)$;

(3) $a^3y=e^{ax}-\dfrac{1}{2}a^2e^ax^2+a(a-1)e^ax+\dfrac{1}{2}e^a(2a-a^2-2)$;

(4) $y=2\ln\dfrac{x}{2}+1$.

3. $y=\frac{1}{2}(x^2-1)$.

4. $(x+C_1)^2+(y+C_2)^2=k^2$.

5. $y^{2k-1}=Cx\ \left(k>\frac{1}{2}\right)$.

6. $y=C_1\cot x+C_2(1-x\cot x)$.

习题 10-6

1. (1) 线性无关； (2) 线性无关；
   (3) 线性相关； (4) 线性无关；
   (5) 线性无关； (6) 线性相关.

2. 略.

*3. $y=C_1e^{x^2}\int e^{-x^2}dx+C_2e^{x^2}$.

*4. $y=C_1x+C_2x^2+x^3$.

5. $y=x^3-2x+5$.

习题 10-7

1. (1) $y=C_1e^x+C_2e^{-3x}$；
   (2) $y=C_1+C_2e^{-x}$；
   (3) $y=C_1e^{2x}+C_2e^{\frac{2}{3}x}$；
   (4) $y=(C_1+C_2x)e^{\frac{5}{2}x}$；
   (5) $y=(C_1+C_2x)e^{3x}$；
   (6) $y=e^{-3x}(C_1\cos 2x+C_2\sin 2x)$；
   (7) $y=e^{-x}(C_1+C_2x)+C_3e^{2x}$；
   (8) $y=C_1+C_2x+(C_3+C_4x)e^x$；
   (9) $y=C_1e^{2x}+C_2e^{-2x}+C_3\cos 3x+C_4\sin 3x$.

2. (1) $y=(1-x)e^{2x}$；
   (2) $y=e^{-x}(\cos 3x+\sin 3x)$；
   (3) $y=\frac{5}{4}e^{4x}$；
   (4) $y=3e^{-2x}\sin 5x$.

3. $y=\cos 3x-\dfrac{1}{3}\sin 3x$.

4. $x=\dfrac{v_0}{\sqrt{k_2^2+4k_1}}\left[1-\mathrm{e}^{-\sqrt{k_2^2+4k_1 t}}\,\mathrm{e}^{\left(-\frac{k_2}{2}+\frac{1}{2}\sqrt{k_2^2+4k_1}\right)t}\right]$

5. $y=2\mathrm{e}^x-\dfrac{1}{2}\mathrm{e}^{-2x}-\dfrac{13}{2}$.

习题 10-8

1. (1) $y=C_1\mathrm{e}^{3x}+C_2\mathrm{e}^{4x}+\dfrac{1}{12}x+\dfrac{7}{144}$;

(2) $y=C_1+C_2\mathrm{e}^{3x}+x^2$;

(3) $y=(C_1+C_2x)\mathrm{e}^{2x}+4x^2\mathrm{e}^{2x}$;

(4) $y=(C_1+C_2x)\mathrm{e}^{3x}+\dfrac{1}{6}x^2(x+3)\mathrm{e}^{3x}$;

(5) $y=\mathrm{e}^x(C_1\cos 2x+C_2\sin 2x)-\dfrac{1}{4}x\mathrm{e}^x\cos 2x$;

(6) $y=C_1\cos 2x+C_2\sin 2x+\dfrac{1}{3}x\cos 2x+\dfrac{2}{9}\sin 2x$;

(7) $y=C_1\mathrm{e}^x+C_2\mathrm{e}^{-x}-\dfrac{1}{2}+\dfrac{1}{10}\cos 2x$;

(8) (i) $y=C_1\cos x+C_2\sin x-\dfrac{1}{2}x\cos x-\mathrm{e}^{-x}$,

(ii) $y=C_1\cos x+C_2\sin x-\dfrac{1}{16}\cos 3x+\dfrac{1}{4}x\sin x$.

2. (1) $y=\mathrm{e}^x-\mathrm{e}^{-x}+(x^2-x)\mathrm{e}^x$;

(2) $y=-5\mathrm{e}^x+\dfrac{7}{2}\mathrm{e}^{2x}+\dfrac{5}{2}$;

(3) $y=\mathrm{e}^x\left(\cos 2x+\dfrac{1}{8}\sin 2x\right)-\dfrac{1}{4}x\mathrm{e}^x\cos 2x$;

(4) $y=\left(-\dfrac{5}{2}x+\dfrac{9}{8}\right)\mathrm{e}^{4x}+x^2-\dfrac{1}{8}$.

3. $\varphi(x)=\dfrac{1}{2}(\cos x+\sin x+\mathrm{e}^x)$.

4. $x=\dfrac{mg}{k}t-\dfrac{m^2g}{k^2}(1-\mathrm{e}^{-\frac{k}{m}t})$.

*习题 10-9

1. $y=\frac{1}{x}(C_1\ln x+C_2)+\ln 2-2$.

2. $y=C_1x+C_2x^2+x\ln x+x^3$.

3. $y=\frac{C_1}{x}+C_2x^2-x\left(\ln x+\frac{1}{2}\right)$.

4. $y=C_1(x+1)^2+C_2(x+1)$.

5. $y=C_1x+C_2x\cos(\ln x)+C_3x\sin(\ln x)+\frac{1}{2}x^2(\ln x-2)+3x\ln x$.

6. $y=C_1x\cos(\sqrt{3}\ln x)+C_2x\sin(\sqrt{3}\ln x)+\frac{1}{2}x\sin(\ln x)$.

*习题 10-10

1. (1) $y=a_1x+a_0\left(1-\frac{x^2}{2!}-\frac{x^4}{4!}-\frac{3}{6!}x^6-\frac{15}{8!}x^8-\cdots\right)$；

(2) $y=C(1-x)+x^3\left(\frac{1}{3}+\frac{x}{6}+\frac{x^2}{10}+\cdots\right)$；

(3) $y=C(1+x)-x^2+\frac{2}{3}x^3-\frac{1}{3}x^4+\frac{1}{5}x^5-\frac{2}{15}x^6+\cdots$.

2. (1) $y=\frac{1}{2}+\frac{1}{4}x+\frac{1}{8}x^2+\frac{1}{16}x^3+\frac{9}{32}x^4+\cdots$；

(2) $y=x+\frac{1}{1\cdot 2}x^2+\frac{1}{2\cdot 3}x^3+\frac{1}{3\cdot 4}x^4+\cdots$.

*习题 10-11

1. (1) $\begin{cases} y=(C_1+C_2x)e^x, \\ z=\frac{1}{2}(2C_1+2C_2x-C_2)e^x; \end{cases}$

(2) $\begin{cases} y=C_1\cos t+C_2\sin t-\frac{5}{2}t\cos t, \\ x=\frac{1}{5}(3C_2-C_1)\sin t+\frac{1}{5}\left(C_2+3C_1-\frac{5}{2}\right)\cos t+\frac{1}{2}t\sin t-\frac{3}{2}t\cos t; \end{cases}$

(3) $\begin{cases} x = C_1 + C_2 e^t + C_3 e^{-2t} - e^{-t}, \\ y = 2C_1 + C_2 e^t + 3e^{-t}; \end{cases}$

(4) $\begin{cases} x = \dfrac{1}{2}(C_1 e^t + C_2 e^{-t}), \\ y = \dfrac{1}{2}(C_1 e^t - C_2 e^{-t}). \end{cases}$

2. (1) $\begin{cases} x = \cos t, \\ y = \sin t; \end{cases}$

(2) $\begin{cases} x = 2\cos t - 4\sin t - \dfrac{1}{2} e^t, \\ y = -2\cos t + 14\sin t + 2e^t; \end{cases}$

(3) $\begin{cases} x = e^t, \\ y = 4e^t. \end{cases}$

自 测 题

一、1. D; 2. B; 3. A; 4. B; 5. C.

二、1. $(y^2+1)(x^2+1) = C$;

2. $\dfrac{x^2}{2} - \dfrac{y^3}{x} = C$;

3. $y = (x-2)^3 + C(x-2)$;

4. $y = C_1 e^x + C_2 e^{-2x} + \dfrac{1}{32}(8x^2 - 20x + 21)e^{2x}$.

三、1. $y = x\sqrt{1 - \dfrac{3}{8}x}$;

2. $y = \dfrac{e^x - e + 1}{x}$;

3. $y = -\ln(1+x)$;

4. $y = \left(\dfrac{3}{2}x^2 - x + 1\right)e^{2x}$.

四、$y = e^x - e^{-x}$.

五、$y = x - x\ln x$.

六、约 250 m^3.

七、$\varphi(x) = \cos x + \sin x$.

参 考 文 献

[1] 同济大学,天津大学,浙江大学,重庆大学.高等数学上册[M].第四版.北京:高等教育出版社,2013.

[2] 同济大学,天津大学,浙江大学,重庆大学.高等数学下册[M].第四版.北京:高等教育出版社,2014.

[3] 中国人民大学成教院,王小欧.高等数学(一)[M].北京:新世界出版社,2010.

[4] 侯风波.高等数学[M].第四版,北京:高等教育出版社,2014.

[5] 陈笑缘.高等数学专升本辅导教程[M].北京:高等教育出版社,2013.

[6] 侯风波.工科高等数学[M].辽宁:辽宁大学出版社,2010.

[7] 华东师范大学数学系.数学分析上册[M].第四版.北京:高等教育出版社,2010.

[8] 华东师范大学数学系.数学分析下册[M].第四版.北京:高等教育出版社,2010.

[9] 贾晓峰.微积分与数学模型上册[M].第二版.北京:高等教育出版社,2008.

[10] 贾晓峰.微积分与数学模型下册[M].第二版.北京:高等教育出版社,2008.

[11] 同济大学数学系.高等数学上册[M].第六版.北京:高等教育出版社,2007.

[12] 同济大学数学系.高等数学下册[M].第六版.北京:高等教育出版社,2007.

[13] 菲赫金哥尔茨.微积分学教程[M].第八版.北京:高等教育出版社,2006.

[14] 同济大学数学系.微积分上册[M].第三版.北京:高等教育出版社,2013.

[15] 同济大学数学系.微积分下册[M].第三版.北京:高等教育出版社,2013.